高等院校规划教材·计算机系列

Linux 操作系统案例教程

第2版

彭英慧　刘建卿　编著

机械工业出版社

本书以 Red Hat Enterprise Linux 5 为蓝本，全面介绍了 Linux 的桌面应用、系统管理和网络服务等方面的基础知识和实际应用。本书分为 14 章，内容涉及 Linux 简介、Linux 系统安装、文件管理、文本编辑器、用户和组管理、软件包的管理、进程管理、外存管理、网络基础、Samba 服务器、FTP 服务器、DNS 服务器、WWW 服务器以及 Linux 下的编程等内容。本书内容丰富，结构清晰，通俗易懂，案例贯穿始终，每章末有上机实训和习题。

本书可以作为应用型本科及高职高专院校相关专业的教材，也可以作为 Linux 培训及自学用书，还可以作为 Linux 广大爱好者的实用参考书。

本书配有授课电子课件，需要的教师可登录 www.cmpedu.com 免费注册、审核通过后下载，或联系编辑索取（QQ：1239258369，电话：010-88379739）。

图书在版编目（CIP）数据

Linux 操作系统案例教程 / 彭英慧，刘建卿编著. —2 版. —北京：机械工业出版社，2016.5（2019. 1 重印）
高等院校规划教材 • 计算机系列
ISBN 978-7-111-53602-4

Ⅰ. ①L… Ⅱ. ①彭… ②刘… Ⅲ. ①Linux 操作系统—高等职业教育—教材 Ⅳ. ①TP316.89

中国版本图书馆 CIP 数据核字（2016）第 083608 号

机械工业出版社（北京市百万庄大街 22 号 邮政编码 100037）
策划编辑：鹿 征 责任编辑：鹿 征
责任校对：张艳霞 责任印制：常天培
北京铭成印刷有限公司印刷
2019 年 1 月第 2 版 · 第 4 次印刷
184mm×260mm • 18.25 印张 • 451 千字
9001—10900 册
标准书号：ISBN 978-7-111-53602-4
定价：43.80 元

前　言

Linux 是一个优秀的日益成熟的操作系统，已拥有大量的用户。由于其安全、高效、功能强大，具有良好的兼容性和可移植性，Linux 已经被越来越多的人了解和使用。随着 Linux 技术和产品的不断发展和完善，其影响和应用日益扩大。Linux 系统在业内占据越来越重要的地位。本书的编写目的是帮助读者掌握 Linux 相关知识，提高实际操作技能，特别是利用 Linux 实现系统管理和网络应用能力。

本书以 Red Hat Enterprise Linux 5 为例，对 Linux 进行全面详细的介绍。本书根据初学者的学习规律，首先介绍 Linux 基础知识、基本操作，在读者掌握这些基本概念和基本操作的基础上，对网络服务进行全面的了解。本书具有如下特点：

1）结构严谨，内容丰富。作者对 Linux 内容的选取非常严谨，知识点的过渡顺畅自然。本书内容非常丰富，从 Linux 的系统管理、桌面使用到网络服务的构建和应用，甚至 Linux 下编程方面的知识，都进行了相应的介绍。

2）讲解通俗，步骤详细。本书每个知识点以及实例的讲解都通俗易懂、步骤详细，并添加了相应的注释，读者只要按步骤操作就可以很快上手。

3）案例讲解，贯穿始终。本书的每一个章节中都有案例，然后是对案例相关知识的讲解，中间穿插案例的分解，非常有助于读者对知识的理解和掌握。

4）理论和应用相结合。本书在讲解基本操作的前提下，从理论上对每个知识点的原理和应用背景都进行了详细的阐述，从而让读者在实践中举一反三，能够解决实际中遇到的问题。

本书共分 14 章，内容包括 Linux 简介、Linux 系统安装、文件管理、文本编辑器、用户和组管理、软件包的管理、进程管理、外存管理、网络基础、Samba 服务器、FTP 服务器、DNS 服务器、WWW 服务器以及 Linux 下的编程。为了更好地为读者服务，本书遵循以下注释原则：

1）如果例子比较复杂，在例子开始加一段功能行说明。该说明注释的位置独立成行，以“//”开始。其他简单的例子则在需要注释的部分进行说明。

2）对于例子当中需要说明的注释部分位于该行的右部，以“//”开始。

3）对于特别需要读者注意的地方，文中有“提示”来说明。

由于作者水平所限，疏漏之处在所难免，恳请广大读者批评指正。

编　者

目　录

前言
第 1 章　Linux 简介 ······ 1
1.1　Linux 的性质 ······ 1
1.2　Linux 的特点 ······ 1
1.3　Linux 与 Windows 的区别 ······ 3
1.4　Linux 发展 ······ 3
1.4.1　Linux 发展的要素 ······ 3
1.4.2　内核发展史 ······ 4
1.5　Linux 的内核版本 ······ 5
1.6　Linux 的优势 ······ 6
1.7　Linux 的应用领域 ······ 7
1.8　Linux 的组成部分 ······ 8
1.9　Linux 的基本管理 ······ 9
1.10　课后习题 ······ 11
第 2 章　Linux 系统安装 ······ 12
2.1　Red Hat Enterprise Linux 5 简介 ······ 12
2.2　安装前的准备 ······ 12
2.2.1　硬件基本需求 ······ 12
2.2.2　硬盘分区 ······ 13
2.2.3　安装方式 ······ 13
2.3　案例：Linux 安装过程 ······ 13
2.4　虚拟机 Vmware 下安装 Linux ······ 28
2.5　图形化用户界面和字符界面 ······ 32
2.6　退出 Linux ······ 34
2.7　课后习题 ······ 35
第 3 章　文件管理 ······ 36
3.1　Linux 文件系统 ······ 36
3.1.1　Linux 常用文件系统介绍 ······ 36
3.1.2　Linux 文件介绍 ······ 37
3.1.3　Linux 目录结构 ······ 38
3.2　案例 1：文件与目录的基本操作 ······ 40
3.2.1　目录操作命令 ······ 40
3.2.2　文件操作命令 ······ 42
3.2.3　文件链接命令 ······ 45
3.3　案例 2：文件内容操作命令 ······ 46
3.3.1　显示文本文件内容命令 ······ 47
3.3.2　查找文件命令 ······ 49
3.3.3　文件内容查询命令 ······ 50
3.4　文件处理命令 ······ 52
3.5　文件统计命令 ······ 53
3.6　文件帮助命令 ······ 54
3.7　上机实训 ······ 56
3.8　课后习题 ······ 56
第 4 章　文本编辑器 ······ 58
4.1　案例：文本编辑器 vi 操作模式 ······ 58
4.1.1　命令模式 ······ 58
4.1.2　文本编辑模式 ······ 59
4.1.3　末行模式 ······ 59
4.2　启动 vi 编辑器 ······ 59
4.2.1　启动单个文件 ······ 59
4.2.2　启动多个文件 ······ 60
4.3　显示 vi 的行号 ······ 60
4.4　文本编辑器 vi 的使用 ······ 61
4.4.1　命令模式操作 ······ 61
4.4.2　插入模式操作 ······ 65
4.4.3　末行模式操作 ······ 66
4.5　桌面环境下的文本编辑工具 ······ 67
4.6　通配符 ······ 68
4.7　上机实训 ······ 70
4.8　课后习题 ······ 70

第5章 用户和组管理……71
5.1 案例1：用户账号管理……71
5.1.1 用户账号文件……71
5.1.2 添加用户……75
5.1.3 修改用户信息……77
5.1.4 删除用户……78
5.2 案例2：用户组账号管理……78
5.2.1 用户组账号文件……79
5.2.2 建立组……80
5.2.3 修改用户组属性……81
5.2.4 删除组群……82
5.2.5 添加/删除组成员……82
5.2.6 显示用户所属组……83
5.2.7 批量新建多个用户账号……83
5.3 桌面环境下管理用户和组群……86
5.3.1 启动Red Hat用户管理器……86
5.3.2 创建用户……86
5.3.3 修改用户属性……87
5.3.4 创建用户组……89
5.3.5 修改用户组属性……89
5.4 案例3：权限管理……90
5.4.1 文件和目录的权限管理……91
5.4.2 权限的设置方法……91
5.4.3 桌面环境下的权限管理……94
5.5 上机实训……95
5.6 课后习题……95
第6章 软件包的管理……97
6.1 案例1：RPM软件包的管理……97
6.1.1 管理RPM包的shell命令……97
6.1.2 桌面环境下RPM包的管理……100
6.2 案例2：归档/压缩文件……103
6.2.1 归档/压缩文件的shell命令……103
6.2.2 桌面环境下归档/压缩文件……106
6.3 案例3：YUM在线软件包管理……110
6.3.1 YUM命令管理软件包……111
6.3.2 桌面环境下在线管理软件包……113
6.4 上机实训……115
6.5 课后习题……115
第7章 进程管理……117
7.1 进程和作业的基本概念……117
7.1.1 进程和作业简介……117
7.1.2 进程的基本状态及其转换……117
7.1.3 进程的类型……118
7.1.4 Linux守候进程介绍……118
7.2 案例1：进程和作业管理……119
7.2.1 进程和作业启动方式……119
7.2.2 管理进程和作业的shell命令……120
7.2.3 桌面环境下进程的管理……124
7.3 案例2：进程调度……126
7.3.1 at 调度……126
7.3.2 batch调度……128
7.3.3 cron 调度……128
7.4 上机实训……130
7.5 课后习题……131
第8章 外存管理……132
8.1 磁盘管理的shell命令……132
8.2 案例1：Linux磁盘的管理……133
8.2.1 fdisk分区……133
8.2.2 装载和卸载文件系统……137
8.2.3 桌面环境下移动存储介质管理……140
8.3 案例2：磁盘配额……141
8.3.1 磁盘配额概述……141
8.3.2 设置文件系统配额……142
8.3.3 配置步骤……142
8.4 上机实训……146
8.5 课后习题……147
第9章 网络基础……148
9.1 Linux网络配置基础……148
9.1.1 TCP/IP参考模型……148
9.1.2 Linux网络服务及对应端口……149
9.2 案例：以太网的TCP/IP设置……150
9.2.1 Linux网络接口……150

9.2.2 Linux 网络相关配置文件………150
9.2.3 桌面环境下配置网络………155
9.3 常用的网络配置命令………158
9.4 网络服务………160
9.4.1 网络服务软件………160
9.4.2 管理服务的 shell 命令………161
9.4.3 桌面环境下的管理服务………161
9.5 网络安全………162
9.5.1 防火墙………162
9.5.2 管理防火墙的 shell 命令………163
9.5.3 桌面环境下管理防火墙………164
9.5.4 SELinux………165
9.6 上机实训………165
9.7 课后习题………165
第 10 章 Samba 服务器………167
10.1 Samba 简介………167
10.1.1 Samba 的工作原理………167
10.1.2 Samba 服务器的功能………168
10.2 案例：Samba 服务器的安装和配置………168
10.2.1 Samba 服务器的安装………168
10.2.2 Samba 服务器的配置………169
10.2.3 与 Samba 服务器相关的 shell 命令………176
10.2.4 Windows 计算机访问 Linux 共享………180
10.2.5 Linux 计算机访问 Windows 共享………184
10.2.6 桌面环境下配置 Samba 服务器………187
10.3 上机实训………188
10.4 课后习题………189
第 11 章 FTP 服务器………190
11.1 FTP 服务简介………190
11.2 vsftpd 服务器………191
11.2.1 安装 vsftpd………191
11.2.2 启动和关闭 vsftpd………192
11.2.3 FTP 客户端的操作………193
11.3 案例：vsftpd 服务器的配置………194
11.3.1 FTP 服务的相关文件及其配置………194
11.3.2 配置 vsftpd.conf 文件………196
11.4 vsftpd 高级配置………203
11.5 上机实训………205
11.6 课后习题………205
第 12 章 DNS 服务器………207
12.1 域名解析基本概念………207
12.2 DNS 服务器及其安装………208
12.2.1 DNS 服务器类型………208
12.2.2 DNS 服务器的安装………208
12.3 案例：DNS 服务器配置………210
12.3.1 文本模式下 DNS 服务器的配置………211
12.3.2 桌面环境下 DNS 服务器的配置………218
12.4 Linux 下的客户端设置………225
12.5 上机实训………226
12.6 课后习题………227
第 13 章 WWW 服务器………228
13.1 Web 服务器基本概念………228
13.2 案例 1：Apache 服务器的安装和配置………229
13.2.1 Apache 服务器的安装………230
13.2.2 Apache 服务器的测试………233
13.2.3 Apache 服务器的配置………234
13.2.4 建立个人站点案例分解………244
13.3 案例 2：Apache 服务器的应用………246
13.4 桌面环境下配置 Apache 服务器………252
13.4.1 HTTP 配置工具的启动………252
13.4.2 配置步骤………254
13.5 课后习题………259
第 14 章 Linux 下的编程………261

14.1　案例 1：Linux 下的 C/C++ 编译器……261
14.1.1　GCC 概述……261
14.1.2　g++和 GCC 区别……264
14.2　案例 2：Linux 下的 PHP 编程……264
14.2.1　PHP 简介……264
14.2.2　配置运行环境……265
14.2.3　简单的 PHP 实例……266
14.3　案例 3：Linux 下的 shell 编程……267
14.3.1　什么是 shell……267
14.3.2　shell 脚本介绍……269
14.3.3　shell 变量……270
14.3.4　控制结构语句……276
14.4　上机实训……283
14.5　课后习题……283
参考文献……284

第 1 章　Linux 简介

Linux 是一个日益成熟的操作系统，现在已经拥有大量的用户。由于其安全、高效、功能强大，Linux 已经被越来越多的人了解和使用。Linux 是由芬兰人 Linus Torvalds 开发的，任何人都可以自由复制、修改、套装发行、销售（但是不可以在发行时加入任何限制）的操作系统，而且所有源代码必须是公开的，以保证任何人都可以无偿取得所有可执行文件及其源代码。

1.1　Linux 的性质

Linux 为一种自由软件，是一种真正多任务和多用户的网络操作系统。Linux 是运行于多种平台（PC、工作站等）之上、源代码公开、免费、遵循 GPL（General Public License，通用公共授权）精神、遵守 POSIX（Portable Operating System Interface for UNIX，面向 UNIX 的可移植操作系统）标准、类似于 UNIX 的网络操作系统。人们通常所说的 Linux 是指包含 Kernel（内核）、Utilities（系统工具程序）以及 Application（应用软件）的一个完整的操作系统，它实际上是 Linux 的一个发行版本，是某些公司或组织将 Linux 内核、源代码以及相关的应用程序组织在一起发行的。Linux 是微机版的 UNIX。

Linux 是通用公共许可软件。此类软件的开发不是为了经济目的，而是为了不断开发并传播新的软件，并让每个人都能获得、拥有。该类软件遵循下列规则：

1）传播者不能限制购买软件的用户自由权，即如果用户买了一套 GPL 软件，就可以免费复制和传播或自己出售。

2）传播者必须清楚告诉用户该软件属于 GPL 软件。

3）传播者必须免费提供软件的完整源代码。

4）允许个人或组织为盈利而传播，获得利润。

1.2　Linux 的特点

Linux 之所以能在短短的几十年间得到迅猛发展，是与其所具有的良好特性分不开的。Linux 继承了 UNIX 的优秀设计思想，几乎拥有 UNIX 的全部功能。简单而言，Linux 具有以下特点。

1．真正的多用户多任务操作系统

Linux 是真正的多用户多任务操作系统。Linux 支持多个用户从相同或不同的终端上同时使用同一台计算机，而没有商业软件许可证的限制；在同一时间段中，Linux 能响应多个用户的不同请求。Linux 系统中的每个用户对自己的资源有特定的使用权限，不会相互影响。

例如，系统可以打印文档、复制文件、拨号到 Internet，与此同时，用户还可以自如地在字处理程序中输入文本，尽管某些后台任务正在进行，但前台的字处理程序并不会停止或者无法使用。这就是多任务的妙处所在，计算机只有一个处理器，却好像能同时进行多项任务。当然，一个 CPU 一次只能发送一个指令，一次只能执行一个动作，多任务通过在进程所要求的任务间来回快速切换而表现出同时可以执行多项任务的样子。

2. 良好的兼容性，开发功能强

Linux 完全符合 IEEE 的 POSIX 标准，和现今的 UNIX、System V、BSD 三大主流的 UNIX 系统几乎完全兼容。在 UNIX 系统下可以运行的程序，也几乎完全可以在 Linux 上运行。这就为应用系统从 UNIX 系统向 Linux 的转移提供了可能。在 UNIX 下可以运行的程序，几乎全都可以移植到 Linux 上来。以程序设计的观点来看，Linux 几乎涵盖了所有最重要而热门的系统开发软件，包括 C、C++、Fortran、Java 等。

3. 可移植性强

Linux 是一种可移植性很强的操作系统，无论是掌上电脑、个人计算机、小型机，还是中型机甚至大型机都可以运行 Linux。Linux 是迄今为止支持最多硬件平台的操作系统。因为有许多人为 Linux 开发软件，而且都是免费的，越来越多的商业软件也纷纷移植到 Linux 上来。

4. 高度的稳定性

Linux 继承了 UNIX 的良好特性，可以连续运行数月、数年而无需重新启动。在过去十几年的广泛应用中，只有屈指可数的几个病毒感染过 Linux。这种强免疫性归功于 Linux 系统健壮的基础架构。Linux 的基础架构由相互无关的层组成，每层都有特定的功能和严格的权限许可，从而保证最大限度的稳定运行。

5. 丰富的图形用户界面

Linux 提供两种用户界面：字符界面和图形化用户界面，如图 1-1 和图 1-2 所示。字符界面是传统的 UNIX 界面，用户需要输入命令才能完成相应的操作。字符界面下的操作方式不太方便，但效率高，目前仍广泛应用。

图 1-1 Linux 字符界面

窗口化的图形化用户界面并非微软公司的专利，Linux 也拥有方便好用的图形化用户界面。Linux 图形化用户界面整合了大量的应用程序和系统管理工具，并可使用鼠标，用户在图形化用户界面下能方便地使用各种资源，完成各项工作。

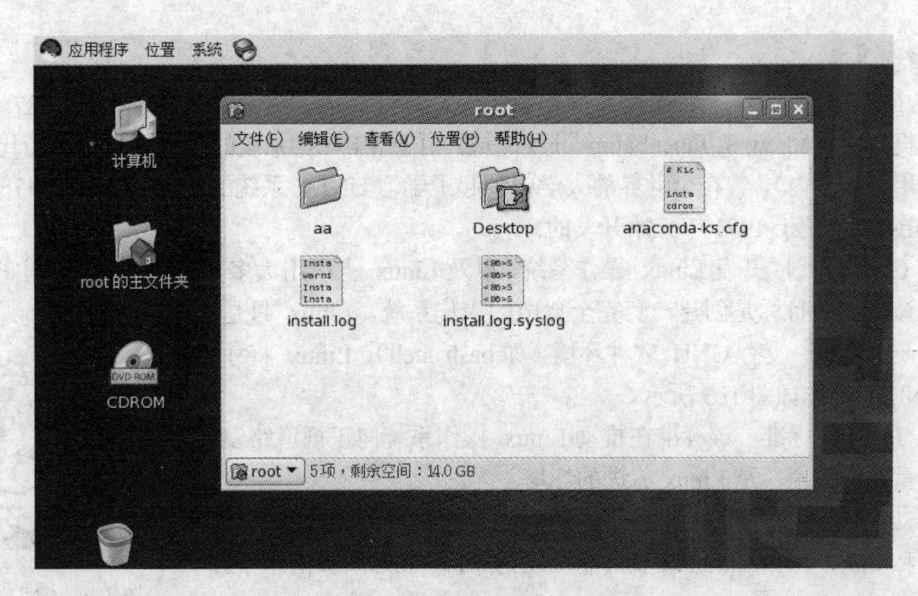

图 1-2 Linux 图形化用户界面

1.3 Linux 与 Windows 的区别

1．多用户

计算机有在同一时刻被多个用户访问的能力。网络上的服务器必须是多用户的，因为网络上的服务器需要能够接受多个用户的同时访问。

2．GUI（图形用户界面）

Linux 的 GUI 采用 x Windows 且与内核是相互独立的；而在 Windows 系统中，GUI 与内核是集成在一起的。

3．共享资源相互访问

Linux 的 NFS、Samba 用于实现 Linux 及 Windows 主机之间的相互访问；而 Windows 利用网上邻居实现相互访问。

4．配置文件

Windows 系统的所有配置集中在注册表中。Linux 系统下配置文件很多，有网络配置文件、硬件配置文件、扫描仪配置文件等，这些文件都放在特定的目录中。例如，网络配置文件的目录是/etc/network、/etc/sysconfig/network 和/etc/sysconfig/network-scripts，Linux 设备文件在/dev 目录下等。

5．域

对于域的控制，Linux 无须身份验证；而 Windows 由 PDC 或 DC 对用户进行身份验证。

1.4 Linux 发展

1.4.1 Linux 发展的要素

1）UNIX 操作系统。UNIX 于 1969 年诞生在 Bell 实验室。Linux 就是 UNIX 的一种

克隆系统。

2）MINIX 操作系统。MINIX 操作系统也是 UNIX 的一种克隆系统，它于 1987 年由著名计算机教授 Andrew S. Tanenbaum 开发完成。由于 MINIX 系统的出现并且提供源代码（只能免费用于大学内），曾在全世界的大学中刮起了学习 UNIX 系统的旋风。Linux 刚开始就是参照 MINIX 系统于 1991 年开始开发的。

3）GNU 计划。开发 Linux 操作系统，以及 Linux 上所用大多数软件基本上都出自 GNU 计划。该计划的目标是创建一套完全自由的操作系统。Linux 只是操作系统的一个内核，没有 GNU 软件环境（如 bash shell），Linux 将寸步难行。GNU 的标志如图 1-3 所示。

4）POSIX 标准。该标准在推动 Linux 操作系统向正规道路发展方面起着重要的作用，是 Linux 前进的灯塔。

5）Internet。如果没有 Internet，没有遍布全世界的无数计算机爱好者的无私奉献，那么 Linux 最多只能发展到 0.13（0.95）版的水平。

图 1-3　GNU 的标志

1.4.2　内核发展史

1969 年，贝尔实验室的 Ken Thompson 在一台被丢弃的 PDP-7 小型机上开发了一种多用户多任务操作系统。后来，在 Ken Thompson 和 Dennis Ritchie 的共同努力下，诞生了最早的 UNIX。早期的 UNIX 是用汇编语言编写的，但其第三个版本是用崭新的编程语言 C 重新设计的。通过这次重新编写，UNIX 得以移植到更为强大的 DEC、PDP-11、PDP-45 计算机上运行。从此，UNIX 从实验室中走出来并成为操作系统的主流。现在几乎每个主要的计算机厂商都有其自由版本的 UNIX，现在比较流行的 UNIX 版本有：AT&T 发布的 SYS V 和美国加州大学伯克利分校 BSD UNIX。这些版本繁多、形态各异的 UNIX 版本，共同遵守一个 POSIX 标准以及基本的共同特征：树形的文件结构、设备文件、shell 用户界面、以 ls 为代表的命令。这些特征在后来的 Linux 中也都继承下来了。

Linux 起源于一个学生的业余爱好，他就是芬兰赫尔辛基大学的 Linus Torvalds——Linux 的创始人和主要维护者。他在上大学时开始学习 MINIX——一个功能简单的 PC 平台上的类 UNIX。Linus 对 MINIX 不是很满意，于是决定自己编写一个保护模式下的操作系统软件。他以学生时代熟悉的 UNIX 为原型，在一台 Intel PC 上开始了他的工作，很快得到了一个虽然不那么完善却已经可以工作的系统。大约在 1991 年 8 月下旬，他完成了 0.0.1 版本，受到工作成绩的鼓舞，他将这项成果通过互联网与其他同学共享。Linus Torvalds 将这个操作系统命名为 Linux，即 Linus's UNIX 的意思，并以可爱的胖企鹅作为其标志，如图 1-4 所示。1991 年 10 月，Linux 首次放到 FTP 服务器上供自由下载，有人看到这个软件并开始分发。每当出现新问题时立刻会有人找到解决方法并加入其中。最初的几个月知道 Linux 的人还很少，主要是一些黑客，但正是这些人修补了系统中的错误，完善了 Linux 系统，为 Linux 后来风靡全球奠定了良好的基础。

图 1-4　Linux 的标志

- 1991 年 9 月，芬兰赫尔辛基大学的大学生 Linus Torvalds 为改进 MINIX 操作系统开发了 Linux 0.01 版（内核）。该版本不能运行，只是一些源程序。
- 1991 年底，Linus Torvalds 首次在 Internet 上发布基于 Intel 386 体系结构的 Linux 源代码，一些软件公司，如 Red Hat、InfoMagic 也不失时机地推出了自己的以 Linux 为核心的操作系统版本。
- 1994 年，Linux 1.0 版内核发布。
- 1998 年 7 月是 Linux 的重大转折点，Linux 赢得了包括许多大型数据库公司如 Oracle、Informix、Ingres 的支持，从而促进 Linux 进入大中型企业的信息系统。
- 2000 年，最新的内核稳定版本是 2.2.10，由 150 万行代码组成，估计拥有 1000 万用户。
- 2003 年，Linux 内核发展到 2.6.x，2.6.x 版本的内核核心部分变动不大。每个小版本之间，都是在不停地添加新驱动、解决一些小 bug、对现有系统进行完善。
- 2012 年 1 月 4 日发布了 Linux 3.2 的内核版本，这个版本的内核改进了 Ext4 和 Btrfs 文件系统，提供自动精简配置功能，新的架构和 CPU 带宽控制。
- 2015 年，Linux 4.3 内核问世，目前最新内核稳定版本为 4.3。

1.5 Linux 的内核版本

Linux 的内核版本号由 3 个数字组成，一般表示为 X.Y.Z 形式，各个数字的含义如下。

- X：表示主版本号，通常在一段时间内比较稳定。
- Y：表示次版本号。如果是偶数，代表这个内核版本是正式版本，可以公开发行；如果是奇数，则代表这个版本是测试版本，还不太稳定仅供测试。
- Z：表示修改号，这个数字越大，表示修改的次数越多，版本相对更完善。

Linux 的正式版本和测试版本是相互关联的。正式版本只针对上个版本的特定缺陷进行修改，而测试版本则在正式版本的基础上继续增加新功能，当测试版本被证明稳定后就成为正式版本。正式版本和测试版本不断循环，不断完善内核的功能。

例如，2.6.20 各数字的含义如下。

- 第 1 个数字 2 表示第二大版本。
- 第 2 个数字 6 有两个含义：大版本的第 4 个小版本；偶数表示生产版/发行版/稳定版；奇数表示测试版。
- 第 3 个数字 20 表示指定小版本的第 20 个补丁包。

Red Hat Linux 内核的版本稍有不同，如 2.6.20-10，可以发现多了一组数字 10，该数字是建立（build）号。每个建立可以增加少量新的驱动程序或缺陷修复。

截至 2015 年 11 月，Linux 内核的最新版本号为 4.3，Linux 的内核版本的发展历程如表 1-1 所示。

表 1-1　Linux 内核版本的发展历程

内核版本	发布日期
0.1	1991 年 11 月
1.0	1994 年 3 月
2.0	1996 年 2 月
2.2	1999 年 1 月
2.4.1	2001 年 1 月
2.6.1	2003 年 12 月
2.6.24	2008 年 1 月
2.6.30	2009 年 6 月
2.6.36	2010 年 10 月
3. 0	2011 年 7 月
3.2.0	2012 年 1 月
3.12.0	2013 年 11 月
3.18.0	2014 年 12 月
4.3	2015 年 11 月

Linux 的发行版本如图 1-5 所示，目前主流和常用的Linux版本主要有如下几种。

图 1-5　Linux 发行版本

1）Red Hat 版本 5.5。这款操作系统可以很好地支持 Intel/AMD 公司发布的多核服务器处理器。这款操作系统的推出时间正好与 Intel 发布至强 7500 系列 Nehalem-EX 处理器的时间重合，能够很好地满足需要在 Linux 操作系统上运行虚拟化/云计算部署/高性能运算等应用的用户需求，是知名度最高的Linux发行版本。

2）Debian 版本 6.0。Debian 6.0 包含了一个 100%开源的 Linux 内核，不包含任何闭源的硬件驱动。所有的闭源软件都被隔离成单独的软件包，放到 Debian 软件源的“non-free”部分。Debian 用户可以自由地选择是使用一个完全开源的系统还是添加一些闭源驱动。在安装过程中需要用到的硬件驱动会被安装系统使用；专门的 CD 镜像和为 USB 安装准备的软件包也可以在网站上下载。

3）SUSE 版本 11。这是最华丽的 Linux 发行版，与Microsoft的合作关系密切。对于 SUSE Linux Enterprise 11 系统来说不管在个人应用和企业级应用都很广泛，无论用户需要具有高可用性的 SAP 服务器，还是需要虚拟设备或者客户桌面，SUSE Linux Enterprise 11 都能够提供用于整体环境的可靠且价格适中的解决方案。

4）Ubuntu 版本 15。最近几年的新版本，主要指 Server 版本，其 desktop 版应用非常广泛。由于 Ubuntu 显著的特性尤其是快速安装进程以及桌面体验，即使不喜欢 Ubuntu 的人也从 Linux 桌面系统中受益，这些特性也在 Ubuntu 的影响下波及到更广阔的 Linux 世界。

5）CentOS 版本 6.0。CentOS 是红帽企业级 Linux 发行版之一，这个发行版主要是 Redhat 企业版的社区版，基本上跟 Red Hat 是兼容的，由于稳定性值得信赖、免费且局限性较少，因此人气相当高。

1.6　Linux 的优势

Linux 从一个人开发的操作系统雏形经过短短十多年的时间就发展成为今天举足轻重的操作系统，与 Windows、UNIX 一起形成操作系统领域三足鼎立的局势，必定有其原因，Linux 自身的特点就是其获得成功的原因。Linux 具有以下优势。

1）源代码公开。作为程序员，通过阅读 Linux 内核和 Linux 下的其他程序源代码，可以学到很多编程经验和其他知识，作为最终用户也避免了使用 Windows 盗版的尴尬，节省了购买正版操作系统的费用。

2）系统稳定可靠。Linux 采用了 UNIX 的设计体系，汲取了 UNIX 25 年的发展经验。Linux 操作系统体现了现代操作系统的设计理念和最经得住时间考验的设计方案。在服务器操作系统市场上，Linux 已经超过 Windows 成为服务器首选操作系统。

3）总体性能突出。在德国 C'T 最近公布的 Windows 和 Linux 的最新测试结果表明，两种操作系统在各种应用情况下，尤其是在网络应用环境中，Linux 的总体性能更好。

4）安全性强，病毒危害小。各种病毒的频繁出现使得微软公司几乎每隔几天就要为 Windows 公布补丁。而现在针对 Linux 系统的病毒非常少，而且它公布源代码的开发方式使得各种漏洞在 Linux 上能尽早发现、弥补。

5）跨平台，可移植性好。Windows 只可以运行在 Intel 构架，但 Linux 还可以运行在 Motorola 公司的 68K 系列 CPU，IBM、Apple 等公司的 PowerPC CPU，Compaq 和 Digital 公司的 Alpha CPU，原 Sun 公司（后被 Oracle 收购）的 SPARC UltraSparc CPU，Intel 公司的 StrongARM CPU 等处理器系统。

6）完全符合 POSIX 标准。Linux 和现今的 UNIX、System V、BSD 三大主流的 UNIX 系统几乎完全兼容，在 UNIX 下可以运行的程序，完全可以移植到 Linux 下运行。

7）具有强大的网络服务功能。Linux 诞生于因特网，它具有 UNIX 的特性，保证了其支持所有标准因特网协议，而且内置了 TCP/IP 协议。事实上 Linux 是第一个支持 IPv6 的操作系统。

1.7 Linux 的应用领域

Linux 从诞生到现在，已经在各个领域得到了广泛的应用，显示了强大的生命力，并且其应用正日益扩大，下面列举其主要领域。

1）教育领域：设计先进和公开源代码这两大特性使 Linux 成为了操作系统课程的好教材。

2）网络服务器领域：稳定，强壮，系统要求低，网络功能强使 Linux 成为现在 Internet 服务器操作系统的首选，目前达到了服务器操作系统市场 25%的占有率。

3）企业 Intranet：利用 Linux 系统可以使企业以低廉的投入架设 E-mail 服务器、WWW 服务器、代理服务器、透明网关、路由器。

4）视频制作领域：著名的影片《泰坦尼克号》就是由 200 多台装有 Linux 系统的机器协作完成其特技效果的。

5）嵌入式系统应用领域：嵌入式 Linux 是将日益流行的 Linux 操作系统进行裁剪修改，使之能在嵌入式计算机系统上运行的一种操作系统。嵌入式 Linux 既继承了 Internet 上无限的开放源代码资源，又具有嵌入式操作系统的特性。

嵌入式 Linux 的应用领域非常广泛，主要的应用领域有信息家电、手机（如图 1-6 所示）、PDA（如图 1-7 所示）、机顶盒、Digital Telephone、Answering Machine、Screen Phone 、数据网络、Ethernet Switches、Router、远程通信、医疗电子、交通运输计算机外设、工业控制、航空航天领域等。

图 1-6　Linux 手机

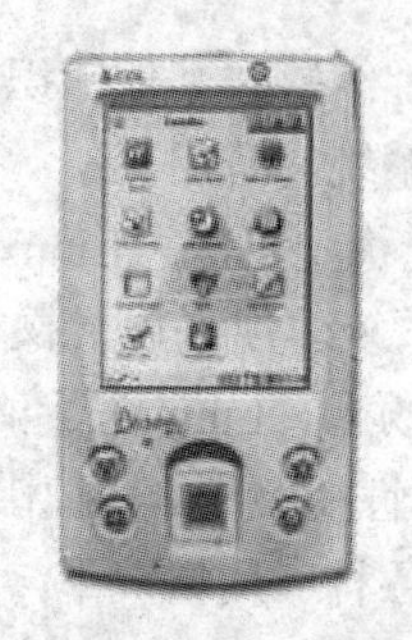

图 1-7　Linux PDA

1.8　Linux 的组成部分

Linux 一般由内核、shell、文件结构和实用工具 4 个主要部分组成，如图 1-8 所示。其中内核是所有组成部分中最为基础、最重要的部分。

实用工具
操作系统服务(文件结构、shell)
Linux内核
硬件控制器

图 1-8　Linux 操作系统的组成

1．Linux 内核

内核（Kernal）是整个操作系统的核心，管理着整个计算机的软硬件资源。内核控制整个计算机的运行，提供相应的硬件驱动程序、网络接口程序，并管理所有程序的执行。内核提供的都是操作系统最基本的功能。

Linux 内核源代码主要是用 C 语言编写的，Linux 内核采用比较模块化的结构，主要模块包括存储管理、进程管理、文件系统管理、设备管理和驱动、网络通信及系统调用等。

Linux 内核源代码通常安装在/usr/src/linux 目录下，可供用户查看和修改。

2．Linux shell

shell 是系统的用户界面，提供了用户与内核进行交互操作的一种接口。它接收用户输入的命令并把它送入内核去执行。实际上，shell 是一个命令解释器，它解释由用户输入的命令并且把它们送到内核。shell 还有自己的编程语言用于命令编辑，它允许用户编写由 shell 命令组成的程序。shell 编程语言具有普通编程语言的很多特点，比如它也有循环结构和分支控制结构等，用这种编程语言编写的 shell 程序与其他应用程序具有同样的效果。

3．Linux 文件结构

文件结构是文件存放在磁盘等存储设备上的组织方法，主要体现在对文件和目录的组织上。目录提供了管理文件的一个方便而有效的途径。我们能够从一个目录切换到另一个目录，而且可以设置目录和文件的权限，设置文件的共享程度。

使用 Linux，用户可以设置目录和文件的权限，以便允许或拒绝其他人对其进行访问。Linux 目录采用多级树结构，用户可以浏览整个系统，可以进入任何一个已授权进入的目录，访问那里的文件。

4．Linux 实用工具

标准的 Linux 系统都有一套叫作实用工具的程序，它们是专门的程序，如编辑器、执行标准的计算操作等。用户也可以产生自己的工具。实用工具可分为 3 类。

- 编辑器：用于编辑文件。Linux 的编辑器主要有 Ed、Ex、Vi 和 Emacs。Ed 和 Ex 是行编辑器，Vi 和 Emacs 是全屏幕编辑器。

- 过滤器：用于接收数据并过滤数据。Linux 的过滤器（Filter）读取用户文件或其他地方的输入，检查和处理数据，然后输出结果。
- 交互程序：允许用户发送信息或接收来自其他用户的信息。交互程序是用户与机器的信息接口。

1.9 Linux 的基本管理

Linux 作为一种操作系统，当然具有操作系统的所有功能，并通过以下管理模块来为用户提供友好的使用环境，实现对整个系统中硬件和软件资源的管理。

1. CPU 管理

CPU 是计算机最重要的资源，对 CPU 的管理是操作系统最核心的功能。Linux 是多用户多任务操作系统，采用分时方式对 CPU 的运行时间进行管理。即 Linux 将 CPU 的运行时间划分为若干个很短的时间片，CPU 依次轮流处理这些等待的任务，如果每项任务在分配给它的一个时间片内不能执行完成的话，就必须暂时中断，等待下一轮 CPU 对其进行处理，而此时 CPU 转向处理另一个任务，由于时间片的时间非常短，在不太长的时间内所有任务都能被 CPU 执行到，都有所进展。从人的角度来看，CPU 在“同时”为多个用户服务，并“同时”处理多项任务。

2. 存储管理

存储器分为内部存储器（简称内存）和外部存储器（简称外存）两种。内存用于存放当前正在执行的程序代码和正在使用的数据。外存包括硬盘、软盘、光盘、U 盘等设备，主要用来保存数据。操作系统的存储管理主要是对内存的管理。

Linux 采用虚拟存储技术，也就是以透明的方式提供给用户一个比实际内存大得多的作业地址空间，它是一个非常大的存储器逻辑模型。用处理机提供的逻辑地址访问虚拟存储器，用户可以在一个非常大的地址空间内放心地安排自己的程序和数据，就仿佛拥有这么大的内存空间一样。

Linux 遵循页式存储管理机制，虚拟内存和物理内存均以页为单位加以分割，页的大小固定不变。当需要把虚拟内存中的程序段和数据调入或调出物理内存时，均以页为单位进行。虚拟内存中某一页与物理内存中某一页的对照关系保存在页表中。当物理内存已经全部被占据，而系统又需要将虚拟内存中的那部分程序段或数据调入内存时，Linux 采用 LRU 算法（Least Recently Used Algorithm，最近最少使用算法），淘汰最近没有访问的物理页，从而空出内存空间以调入必需的程序段或数据。

3. 文件管理

文件系统是现代操作系统中不可缺少的组成部分。文件管理是针对计算机的软件资源而设计的，它包括各种系统程序、各种标准的子程序以及大量的应用程序。这些软件资源都是具有一定意义的相互关联的程序和数据的集合，从管理角度把它们看成文件，保存在存储介质上并对其进行管理。目前 Linux 主要采用 ext3 或 ext2 文件系统。

由于采用了虚拟文件系统技术，Linux 可以支持多种文件系统，例如 UMSDOS、MSDOS、vfat、光盘的 iso9660、NTFS、高性能文件系统 HPFT 及实现网络共享的 NFS 文件系统。所谓虚拟文件系统是操作系统和真正的文件系统之间的接口。它将各种不同的文件系统的信息进行转化，形成统一的格式后交给 Linux 操作系统处理，并将结果还原为原来的文件系统格式。对于 Linux 而言，它所处理的就是统一的虚拟文件系统，而不需要知道文件所采用的真实的文件系统。

Linux 通常都将文件系统通过挂载操作放置于某个目录，从而让不同的文件系统结合成为一个整体，可以方便地与其他操作系统共享数据。

4．设备管理

设备管理是指对计算机系统中除了 CPU 和内存之外所有 I/O 设备的管理。现代计算机系统的外部设备除了显示器、键盘、打印机、磁带、磁盘外，又出现了光盘驱动器、激光打印机、绘图仪、扫描仪、鼠标、声音输入输出设备以及办公自动化设备等，种类繁多。

Linux 操作系统把所有的外部设备按其数据交换的特性分成 3 类，如图 1-9 所示。

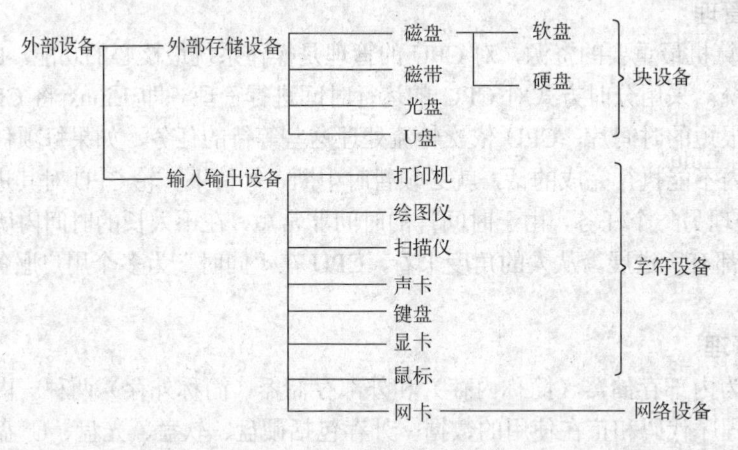

图 1-9　Linux 外部设备分类

（1）字符设备

字符设备是以字符为单位进行输入输出的设备，按照字符流的方式被有序访问，如打印机、显示终端等。字符设备大多连接在计算机的串行接口上。CPU 可以直接对字符设备进行读写，而不需要经过缓冲区，但不能对其随机存取。

（2）块设备

系统中能够随机（不需要按顺序）访问固定大小数据块的设备称为块设备。块设备以数据块为单位进行输入输出，如磁盘、磁带、光盘等。数据块可以是硬盘或软盘上的一个扇区，也可以是磁带上的一个数据段。数据块的大小可以是 512B、1024B 或者 4096B。CPU 不能直接对块设备进行读写，无论是从块设备读取还是向块设备写入数据，都必须首先将数据送到缓冲区，然后以块为单位进行数据交换。

（3）网络设备

网络设备是以数据包为单位进行数据交换的设备，如以太网卡。网络数据传送时必须按照一定的网络协议对数据进行处理，将其压缩后，再加上数据包头和数据包形成一个较为安全的传输数据包，才进行网络传输。

无论哪种类型的设备，Linux 都统一把它当成文件来处理，只要安装了驱动程序，任何用户都可以像使用文件一样来使用这些设备，而不必知道它们的具体存在形式。

1.10 课后习题

一、选择题

1．下面关于 shell 的说法，不正确的是（　　）。

A．操作系统的外壳　　B．用户与 Linux 内核之间的接口程序

C．一个命令语言解释器　　D．一种和 C 类似的程序语言

2．以下 Linux 内核版本中，属于稳定版本是（　　）。

A．2.1.23　　B．2.0.36　　C．2.4.0　　D．2.3.11

3．Red Hat Enterprise Linux 版本分为（　　）。

A．Red Hat Enterprise Linux AS

B．Red Hat Enterprise Linux ES

C．Red Hat Enterprise Linux BS

D．Red Hat Enterprise Linux WS

4．以下对 Linux 内核的说法正确的是（　　）。

A．Linux 内核是 Linux 系统的核心部分。

B．Linux 内核就是 Linux 系统，一个内核就可以构成 Linux 系统。

C．如今 Linux 内核已发展到 2.6.x 版本。

D．Linux 内核主要由内存管理程序、进程调度程序、虚拟文件系统构成。

5．在 Linux 中把声卡当作（　　）。

A．字符设备　　B．输出设备　　C．块设备　　D．网络设备

6．Linux 内核管理系统不包括的子系统是（　　）。

A．进程管理子系统　　B．内存管理子系统

C．文件管理子系统　　D．硬件管理子系统

7．下列选项中，不是 Linux 支持的是（　　）。

A．多用户　　B．超进程　　C．可移植　　D．多进程

8．Linux 是所谓的“free software”，这个 free 的含义是（　　）。

A．Linux 不需要付费　　B．Linux 发行商不能向用户收费

C．Linux 可自由修改和发布　　D．只有 Linux 作者才能向用户收费

9．Linux 系统各部分的组成部分中，（　　）是基础。

A．内核　　B．X Window　　C．shell　　D．GNOME

二、思考题

1．Linux 与 Windows 操作系统相比有哪些优越性？

2．掌握 Linux 的构成与版本识别。

第2章　Linux 系统安装

由于 Linux 在 Internet 上是免费提供的，所以用户获得 Linux 比较容易，一般地说，获得 Linux 主要有两个途径：一种是通过 Internet 下载，另一种购买 Linux 光盘。本章首先介绍了 Linux 概况，然后重点以 Red Hat Enterprise Linux 5 为例，介绍了 Linux 的安装过程，最后说明了 Linux 的启动及关闭。

2.1　Red Hat Enterprise Linux 5 简介

Red Hat 公司推出各种 Linux 发行版本是目前世界上最为广泛的 Linux 发行版本。Red Hat 于 2007 年 3 月 14 日正式发布了 Red Hat Enterprise Linux 5 ,简称 RHEL 5。RHEL 5 是 Red Hat 的商业服务器操作系统版本的第 4 次重要版本发布。RHEL 5 主要变化包括 Linux 内核由 2.6.9 升级为 2.6.18, 支持 Xen 虚拟化技术, 集群存储等。RHEL 5 的版本主要分为 Desktop 和 Sever 两个版本。

Desktop 版本分为：Red Hat Enterprise Linux Desktop（对应以前的 Red Hat Desktop）和 Red Hat Enterprise Linux Desktop with Workstation option（对应以前的 Red Hat Enterprise），主要提供用户的桌面应用环境。

Server 版本分为：Red Hat Enterprise Linux Advanced Platform（对应以前的 Red Hat Enterprise Linux AS）和 Red Hat Enterprise Linux（对应以前的 Red Hat Enterprise Linux ES），用于搭建各类网络服务器，为大型数据库、ERP 等关键业务提供运行平台。

☞注：

Red Hat Enterprise Linux 5 通过 5 张 CD 或者 1 张 DVD 介质来进行操作系统安装软件的版本发售。如果用户没有通过 Red Hat 官方获取到安装序列号，将只有核心服务器或 Desktop 将会被安装。但是其他功能可以在以后被手工安装。在安装过程中被使用的序列号会被存放在/etc/sysconfig/rhn/install-num 里。当在 RHN 注册时，这个文件将自动被 rhn_register 引用。

2.2　安装前的准备

2.2.1　硬件基本需求

Linux 内核运行对硬件要求很低，在很多嵌入式系统中使用的 Linux 内核很多不到 100KB。当然我们使用的 Linux 服务器版或桌面版就比较庞大，因此系统至少需要内存 256MB 以上，才能保证系统正常运行。一般来说 2GB 以上的空间可以基本满足桌面用户和服务器管理的需求，为了方便用户安装更多应用程序，建议硬盘空间设置为 10GB 以上。

2.2.2 硬盘分区

任何硬盘使用前都要进行分区。硬盘的分区有两种类型：主分区和扩展分区。一个硬盘上最多只能有 4 个主分区，其中一个主分区可以用一个扩展分区来替换，即主分区可以有 1～4 个，扩展分区可以有 0～1 个，而扩展分区中可以划分若干个逻辑分区。

目前常用的硬盘主要有两大类：IDE 接口硬盘和 SCSI 接口硬盘。IDE 接口的硬盘读写速度比减慢，但价格相对便宜，是家庭用 PC 常用的硬盘类型。SCSI 接口的硬盘读写速度比较快，但价格相对较贵。通常，要求较高的服务器会采用 SCSI 接口的硬盘。一台计算机上一般有两个 IDE 接口（IDE0 和 IDE1），在每个 IDE 接口上可连接两个硬盘设备（主盘和从盘）。采用 SCSI 接口的计算机业遵循这一规律。

Linux 的所有设备均表示为/dev 目录中的一个文件，如：

- IDE0 接口的主盘称为/dev/hda，IDE0 接口的从盘称为/dev/hdb。
- SCSI0 接口的主盘称为/dev/sda，SCSI0 接口的从盘称为/dev/sdb。

由此可知，/dev 目录下“hd”打头的设备是 IDE 硬盘，“sd”打头的设备是 SCSI 硬盘。设备名称中第 1 个字母为 a，表示为第 1 个硬盘，而 b 表示为第 2 个硬盘，并以此类推。分区使用数字表示，数字 1～4 用于表示主分区和扩展分区，逻辑分区的编号从 5 开始。IDE0 接口上主盘的第 1 个主分区称为 /dev/hda1,IDE0 接口上主盘的第 1 个逻辑分区称为/dev/hda5。

☞注：

未分区的磁盘空间意味着在用户要安装的硬盘驱动器上的可用磁盘空间还没有为数据划分成块。当为一个磁盘分区时，每个分区都如同一个独立的磁盘驱动器。

2.2.3 安装方式

下面以 RHEL 5 为例说明 Linux 安装方式，一般来说，RHEL 5 可以使用 3 种安装方式：光盘安装、硬盘安装和网络安装。

- 光盘安装：光盘安装是最理想、最简单的安装方式，下一节将详细介绍这种安装方式。
- 硬盘安装：如果机器没有光驱，或者没有 Red Hat Enterprise Linux 5 安装光盘，那么可以考虑硬盘安装方式。在硬盘安装前首先要将安装光盘的 ISO 镜像文件复制到某一目录下，然后制作系统安装盘。系统启动后，正确指定该目录后的安装过程和光盘安装过程完全一样。
- 网络安装：RHEL 5 支持 HTTP 和 FTP 两种协议的网络安装。适合本地机器没有光驱，而知道网上 ISO 文件所在 URL 的 Linux 安装。网络安装也要制作系统安装盘，并用该盘启动机器，机器启动后选择图像安装或文本安装均可，在接下来的安装方式中选择“网络安装”，指定安装 ISO 文件所在的 URL，其余和光盘安装类似。

2.3 案例：Linux 安装过程

【案例目的】 掌握 Red Hat Enterprise Linux 5 的安装过程。

【案例内容】

1）将计算机设置为从 CD-ROM 启动。

2）用 Linux 第 1 张光盘引导，选择某一模式进行安装。

3）安装一台 Linux 服务器系统，要求创建 3 个分区：根分区 5G（/）、引导分区 100MB（/boot）、交换分区 500MB（swap）。

4）选择 GNOME 桌面；选择 DNS、FTP 服务选项；其他自定义。

5）密码设置为 123456。

6）IP 地址、网关、DNS 等随机房设置。

7）从图形化界面进行登录。

【核心知识】 安装 Linux 时磁盘的分区方法。

下面以 RHEL 5 光盘安装为例，详细讲述 Linux 的安装过程。

启动安装程序。如果安装程序启动成功，会出现如图 2-1 所示的安装界面。这时可以直接按〈Enter〉键，便开始在图形模式下安装。如果 30s 未操作，会默认进行图形模式的安装。也可以在“boot:”提示符下输入“linux text”后，再按〈Enter〉键，这时在字符模式下进行安装。还可以使用功能键进行更多的选择，功能键为〈F1〉～〈F5〉键，功能如下。

- [F1—Mainl]：返回主界面。
- [F2—Options]：显示安装选项。
- [F3—General]：常规帮助界面。
- [F4—Kernel]：内核参数帮助界面。
- [F5—Rescue]：救援模式。

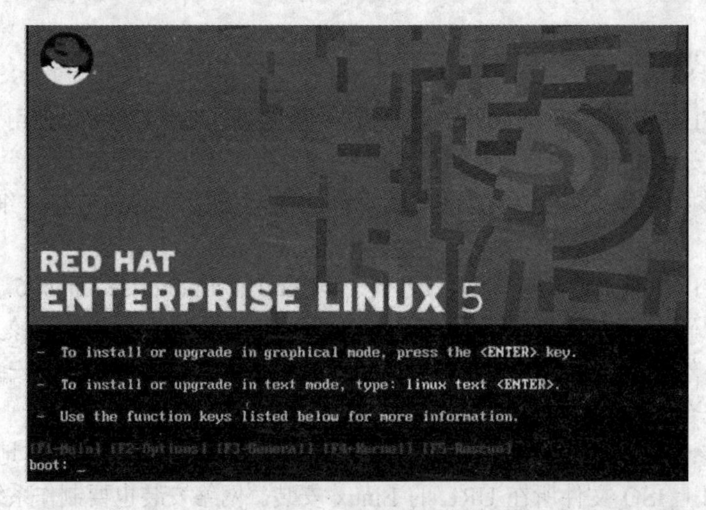

图 2-1 启动安装程序

现在简单说一下每个功能键返回的界面按〈F1〉键返回的是图 2-1。按〈F2〉到〈F5〉键分别对应进入的是 Installer Boot Options 界面、General Boot Help 界面、Kernel Parameter Help 界面和 Rescue Mode Help 界面。

这里按〈Enter〉键，继续图形模式安装，系统会开始加载并进行检测，可以看到经过图 2-2 和图 2-3 所示的画面，然后进入到 CD Found 界面，如图 2-4 所示。

图 2-2　安装主界面

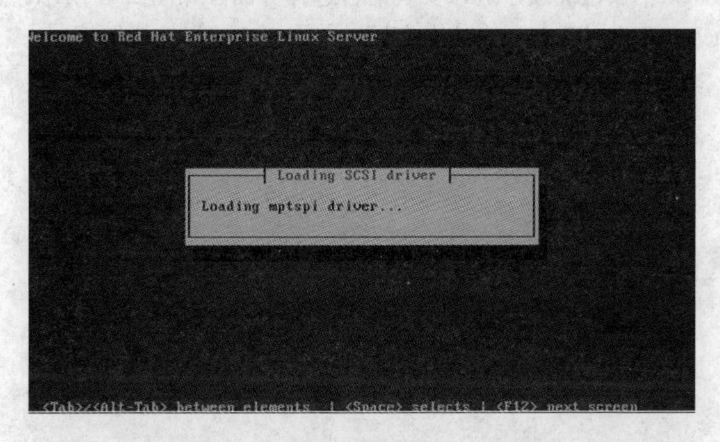

图 2-3　系统开始加载并进行检测界面

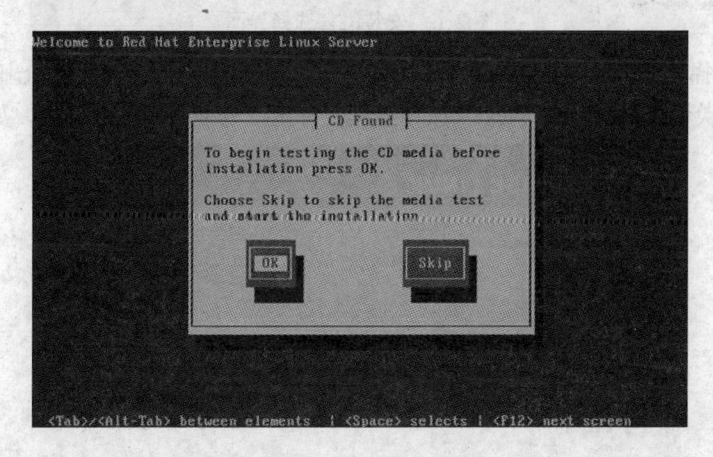

图 2-4　CD Found 界面

选择是否进行介质检测。如果检测，单击“OK”按钮；如果不检测，单击“Skip”按钮。默认是检测的，这里不进行检测，单击“Skip”按钮跳过，然后按〈Enter〉键继续。

接下来便开始准备进入语言选择界面，如图 2-5 所示。

图 2-5　准备进入语言选择界面

这里单击“Next”按钮继续，进入安装语言选择界面，如图 2-6 所示。选择安装语言，这里选择“Chinese（Simplified）（简体中文）”，单击“Next”按钮继续。

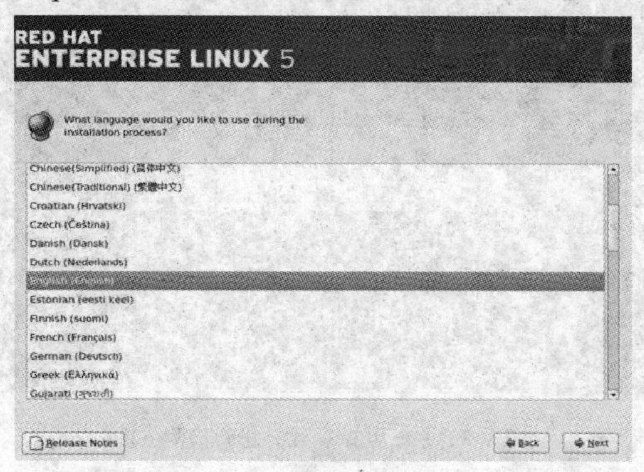

图 2-6　安装语言选择界面

进入键盘选择界面，如图 2-7 所示。系统会自动检测出用户的键盘，并给出默认选择。一般使用的是“美国英语式”。单击“Next”按钮继续，弹出“安装号码”对话框，如图 2-8 所示。

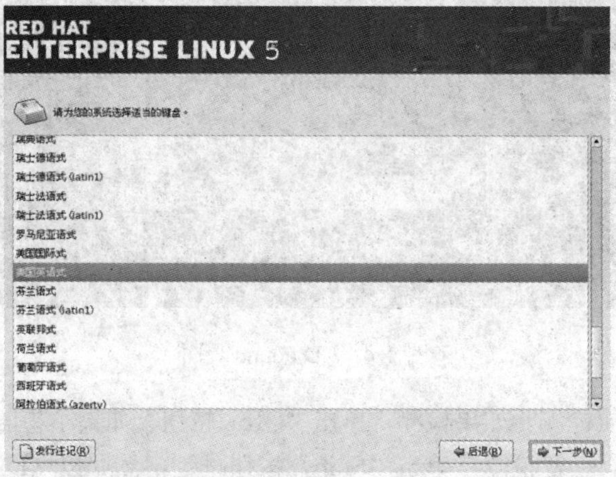

图 2-7　键盘选择界面

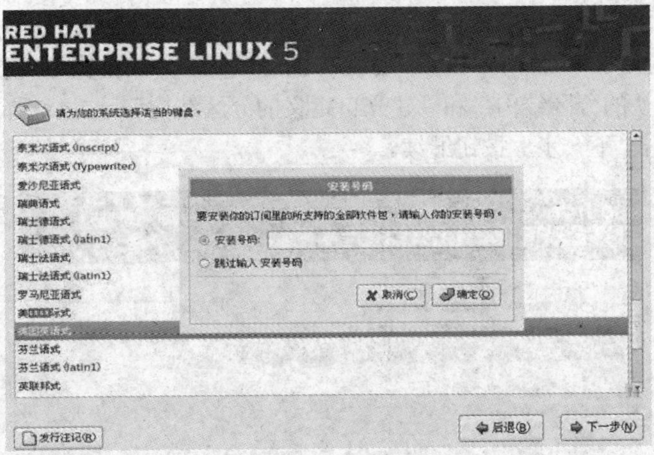

图 2-8 “安装号码”对话框

如果用户有安装号码，输入号码后单击“确定”按钮继续。如果没有安装号码，也可以选择“跳过输入安装号码”，然后单击“确定”按钮继续。安装号码的目的是为了保证安装的组件和订阅内容相匹配，为配置安装程序提供正确的软件包。如果输入了安装号码，可以不选择要安装哪些组件，因为每个安装号包含了预先设置好的安装组件。而如果没有输入安装号码，那么只有核心服务将会被安装。其他功能可以在以后手动安装，功能上没有任何限制，安装好的服务器也没有任何功能上的不同。

如选择“跳过输入安装号码”，则会弹出“跳过”对话框，其中罗列一些“跳过”后可能出现的后果。要想避免这些可能的损失，可以通过单击“后退”按钮返回到图 2-8 的界面，输入安装号码后再继续；如要不在意这些可能的损失，则直接单击“跳过”按钮继续即可。假如系统没能识别现有分区，会弹出“警告”对话框，如图 2-9 所示。

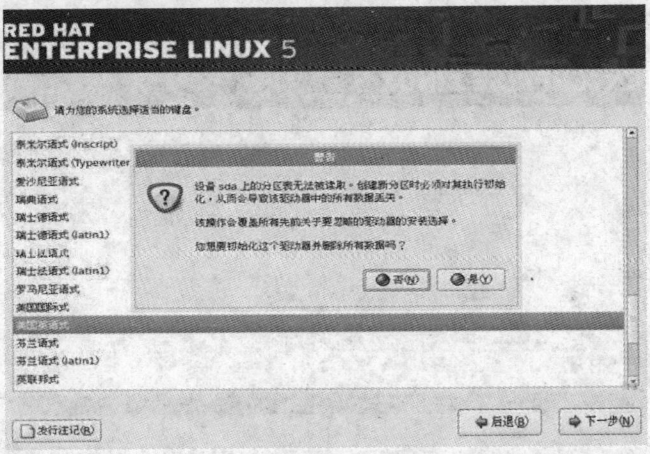

图 2-9 “警告”对话框

要想继续安装需要重新分区，这将导致数据丢失。因这里是全新安装，所以单击“是（Y）”按钮继续。

进入分区方式选择界面，如图 2-10 所示。勾选“检验和修改分区方案”复选框，然后单击界面上方的下拉列表框，其中有4个选项，分别是：“在选定磁盘上删除所有分区并创建默认分区结构”“在选定驱动上删除 Linux 分区并创建默认的分区结构”“使用选定驱动器中的空余空间并创建默认的分区结构”和“建立自定义的分区结构”。这里选择“建立自定义的分区结构”，然后单击“下一步”按钮继续。

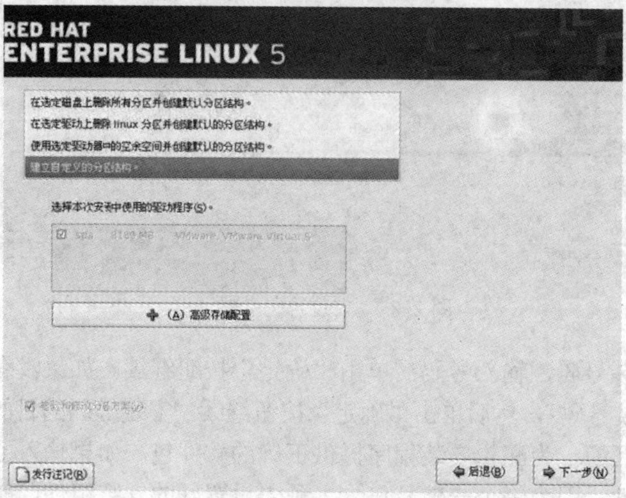

图2-10 分区方式选择界面

进入分区界面，如图2-11所示。界面上显示的是“磁盘分区”，是对当前磁盘空间配置情况的映射，通常分为/boot（引导区）、swap（交换分区）、和/（根分区）3个分区。分3个区很简单，先单击“新建”按钮，弹出“添加分区”对话框。在“挂载点”文本框中输入“/boot”，也可通过右边的下拉菜单来找到“/boot”；在“文件系统类型”中选择“ext3”；大小为100MB。如图2-12所示。其中，挂载点指定了该分区对应 Linux 文件系统的哪个目录；文件系统类型指定了该分区的文件系统类型，可选项有ext2、ext3或 vfat等。

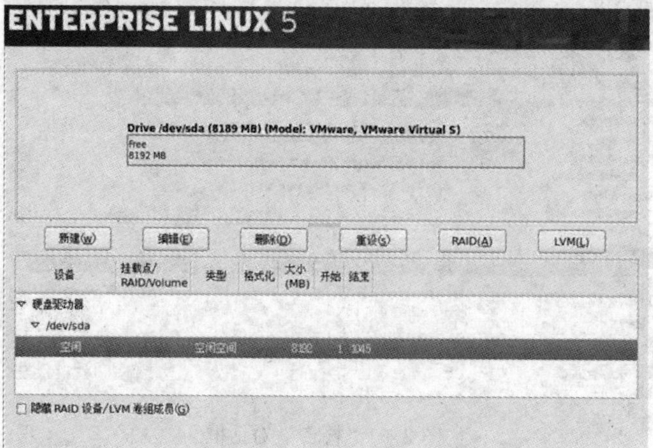

图2-11 分区界面

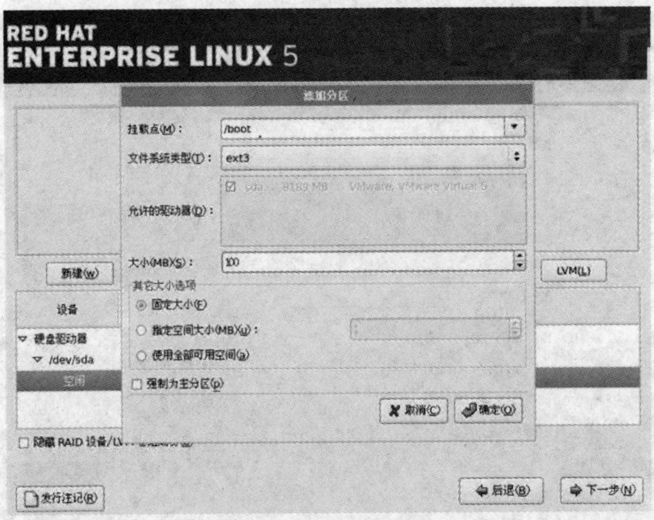

RED HAT
ENTERPRISE LINUX 5

添加分区

挂载点(M)：/boot
文件系统类型(T)：ext3
允许的驱动器(D)：sda 8189 MB VMware, VMware Virtual S
大小(MB)(S)：100
其它大小选项
固定大小(F)
指定空间大小(MB)(u)：
使用全部可用空间(a)
强制为主分区(p)
取消(C) 确定(O)

新建(W) LVM(L)
设备
硬盘驱动器
/dev/sda
空闲
隐藏 RAID 设备/LVM 卷组成员(G)
发行注记(R) 后退(B) 下一步(N)

图 2-12　新建 boot 分区

推荐的分区方案如下：① 一个交换分区：用于虚拟内存的交换分区，由操作系统管理，用户不能使用。其大小一般设置为物理内存大小的 2 倍，太小了不能较好地起到虚拟内存的作用，太大了则浪费硬盘空间；② 一个/boot 分区：用于存放 Linux 的所有文件、内核和启动程序、临时文件和设备信息；③ 一个根分区：用于安装 Linux 文件系统的分区。ext2 是 Linux 专用的文件系统，ext3 是 ext2 的升级版本，所以采用 ext3 作为 Linux 的文件系统。

接着进行 swap 分区，同样先单击“新建”按钮，然后在“添加分区”对话框中的“文件系统类型”中选择“swap”，大小一般为物理内存的 2 倍左右，如图 2-13 所示。

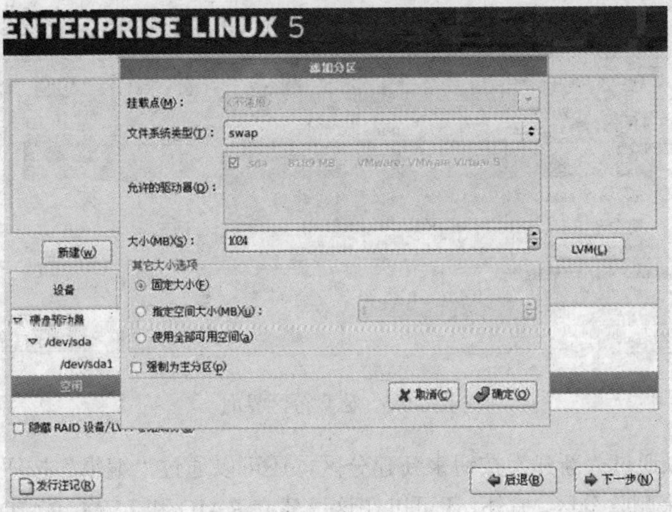

ENTERPRISE LINUX 5

添加分区

挂载点(M)：<不适用>
文件系统类型(T)：swap
允许的驱动器(D)：sda 8189 MB VMware, VMware Virtual S
大小(MB)(S)：1024
其它大小选项
固定大小(F)
指定空间大小(MB)(u)：
使用全部可用空间(a)
强制为主分区(p)
取消(C) 确定(O)

新建(W) LVM(L)
设备
硬盘驱动器
/dev/sda
/dev/sda1
空闲
隐藏 RAID 设备/LVM 卷组成员(G)
发行注记(R) 后退(B) 下一步(N)

图 2-13　新建 swap 分区

最后分根分区。单击“新建”按钮，在“挂载点”文本框中输入“/”，在“文件系统类型”中选择“ext3”，选择“使用全部可用空间”单选项。如图 2-14 所示。分好后，如图 2-15 所示。

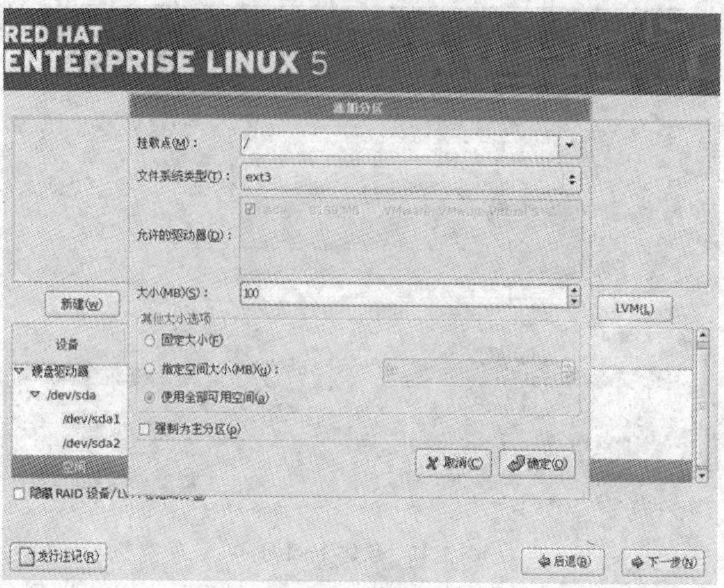

图 2-14　新建根分区

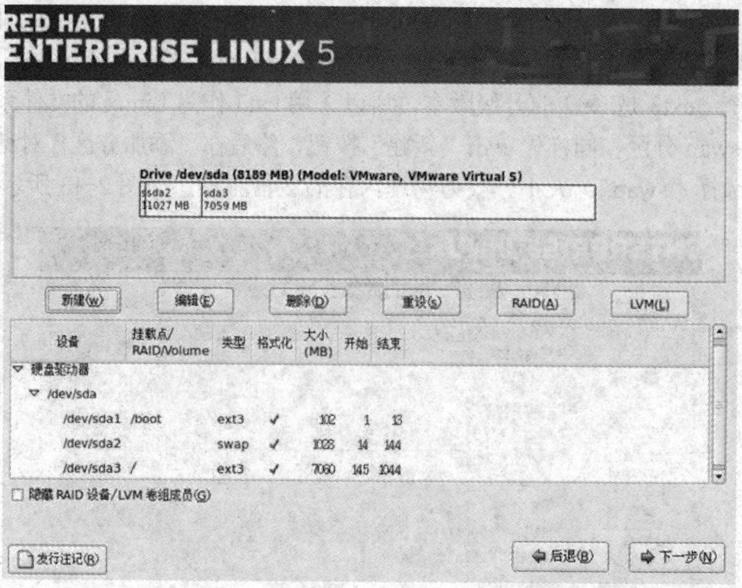

图 2-15　磁盘分区界面

这里不仅可以通过“新建”按钮来新建分区，还可以通过“编辑”按钮来修改分区信息，通过“删除”按钮来删除分区。另外，还可以在这里建立 RAID 和 LVM。RAID（Redundant Array of Independent/Inexpensive Disk，独立/廉价磁盘冗余阵列）用来增加磁盘读写带宽，提高从硬盘崩溃中恢复的能力，包括 RAID0、RAID1、RAID5 等。LVM（Logical Volume Group，逻辑卷组）是建立在硬盘和分区之上的一个逻辑层，用来提高磁盘分区管理的灵活性。尤其是安装 RHEL 和 Windows 双系统时，很可能会用到 LVM。继续单击“下一步”按钮进行安装，进入到引导装载程序配置界面，如图 2-16 所示。

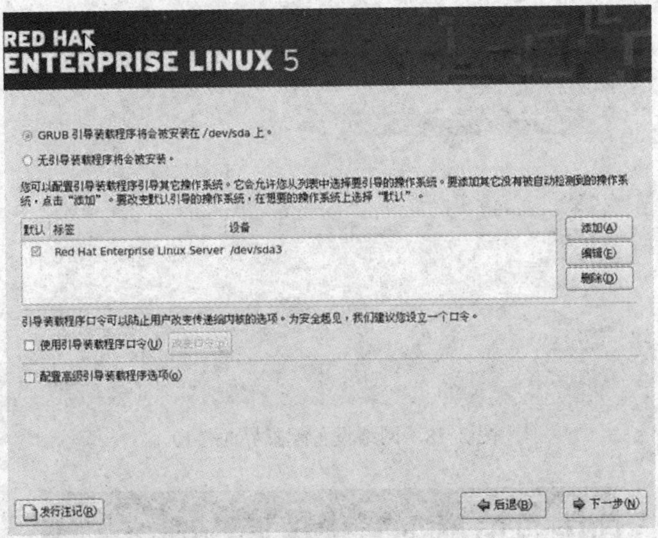

图 2-16　配置引导装载程序

RHEL5 默认的引导程序是 GRUB。在界面中的列表框中，列出了目前系统中已经安装的引导项，可以通过右边的“添加（A）”“编辑（E）”“删除（D）”按钮进行相应的操作。例如，要想添加引导项，可以单击“添加（A）”按钮，弹出“映像”对话框，在对话框中指定“标签”和“设备”，然后单击“确定”按钮即可，如图 2-17 所示。

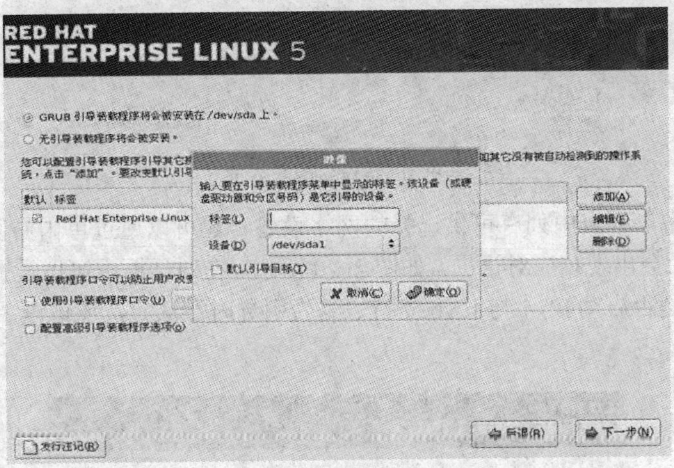

图 2-17　添加引导项界面

为防止别人修改其配置文件，还可以在此勾选“使用引导装载程序口令（U）”，这时会弹出“输入引导装载程序口令”对话框，在其中输入“口令”并确认，从而为引导装载程序设置密码保护。

单击“下一步”按钮，可以进行网络配置，选择“通过 DHCP 自动配置”单选项，配置界面如图 2-18 所示。也可输入可用的 IP 地址、子网掩码、网络地址和广播地址。若只是在局域网使用，可以使用内部 IP 地址，如 192.168.1.xxx,其中 xxx 的范围为 1～254，如图 2-19 所示。

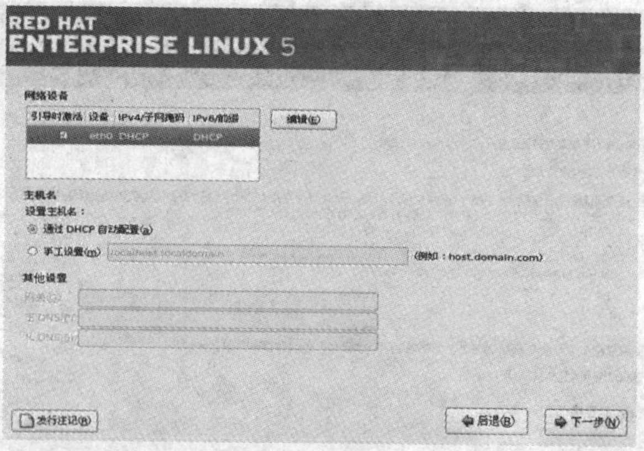

图 2-18　网络设备配置界面（1）

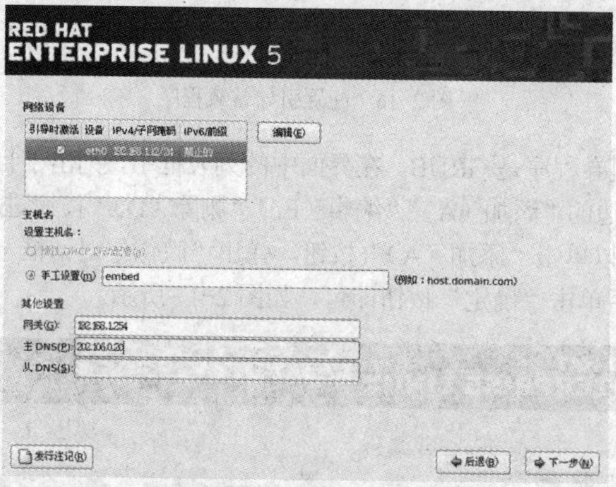

图 2-19　网络设备配置界面（2）

在“网络设备”列表中列有可供选择的网络设备，还可以通过单击右侧的“编辑”按钮进行设置，单击后会出现相应对话框，如图 2-20 所示。在对话框中可以设置是否使用动态 IP 配置（DHCP）、是否启动 IPv4 与 IPv6 支持、是否引导时激活等，还可以手动指定 IP 地址和子网掩码。

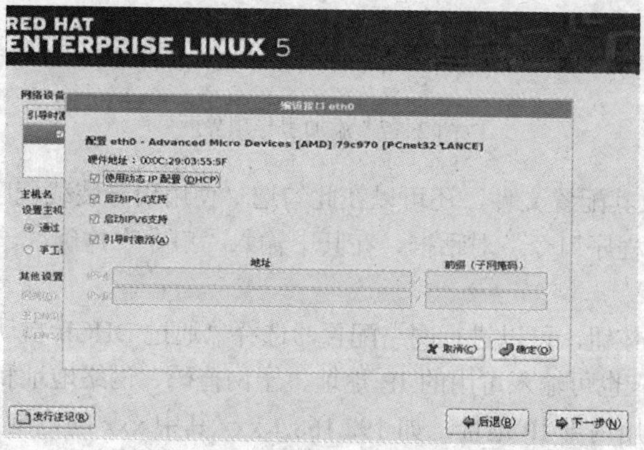

图 2-20　网络设备配置界面（3）

设置完毕后单击“确定”按钮，返回图 2-19 所示的界面，单击“下一步”按钮进入时区设置界面，如图 2-21 所示。

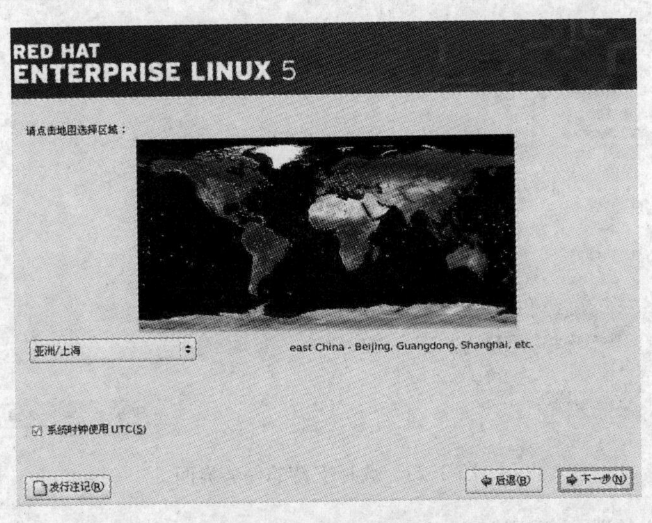

图 2-21　时区设置界面

可以从下拉列表中选择时区，在我国选择“亚洲 / 上海”。也可以直接单击地图来选择时区。左下角有个“系统时钟使用 UTC”单选项。所谓 UTC，就是 Universal Time Coordinated 的简称，即协调世界时。日常中还会说到非常有名的“格林尼治时间”，即 GMT，全称是 Greenwich Mean Time。如果同时还有 Windows 进行双重引导，应取消这个选项。因为 Windows 不使用 UTC 时间。设置好相应的时区后，单击“下一步”按钮，进入设置根口令界面，如图 2-22 所示。

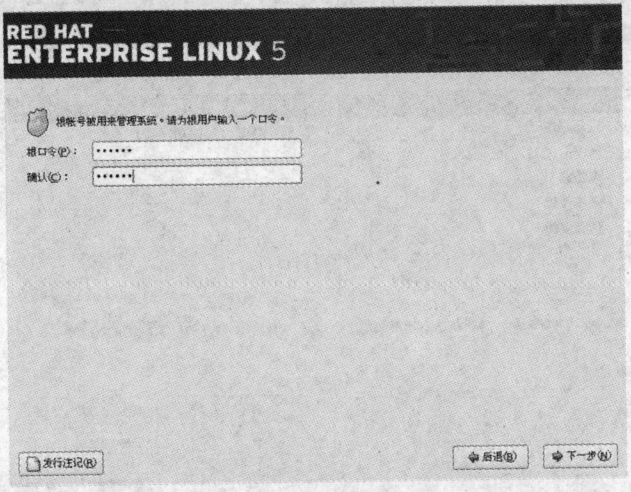

图 2-22　设置根口令界面

这里必须输入一个根口令。根口令必须至少包括 6 个字符，输入的口令不会在屏幕上显示，密码不要过于简单，最好是数字和英文混合。单击“下一步”按钮确认，经过获取安装信息后，进入选择支持的任务界面，如图 2-23 所示。

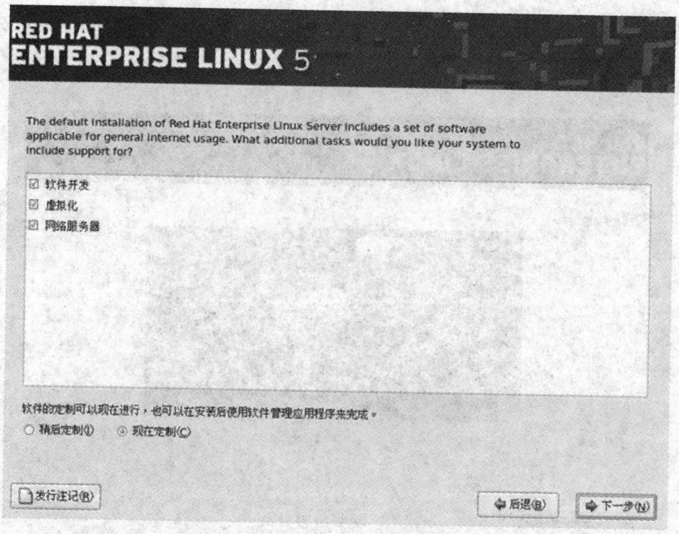

图 2-23　选择支持的任务界面

首先，在列表中选择希望提供支持的任务。如果需要查看任务细节，可以选中下方的“现在定制”单选项，然后单击“下一步”按钮继续，进入选择安装软件包界面，如图 2-24 所示。界面中左侧为软件包组的名称，右侧是详细的软件包列表，下方文本框中是对应软件包的说明。默认选项是在“桌面环境”软件包组上，还可以查看应用程序、开发、服务器、基本系统、语言支持信息，如图 2-25 所示。选择需要安装的软件包进行安装，只需要在软件包前勾选即可。当然也可以在图 2-23 所示界面中选择“稍后定制”单选项进行默认安装。

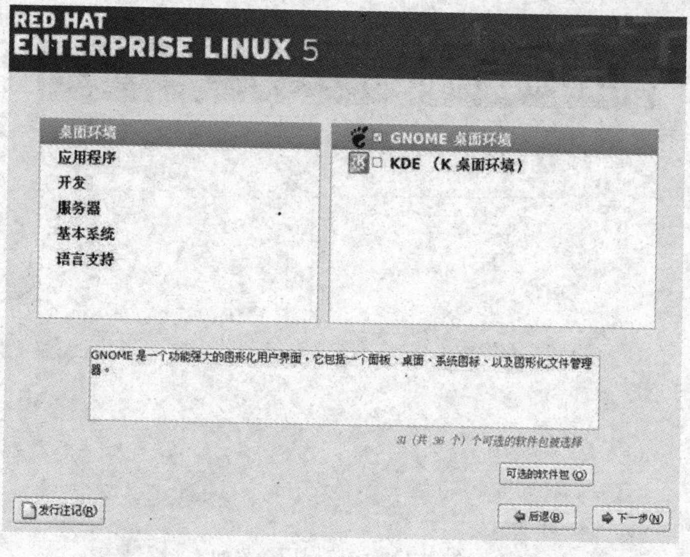

图 2-24　选择安装软件包界面——桌面环境

单击“下一步”按钮，系统会开始检查所选择包的依赖关系，如图 2-26 所示。

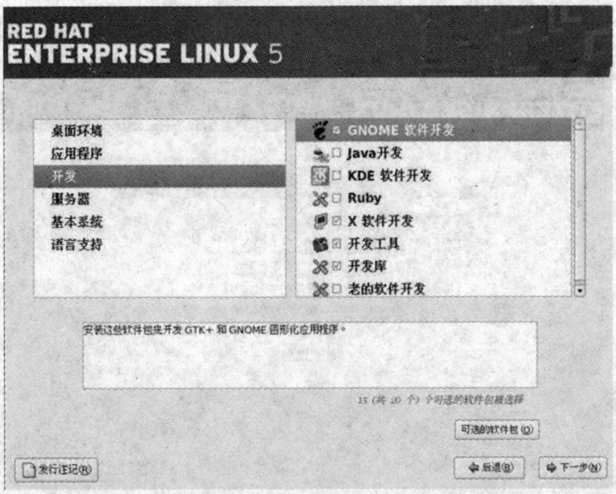

图 2-25　选择安装软件包界面——开发

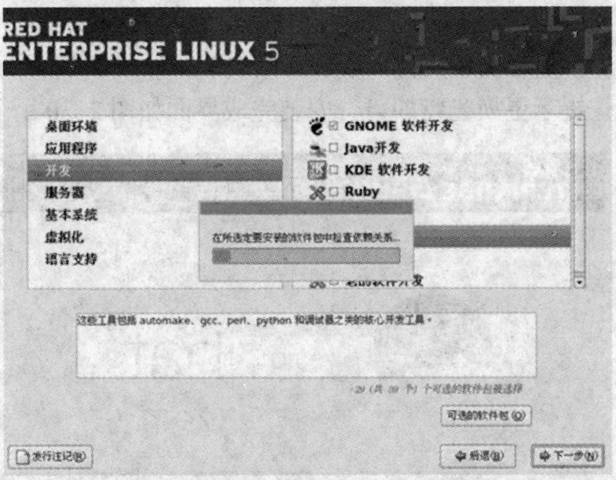

图 2-26　检查所选择软件包的依赖关系

检查完所选择软件包的依赖关系后，系统进入准备安装界面，如图 2-27 所示。

图 2-27　准备安装界面

单击“下一步”按钮继续，会弹出“需要的安装介质”对话框，如图 2-28 所示。

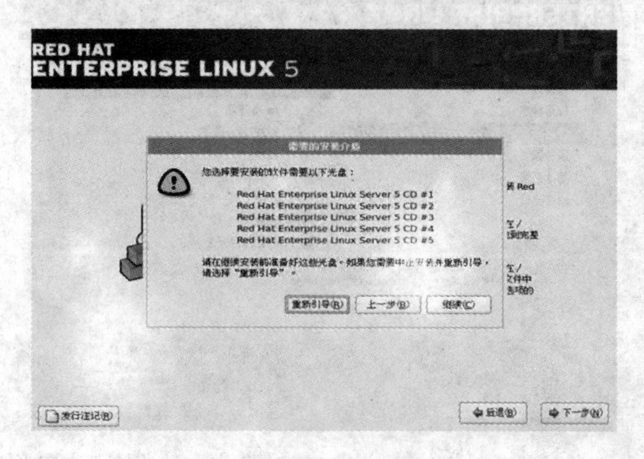

图 2-28 “需要的安装介质”对话框

单击“下一步”按钮继续，系统会开始建立磁盘分区，然后对分区进行格式化并创建文件系统，开启安装进程，处理安装文件，最后开始安装，如图 2-29 所示。安装过程中会有更换安装光盘的提示，按提示更换光盘即可。安装完成界面如图 2-30 所示。

图 2-29 安装界面

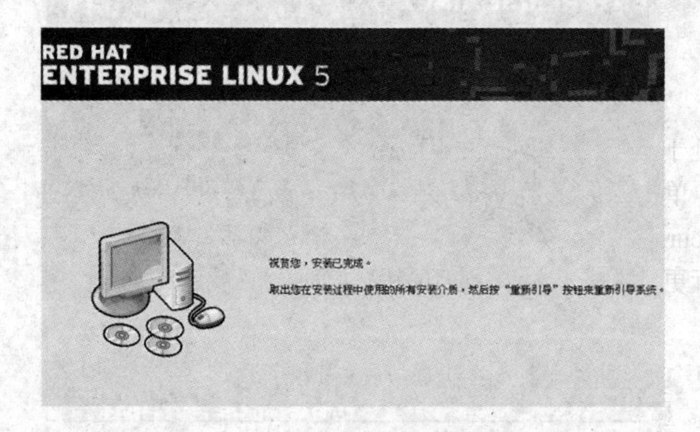

图 2-30 安装完成界面

安装完成后，单击“重新引导”按钮，重启服务器重启后，系统进入后期设置阶段。首先是欢迎界面，此时表明安装程序复制已经完成，如图 2-31 所示。

图 2-31　欢迎界面

在欢迎界面中，单击“前进”按钮，进入许可协议界面。选“是，我同意这个许可协议”，单击“前进”按钮继续，进入防火墙设置界面，如图 2-32 所示。

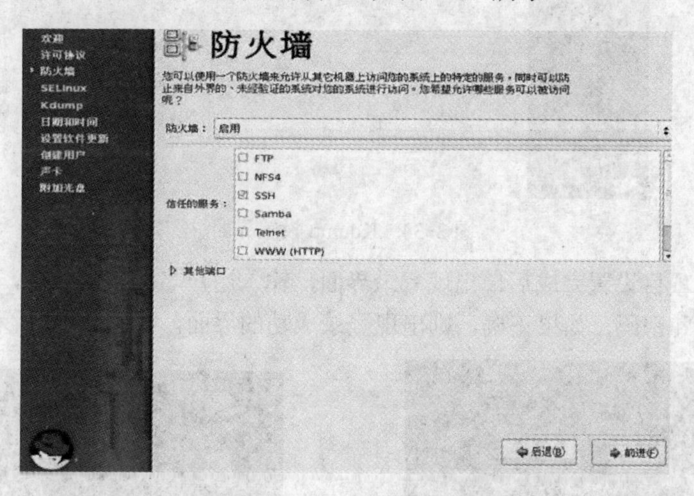

图 2-32　防火墙配置界面

防火墙默认处于“启用”状态，在“信任的服务”列表中可以选择允许通过防火墙的服务，设置完毕后，单击“前进”按钮，进入 SELinux 设置界面，如图 2-33 所示。

SELinux（Security-Enhanced Linux）即安全增强型的 Linux，这是一种新的安全模型，允许在权限方面进行更精细的划分。更多的内容会在以后的章节做详细介绍。这里默认的选项是“强制”，单击“前进”按钮继续，进入 Kdump 设置界面，如图 2-34 所示。

Kdump 提供了一种内核崩溃时的强制写入机制。当出现系统崩溃的情况时，Kdump 会自动记录相关系统信息。显然，这对于崩溃原因的排查是非常有意义的。默认是不开启的，如果需要，可以勾选“Enable kdump”选项，将此功能开启，然后输入分配给其占用内存的大小。

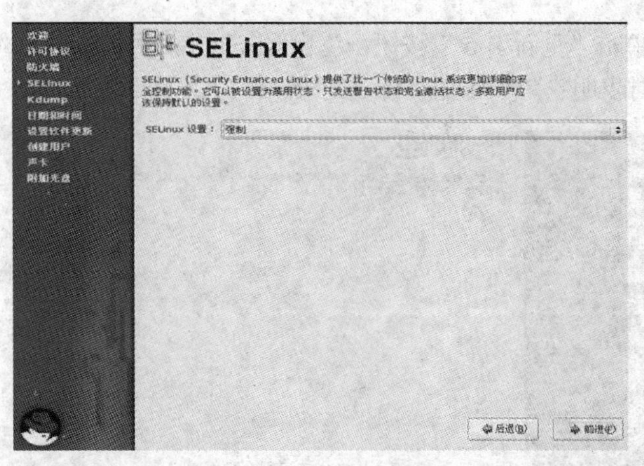

图 2-33　SELinux 设置界面

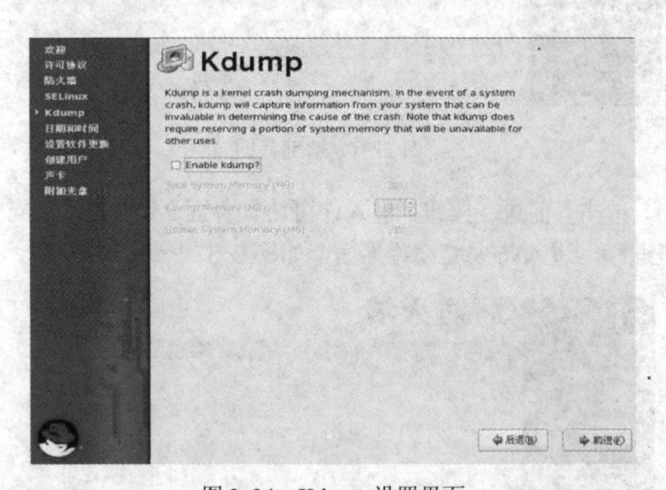

图 2-34　Kdump 设置界面

需要设置的项目设置完成后，出现登录界面，输入用户名和密码即可，如图 2-35 所示。系统验证用户名和密码，如果正确，则出现登录成功的界面，如图 2-36 所示。

图 2-35　登录界面

图 2-36　登录成功界面

2.4　虚拟机 Vmware 下安装 Linux

在虚拟机下安装 Linux 实际上是在实际的 Windows 系统中（宿主计算机）再虚拟出一台

计算机（虚拟机），并在上面安装 Linux 系统，这样，用户就可以放心大胆地进行各种 Linux 练习，而无需担心操作不当导致宿主机系统崩溃了。运行虚拟机软件的操作系统称为 Host OS，在虚拟机里运行的操作系统称为 Guest OS。

安装步骤如下：

1）首先在相应网站上下载虚拟机软件 Vmware。找到合适的版本，和其他应用软件一样进行安装，安装完成后，能够看到 Vmware workstation 图标。

2）启动 VMware，在其主界面“文件”→“新建”→“新建虚拟机”，打开新建向导，如图 2-37 所示。

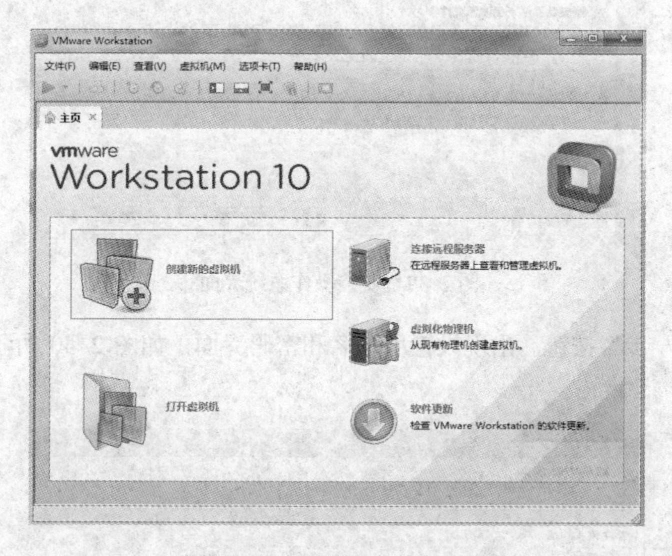

图 2-37　新建虚拟机向导界面

3）选择“创建新的虚拟机”，进入虚拟机配置界面，如图 2-38 所示。这里有两个选择：一是“典型”方式，即根据虚拟机的用途自动调整配置；二是“自定义”方式，即允许用户自行设置虚拟机的主要参数。典型方式要比自定义方式简单，但缺少一定的灵活性。方便起见，这里选择“典型”方式。

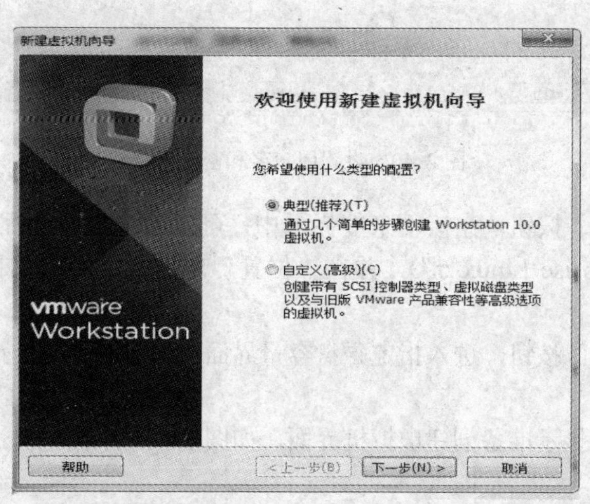

图 2-38　虚拟机配置界面

4）单击“下一步”按钮，进入安装操作系统界面，可以使用光盘安装，也可以使用光盘镜像文件安装。这里使用光盘镜像安装，如图 2-39 所示。

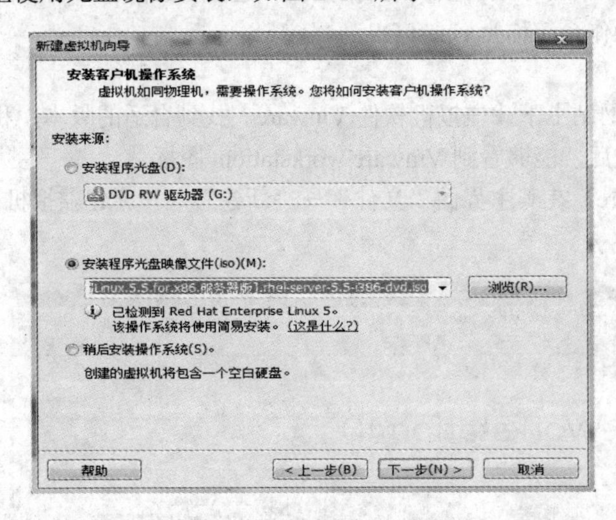

图 2-39　安装操作系统界面

5）单击“下一步”按钮，出现设置用户名和密码界面，如图 2-40 所示。在此界面中设置用户名和密码。

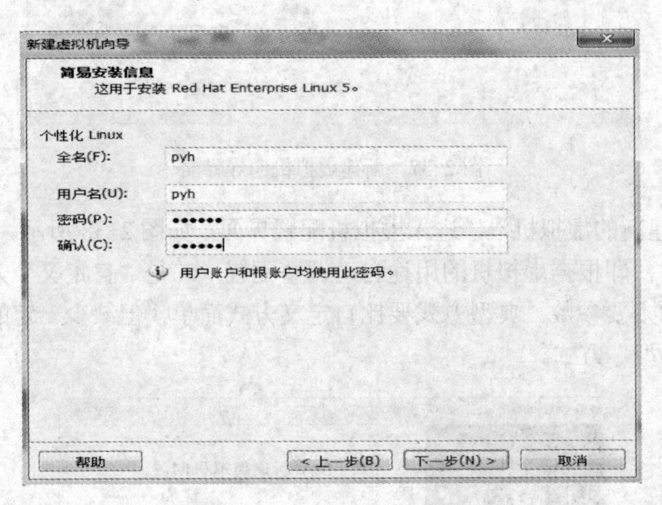

图 2-40　设置用户名和密码界面

6）单击“下一步”按钮，在接下来的界面中，可以为这个新的虚拟机取一个名称（本例为“Red Hat Enterprise Linux 5”），并在“位置”中选择虚拟机的保存位置。如图 2-41 所示。

7）单击“下一步”按钮，进入指定磁盘容量界面，如图 2-42 所示。在此界面中设置磁盘大小。

8）设置完成后，显示准备创建虚拟机界面，如图 2-43 所示。单击“完成”按钮，操作系统即开始安装。

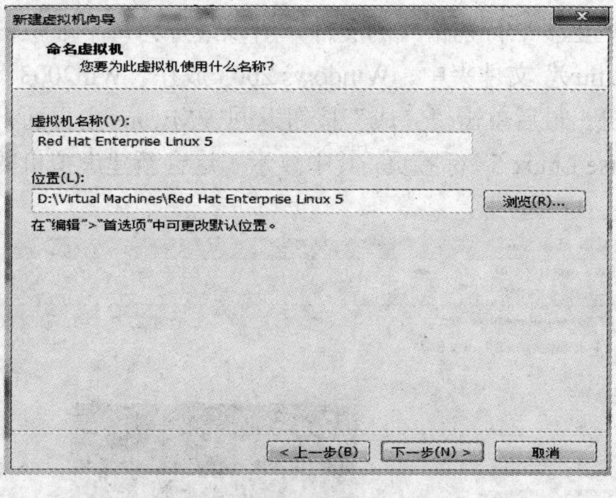

新建虚拟机向导

命名虚拟机

您要为此虚拟机使用什么名称?

虚拟机名称(V):

Red Hat Enterprise Linux 5

位置(L):

D:\Virtual Machines\Red Hat Enterprise Linux 5　　浏览(R)...

在"编辑">"首选项"中可更改默认位置。

< 上一步(B)　下一步(N) >　取消

图 2-41　设置虚拟机信息界面

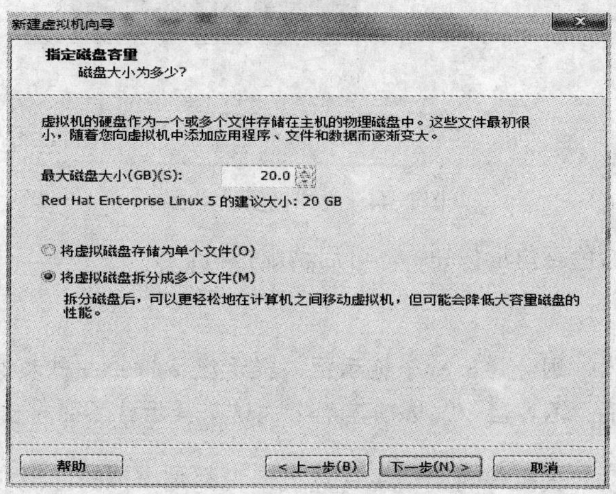

新建虚拟机向导

指定磁盘容量

磁盘大小为多少?

虚拟机的硬盘作为一个或多个文件存储在主机的物理磁盘中。这些文件最初很小，随着您向虚拟机中添加应用程序、文件和数据而逐渐变大。

最大磁盘大小(GB)(S):　20.0

Red Hat Enterprise Linux 5 的建议大小: 20 GB

○ 将虚拟磁盘存储为单个文件(O)

◉ 将虚拟磁盘拆分成多个文件(M)

拆分磁盘后，可以更轻松地在计算机之间移动虚拟机，但可能会降低大容量磁盘的性能。

帮助　< 上一步(B)　下一步(N) >　取消

图 2-42　指定磁盘容量界面

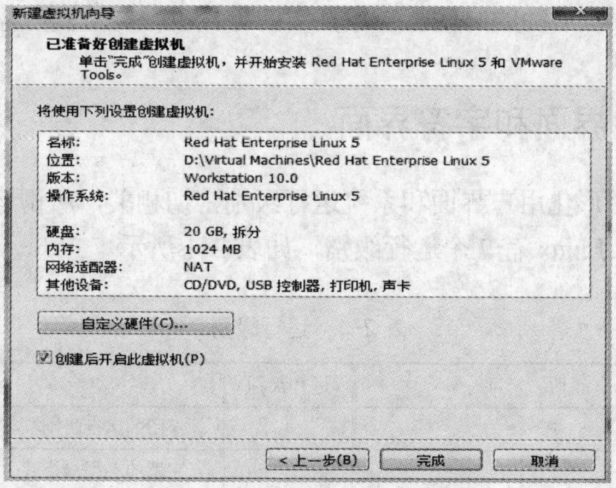

新建虚拟机向导

已准备好创建虚拟机

单击"完成"创建虚拟机，并开始安装 Red Hat Enterprise Linux 5 和 VMware Tools。

将使用下列设置创建虚拟机:

名称:	Red Hat Enterprise Linux 5
位置:	D:\Virtual Machines\Red Hat Enterprise Linux 5
版本:	Workstation 10.0
操作系统:	Red Hat Enterprise Linux 5
硬盘:	20 GB, 拆分
内存:	1024 MB
网络适配器:	NAT
其他设备:	CD/DVD, USB 控制器, 打印机, 声卡

自定义硬件(C)...

☑ 创建后开启此虚拟机(P)

< 上一步(B)　完成　取消

图 2-43　准备创建虚拟机界面

每个虚拟机都会产生多个特别格式的文件，所以最好为每个虚拟机创建一个单独的文件夹，如 Linux 放在“Linux”文件夹中、Windows 2003 放在“Win2003”文件夹中，从而便于以后备份和恢复虚拟机。最后单击“完成”按钮返回 VMware 主界面，将看到主界面上多了一个“Red Hat Enterprise Linux 5”标签页，其中显示了这台新建虚拟机的各种配置，如图 2-44 所示。

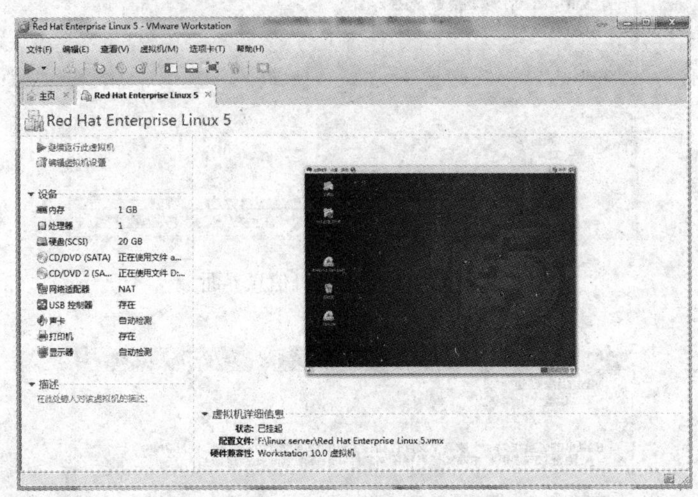

图 2-44　虚拟机创建完成

单击工具栏中的绿色三角形按钮，可启动虚拟机。

☞注意：

如果物理内存紧张，则会弹出一个提示框，提示虚拟机会占用大量内存，单击“确定”按钮即可。如果勾选了“不再显示”选项，则下次这个提示就不会再出现了。

虚拟机的重新启动、关机等对于宿主计算机来说都是虚拟的，但对于虚拟机中安装的操作系统来说则是真实的。因此，安装好操作系统的虚拟机，一样要先通过“开始”菜单关机，最后再单击工具栏上的方块按钮（左起第一个图标）关掉虚拟机的电源。不能强制关闭虚拟机电源，否则虚拟机下次启动的时候也会像真实的计算机一样检测磁盘。

2.5　图形化用户界面和字符界面

启动时是否启动图形化用户界面和系统运行级别密切相关，所谓运行级别是指 Linux 启动时不同的运行模式。Linux 有 7 个运行级别，如表 2-1 所示。

表 2-1　运行级别

运行级别	说明	运行级别	说明
0	关机	4	保留的运行级别
1	单用户模式	5	完整的多用户模式，自动启动图形化用户界面
2	多用户模式，但不提供网络文件系统 NFS	6	重新启动
3	完整的多用户模式，仅提供字符界面		

Red Hat Enterprise Linux 5 默认运行级别为 5，自动启动图形化用户界面和字符界面。其中 1 号虚拟终端为图形化用户界面（即 GNOME 桌面环境），2～6 号虚拟终端为字符界面，在 GNOME 桌面环境中使用〈Ctrl+Alt+F2〉～〈Ctrl+Alt+F6〉组合键切换到字符界面，在字符界面下按下〈Alt+F1〉切换到 GNOME 桌面环境。在字符界面下〈Alt+F2〉～〈Alt+F6〉组合键切换到其他字符界面。

运行级别的配置文件为/etc/inittab 文件，在文件的 id:5:initdefault 行显示 initdefault 的参数值为 5，即图形化运行模式。编辑该文件可改变系统运行级别，进而决定图形化用户界面的运行方式。如果改变为 3，则下次启动时，只启动字符界面。

☞**注意：**

只有超级用户才有权修改/etc/inittab 文件。

接通安装好 Linux 操作系统的计算机电源开关后，屏幕上将快速闪过一串串启动内容的文字提示，在服务启动一串绿色的“ok”后，提示用户登录。如果用户想要一个超用户的身份登录，则在“用户名”文本框中输入“root”，然后按〈Enter〉键，系统提示“口令”，提示提醒用户输入在安装时设定的系统管理员密码，如果密码正确，系统将完成登录。成功登录系统后的图形化用户界面如图 2-45 所示。

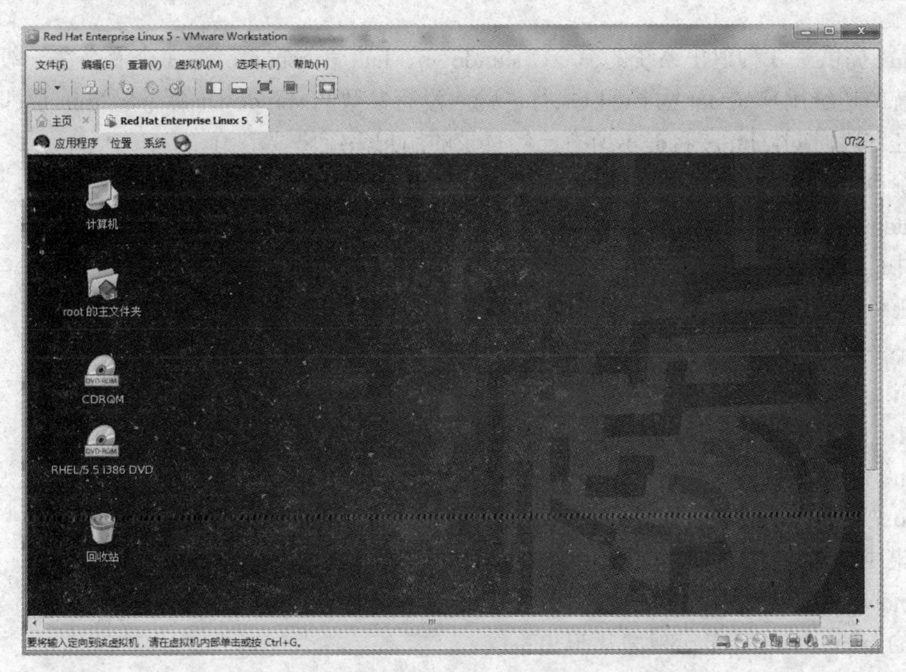

图 2-45　成功登录系统后的图形化用户界面

一般情况下，为了系统安全考虑，不推荐使用 root 账号，因为 root 账号权限太大，很容易由于误操作导致系统不正常。所以，一般以普通用户账号登录系统。

在 GNOME 桌面环境中，使用〈Ctrl+Alt+F2〉～〈Ctrl+Alt+F6〉中任一组合键切换到字符界面，输入用户名和密码后，登录成功后的字符界面如图 2-46 所示。

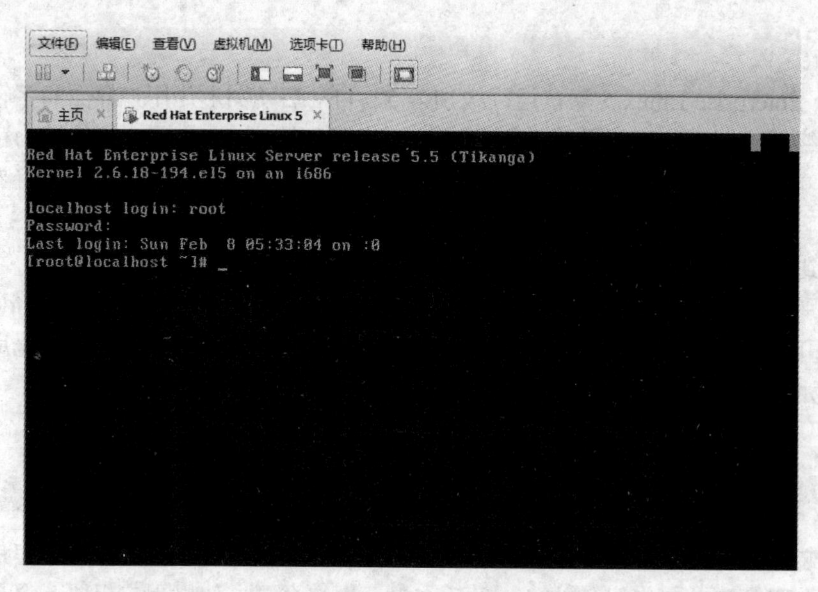

图 2-46 登录成功后的字符界面

2.6 退出 Linux

Linux 提供了 3 种退出系统的命令：shutdown、halt 和 reboot，这 3 个命令在一般情况下只有系统的超级用户（root）才可以执行。输入没有参数的 shutdown 命令，2min 后即可关闭系统。在这段时间，linux 将提示所有已经登录的用户系统将要退出。

该命令格式为：

shutdown [选项] [时间][警告信息]

其中的选项含义如下。

- k：并不真正关机，只是发出警告信息给所有用户。
- r：关机后立即重新启动。
- h：关机后不重新启动。
- f：快速关机，重新启动时跳过 fsck。
- n：快速关机，不经过 init 程序。
- c：取消一个已经运行的 shutdown。

如果要设定等待时间，可以使用以下“时间”选项。

- now：立即退出系统。
- O mins：在指定的分钟之后退出系统。
- O hh:ss：在指定的时间退出系统。

halt 命令相当于 shutdown –h now，表示立即关机；reboot 命令相当于 shutdown –r now，表示立即启动。

例如：

shutdown –h 10　　10min 后关机

shutdown –r 10　　10min 后重新启动

Shutdown –h +4　　4min 内关机

也可以以图形用户界面方式注销、关机与重新启动，如图 2-47～2-49 所示。

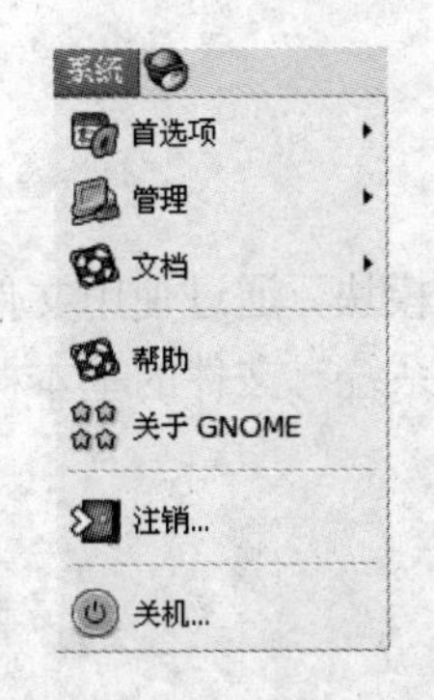

图 2-47　注销、关机界面

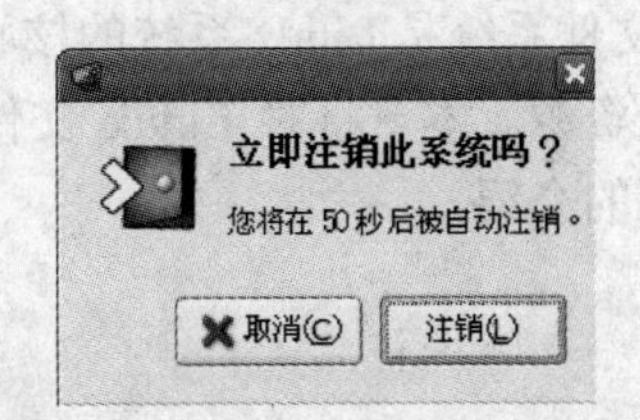

图 2-48　注销对话框

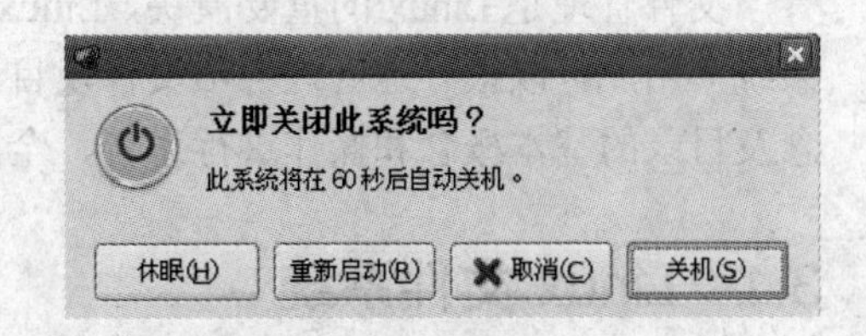

图 2-49　关机和重新启动对话框

2.7　课后习题

一、选择题

1. Linux 中充当虚拟内存的分区是（　　）。

   A．swap　　B．/　　C．/boot　　D．/home

2. Linux 中第 2 个 IDE 接口硬盘可以表示为（　　）。

   A．/dev/hda　　B．/dev/hdb　　C．/dev/sdb　　D．/dev/sdc

3. RHEL 5 支持的硬盘接口有（　　）。

   A．IDE　　B．SCSI　　C．COM　　D．PS/2

4. RHEL 5 使用的 x-windows 软件有（　　）。

   A．qmail　　B．Gnome　　C．x-free86　　D．Kde

5. RHEL 5 自带的两个引导装载软件是（　　）。

   A．LILO　　B．GRUB　　C．Load　　D．Bootinit

6. Linux 分区类型默认的是（　　）。

   A．vfat　　B．ext2　　C．swap　　D．dos

7. 安装 RHEL 5 一般需要准备 3 个分区，它们是（　　）。

   A．/分区　　B．/boot 分区　　C．/home 分区　　D．swap 分区

8. 安装 Red Hat Enterprise Linux 5 可采用的方式有（　　）。

   A．光盘　　B．硬盘　　C．FTP 服务器

   D．邮件服务器　　E．NFS 服务器

9. 一般说来，RHEL 5 内核的源程序可以在以下哪个目录下找到？（　　）。

   A．/usr/local　　B．/usr/src　　C．/lib　　D．/usr/share

二、问答题

管理员想在每天 22:00 让 Linux 自动关机，请给出相应的命令。

第3章 文件管理

文件管理是Linux的重要模块，Linux文件系统是Linux系统的核心模块，通过使用文件系统，用户可以很好地管理各项文件及目录资源。本章将对Linux文件系统、文件的基本概念及目录的基本概念和操作进行系统、全面的介绍。

3.1 Linux文件系统

3.1.1 Linux 常用文件系统介绍

随着Linux的不断发展，其所能支持的文件系统格式也在迅速扩充。特别是Linux 2.4内核正式推出以后，出现了大量新的文件系统，如日志文件系统ext3、XFS和其他文件系统。Linux系统核心可支持十多种文件系统类型：ext、ext2、ext3、ext4、Minix、ISO9660、NFS、MSDOS、NTFS、smb、SysV等。其中较为普遍的为如下几种。

1）Minux是Linux支持的第一个文件系统，对用户有很多限制，性能低下，有些没有时间标记，文件名最长为14个字符。其最大缺点是只能使用64MB的硬盘分区，所以目前已经没有人使用这个文件系统。

2）ISO 9660标准CDROM文件系统，允许长文件名。

3）NFS（Network File System）是原Sun公司推出的网络文件系统，允许在多台计算机之间共享同一文件系统，易于从所有计算机上存取文件。

4）SysV是System V在Linux平台上的文件系统。

5）ext（Extended Filesystem，扩展文件系统）是随着Linux的不断成熟而引入的，它包含了几个重要的扩展，但提供的性能不令人满意。1994年引入了第二扩展文件系统（Second Extended Filesystem，ext2）。

6）ext3（Third Extended Filesystem）在Red Hat Linux 7.2才开始支持的文件系统，同时也是目前Red Hat Linux默认的文件系统，是ext2的加强版本，在原ext2文件系统上加上了日志功能，它具有以下优点。

- 有效性。在系统不正常关机时，早期的ext2文件系统必须先运行ext2fsck程序，才能重新安装文件系统。而ext3文件系统遇到不正常关机时，并不需要运行文件系统检测，这是因为数据在写入ext3文件系统时使用日志功能来维护数据的一致性。
- 数据存取速度快。ext3文件系统的数据存取速度高于ext2的主要原因是ext3具有的日志功能可使硬盘读写端的移动达到最佳化。
- 易于转移。原有的ext2文件系统可以轻易转移到ext3来获得日志功能，而不需要重新格式化文件系统。

7）ext4是Linux文件系统的一次革命，ext4相对于ext3的进步远远超过ext3相对于ext2的进步。ext3相对于ext2的改进主要在于日志方面，而ext4相对于ext3的的改进是文件系统数据结构方面的优化。它是高效的、优秀的、可靠的文件系统，具有如下特点：

- 兼容性强：任何 ext3 文件系统都可以轻松地迁移到 ext4 文件系统，可以不格式化硬盘、不重装操作系统、不重装软件环境，只需要几个命令就能够升级到 ext4 文件系统。
- 更大的文件系统：ext3 支持最大 16TB 的文件系统、2TB 的文件大小；ext4 支持最大 1EB 的文件系统、16TB 的文件大小。
- 子目录可扩展性：目前的 ext3 中，单个目录下的子目录数目的上限是 32000 个；而在 ext4 中打破了这种限制，可以创建无限多个子目录。
- 多块分配：在 ext4 中，使用了“多块分配器”，即一次调用可以分配多个数据块，不仅提高了系统的性能，而且使得分配器有了充足的优化空间。
- 更快速的 FSCK：ext4 不同于 ext3，它维护一个未使用的“i 节点”表，在进行 fsck 操作时，会跳过表中节点，只检查正在使用中的 i 节点。这种机制使得 fsck 的效率大大提高。
- 日志校验：ext4 提供校验日志数据的功能，可以查看其潜在错误。而且，ext4 还会将 ext3 日志机制中的“两阶段提交”动作合并为一个步骤，这种改进使 ext4 在日志机制方面可靠度和性能双重提升。
- 在线磁盘整理：ext4 将支持在线磁盘整理，e4defrag 工具也被用来支持更智能的磁盘碎片整理功能。

8）NTFS 是由 Windows 2000/XP/2003 操作系统支持，特别为网络和磁盘配额、文件加密等安全特性设计的一种磁盘格式。

3.1.2 Linux 文件介绍

本节详细介绍了 Linux 文件系统中文件的定义、文件名的规定以及文件的类型。

1. 文件和文件名

文件指具有符号名和在逻辑上具有完整意义的信息集合；文件名是文件的标识，是由字母、数字、下画线和圆点组成的字符串。用户应该选择有意义的文件名，以方便识别和记忆。Linux 要求文件名的长度限制在 255 个字符之内。

为了便于管理和识别，用户可以把扩展名作为文件名的一部分。圆点用于区分文件名和扩展名。以下例子给出一些有效的 Linux 文件名：

```
Test            //不带扩展名的文件
Readme.txt      //文本文件
Auto.bat        //批处理文件
Test1.c         // C 源文件
Test1.cc        //C++源文件
```

2. 文件的类型

Linux 系统中有 3 种基本的文件类型：普通文件、目录文件和设备文件。

（1）普通文件

普通文件是用户最经常使用和熟悉的文件，它又分为文本文件和二进制文件两种。

1）文本文件：这类文件以文本的 ASCII 码形式存储在计算机中，是以“行”为基本结构的一种信息组织和存储方式。可以编辑也可以修改。

2）二进制文件：这类文件以文本二进制形式存储在计算机中。用户一般不能直接查看它们，只有通过相应的软件才能将其显示出来。二进制文件一般是可执行程序、图形、图像、声音等。

（2）目录文件

目录文件的主要作用是管理和组织系统中大量的文件，它存储一组相关文件的位置、大小和与文件有关的信息。目录文件一般简称为目录。存放的内容是目录中的文件名和子目录名。

（3）设备文件

Linux 系统把每一个 I/O 设备都看成一个文件，即 Linux 把对设备的 I/O 作为普通文件的读取/写入操作，内核提供了对设备处理和对文件处理的统一接口。与普通文件一样处理，可以使文件和设备的操作尽可能统一。从用户的角度来看，对 I/O 设备的使用和一般文件的使用一样，不必了解 I/O 设备的细节。设备文件又分为块设备文件和字符设备文件，对应于字符设备和块设备。前者是以字符块为单位存取的，后者是以单个字符为单位存取。每一种 I/O 设备对应一个设备文件，存放在/dev 目录中。常用的字符设备有键盘、鼠标；块设备有硬盘、光驱。

（4）链接文件

1）软链接文件。符号链接，仅仅是符号；相当于 Windows 下的快捷方式图标，源文件与链接文件可以跨越索引点。

2）硬链接文件。符号和内容；链接同一索引点中的文件。

（5）管道文件

前一个命令的输出作为后一个命令的输入。

3．Linux 系统中文件颜色的区别

- 黑色：普通文件。
- 红色：压缩文件。
- 蓝色：目录文件。
- 浅蓝色：链接文件（软）。
- 黄色：设备文件盘（/dev）。
- 青绿色：可执行文件（/bin，/sbin）。
- 粉红色：图片文件。

3.1.3 Linux 目录结构

本节详细介绍 Linux 系统中树形目录结构、工作目录、用户主目录等主要概念。

1．树形目录结构

计算机中存有大量的文件，有效地组织和管理它们，并为用户提供一个使用方便的接口是文件系统的主要任务。Linux 系统是以文件目录的方式来组织和管理系统中的所有文件。所谓文件目录就是将所有文件的说明信息采用树结构组织起来。整个文件系统有一个“根”（Root），然后在根上分“杈”（Directory），任何一个分杈上都可以再分杈，杈上也可以长出“叶子”。“根”或“杈”在 Linux 中被称为“目录”或“文件夹”，而“叶子”则是文件。

实际上，每个目录结点之下都会有一些文件和目录，并且系统在建立每一个目录时，都会自动为它设定两个目录文件，一个是“.”，代表该目录自己；另一个则是“..”，代表该目录的父目录。

☞**提示：**

对于根目录，“.”和“..”都代表其自身。

Linux 目录提供管理文件的一个方便途径。每个目录中都包含文件。用户可以为自己的文件创建自己的目录，也可以把一个目录下的文件移动或复制到另一个目录下，而且能移动整个目录，与系统中的其他用户共享目录和文件。图 3-1 所示为 Linux 的树形目录结构。

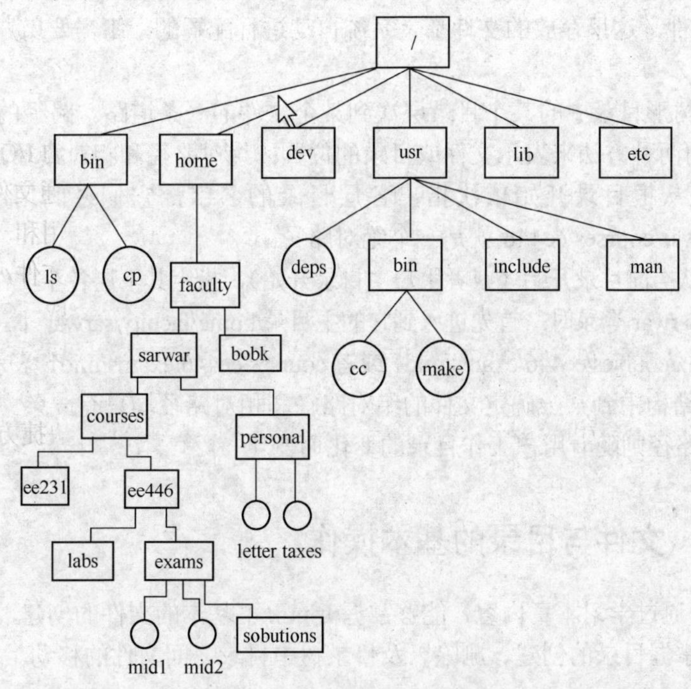

图 3-1　Linux 树形目录结构

- /：根目录。Linux 系统把所有文件都放在一个目录树里面，/是唯一的根目录。
- /bin，/sbin：这里存放着启动时所需要的普通程序和系统程序。很多程序在启动以后也很有用，它们放在这个目录下是因为它们经常被其他程序调用。
- /dev：这个目录下保存着所有的设备文件。里面有一些是由 Linux 内核创建的用来控制硬件设备的特殊文件。
- /home：一般用户的主目录都会放在这个目录下。在 Linux 下，可以通过“cd ~”来进入用户自己的主目录。
- /usr：这是一个很复杂的、庞大的目录。除了上述目录之外，几乎所有的文件都放在这个目录下面。表 3-1 列举了一些重要的子目录。

表 3-1　/usr 中一些需要的子目录

目　录	功　能
/usr/bin	二进制可执行文件存放目录，存放绝大多数的应用程序
/usr/sbin	存放绝大部分的系统程序
/usr/games	存放游戏程序和相应的数据
/usr/include	保存 C 和 C++的头文件
/usr/src	存放源代码文件
/usr/doc	存放各种文档文件
/usr/share	保存各种共享文件

- /lib：启动时所需要的库文件都放在这个目录下。非启动用的库文件都会放在/usr/lib 下。
- /etc：这个目录下保存着绝大部分的系统配置文件。例如，/etc/init.d 这个目录保存着启

动描述文件，包括各种模块和服务的加载描述。所以如果不清楚的话，千万不要删除其中的文件，这里存放的文件都是系统自动进行配置的，不需要用户配置。

2．路径

路径是指从树形目录中的某个目录层次到某个文件的一条道路。路径的主要构成是目录名称。Linux 使用两种方法来表示文件或目录的位置：绝对路径和相对路径。

绝对路径是从根目录开始依次指出各层目录的名字，它们之间用“／”分隔，如/home/faculty/sarwar/courses/ee446 就是一个绝对路径。

相对路径是从当前目录开始（或者用户主目录开始），指定其下层各个文件及目录的方法。如图 3-1 中，当 sarwar 登录时，首先进入到它的主目录/home/faculty/sarwar 下。在主目录下，用户可以用相对路径./courses/ee446/exams/mid1 或者 courses/ee446/exams/mid1 表示文件 mid1。

在树形目录结构中到某一确定文件的绝对路径和相对路径均只有一条。绝对路径是确定不变的，而相对路径则随着用户工作目录的变化而变化。

3.2 案例 1：文件与目录的基本操作

【案例目的】通过学习本章内容，能够掌握 Linux 下基本的文件的创建，文件的复制以及删除操作，熟练掌握目录的创建、删除以及目录树中目录之间文件的移动。

【案例内容】

1）在根目录（/）下新建一目录 test。

2）改变当前目录至 /test，在该目录下，以自己名字的英文缩写建一个空的文件，再建两个子目录（xh）与（ah）。

3）进入到（xh）子目录中，新建一个空文件 text1。

4）进入到（ah）子目录中，再新建一个子目录（abc），同时建立空文件 text2。

5）把刚建的 text1 文件移动到刚建立的 abc 子目录下，并改名为 text3，同时把 text2 文件复制到（xh）子目录中。

6）删除 text3 文件与（xh）子目录及目录中的文件，并删除 abc 子目录。

7）使用 chvt 命令切换终端。

8）清屏。

【核心知识】学习文件操作的 6 个命令、目录操作的 4 个命令及文件内容操作的命令。

3.2.1 目录操作命令

1．pwd 命令

该命令的功能是显示用户当前处于哪个目录中。

该命令的格式为：

```
pwd
```

例如，用户的当前目录在/home/working 下，可以使用该命令显示当前路径：

```
[root@localhost working]# pwd
/home/working
```

☞提示：

此命令显示当前工作目录的绝对路径而不是相对路径。

2．cd 命令

该命令的功能是改变当前路径。改变到路径名指定的目录。

该命令的格式为：

```
cd  < 相对路径名/ 绝对路径名>
```

其中，“.”代表当前目录；“..”代表当前目录的父目录；“/”代表根目录；“~”表示当前用户的主目录。

例如：

```
[root@localhost～]# cd  /usr/sbin/           //改变到/usr/sbin 目录中
[root@localhost～]# cd ../u1/                //改变到兄弟目录/u1/中
[root@localhost～]# cd ..                    //改变到父目录
[root@localhost～]# cd ~                     //改变到用户主目录
```

3．mkdir 命令

该命令功能是建立目录。

该命令的格式：

```
mkdir  [ 参数] <目录名>
```

参数-p：循环建立目录。

例如：

```
[root@localhost～]# mkdir    /d1/                  //在根目录下创建目录 d1
[root@localhost～]# mkdir    /d1/d2/               //在目录 d1 下创建目录 d2
[root@localhost～]# mkdir    –p  /d3/d4/
//在目录 d3 下创建目录 d4，如果 d3 不存在首先创建 d3 然后创建 d4
```

案例分解 1

1）在根目录（/）下新建一目录 test。

```
[root@local host～]#cd /
[root@local host/]#mkdir test
```

4．rmdir 命令

该命令的功能是删除目录（为空目录）。

该命令的格式：

```
rmdir  [ 参数]  < 目录名>
```

参数-p：循环删除空目录，如果父目录为空则删除。

例如：

```
[root@localhost～]# rmdir  ./a1/             //删除当前目录下的 a1 目录
[root@localhost～]# rmdir  /etc/a2/          //删除 etc 目录下的 a2 目录
```

```
[root@localhost~]# rmdir  -p  /d1/d2/
        //删除 d1 目录下的 d2 目录，如果 d1 目录为空，则删除 d1 目录
```

3.2.2 文件操作命令

1. ls 命令

该命令的功能文件显示命令，显示目录中的文件。

该命令的格式为：

```
ls  [参数] 目录名
```

该命令的参数是可选的，各参数含义如下。

- -a：显示目录下所有文件。
- -l：以长格式显示目录下的内容，每行列出的信息顺序如下：文件类型与权限　链接数　文件属主　文件大小　建立或最近修改的时间　名字。对于符号链接文件，显示的文件名之后有“->”和引用文件路径；对于设备文件，其“文件大小”字段显示主、次设备号，而不是文件大小。目录的总块数显示在长格式列表的开头，其中包含间接块。
- -f：显示文件名同时显示类型（*表示可执行的普通文件，/表示目录，@表示链接文件，| 表示管道文件）。
- -r：递归显示。
- -t：按照修改时间排列显示。使用 ls –l 命令显示信息开头 10 个字符的说明，其中第 1 个字符为文件类型。
- 一：普通文件。
- d：目录。
- l：符号链接。
- b：块设备文件。
- c：字符设备文件。

第 2～10 位表示文件的访问权限，分为 3 组，每组 3 位，依次表示为：

所有者			同组用户			其他用户		
读	写	执行	读	写	执行	读	写	执行
R	W	X	R	W	X	R	W	X

第一组表示文件属主的权限，第二组表示同组用户的权限，第三组表示其他用户的权限。每一组的三个字符分别表示对文件读、写和执行的权限。

请注意，对于目录的执行表示进入权限。

例如：

```
[root@localhost~]#ls                    //显示当前目录下所有文件
[root@localhost~]#ls  /bin/             //显示/bin/目录下所有文件
[root@localhost~]#ls  -l                //以长格式形式显示当前目录下的文件
[root@localhost~]#ls -l /home/          //以长格式形式显示/home/目录下的文件
```

2. touch 命令

该命令的功能是改变文件的时间记录、创建空文件。

该命令的格式：

```
touch  [参数]   文件列表
```

参数-t：用给定时间（[[CC]YY]MMDDhhmm[.ss]）更改文件的时间记录。

例如：

```
[root@localhost root]#touch  -t  1609121025  file1
//将 file1 的时间记录改为 2016 年 9 月 12 号 10 点 25 分
```

☞说明：

若文件不存在，系统会建立一个文件。默认情况下将文件的时间记录改为当前时间。

又如：

```
[root@localhost~]#touch  file2      //在当前目录下创建空文件 file2
```

案例分解 2

2）改变当前目录至/test，在该目录下，以自己名字的英文缩写建一个空的文件，再建两个子目录（xh）与（ah）。

```
[root@localhost～]#cd /test
[root@localhost test]# touch pyh
[root@localhost test]# mkdir xh;mkdir ah
```

3）进入到（xh）子目录中，新建一个空文件 text1。

```
[root@localhost test]#cd xh
[root@localhost xh]# touch text1
```

4）进入到（ah）子目录中，再新建一个子目录（abc），同时建立空文件 text2。

```
[root@localhost xh]#cd ..
[root@localhost test]#cd ah   //或者 #cd /test/ah
[root@localhost ah]#mkdir abc
[root@localhost ah]# touch text2
```

3. cp 命令

该命令的功能是给出的文件或目录复制到另一个文件或目录中，功能非常强大。

该命令的使用格式：

```
cp[参数] 源文件或目录  目标路径文件或目录
```

该命令的参数是可选的，各参数含义如下。

- -a：该参数通常在复制目录时使用。它保留链接、文件属性并递归地复制目录。
- -f：若文件在目标路径中存在则强制覆盖。
- -i：当文件在目标路径中存在提示并要求用户确认是否覆盖。回答 y 时目标文件将被覆盖，是交互式覆盖。

- -r：若给出的源文件是一个目录文件，此时 cp 将递归复制该目录下所有的子目录和文件。
- -p：除复制源文件的内容外，还将把其修改时间和访问权限也复制到新文件中。

例如：

```
[root@localhost～]#cp –i exam1.c /usr/wang/
// 将文件 exam1.c 复制到/usr/wang 目录下，提示用户确认是否覆盖。
[root@localhost～]#cp –i exam1.c /usr/wang/shiyan1.c
// 将文件 exam1.c 复制到/usr/wang 目录下并改名为 shiyan1.c，提示用户确认是否覆盖
[root@localhost～]#cp –r /usr/xu/       /usr/wang/
// 将/usr/xu/目录下的所有文件复制到/usr/wang 目录下
[root@localhost～]#cp –p /file.txt～
// 复制 file.txt 至 root 目录
```

4．mv 命令

该命令的功能是为文件或目录改名或者把文件由一个目录移到另一个目录中去。

该命令的使用格式为：

```
mv [参数] 源文件或目录   目标文件或目录
```

参数含义如下。

- -f：忽略存在的文件，从不给出提示，强制移动。
- -i：进行交互式移动。
- -r：指示 rm 将参数中列出全部目录和子目录递归移动。
- -v：显示命令执行过程。

例如：

```
[root@localhost～]#mv   –i   /usr/xu/   *.*
//将 mv /usr/xu/ 中的所有文件移到当前目录。如果文件存在，提示用户确认是否移动
[root@localhost～]#mv   wch.txt   wjz.doc
//将文件 wch.txt 重命名为 wjz.doc
[root@localhost～]#mv   /m1/f1    /m2/
//将 m1 目录下的文件 f1 移动到 m2 目录下
[root@localhost～]#mv   -f   /d1/* /d2/
//将目录 d1 下的所有文件移动到 d2 目录下，如果文件存在，不给出任何提示
```

案例分解 3

5）把刚建的 text1 文件移动到刚建立的 abc 子目录下，并改名为 text3，同时把 text2 文件复制到 xh 子目录中。

```
[root@localhost abc]# mv   -i   /test/xh/text1   text3
```

或者：

```
[root@localhost～]# mv –i   /test/xh/text1   /test/ah/abc/text3
[root@localhost ah]# cp   -p   text2   /test/xh
```

5. rm 命令

该命令的功能是删除一个目录中的一个或多个，它也可以将某个目录及其下的所有文件及子目录均删除。对于链接文件，只是删除了链接，所有文件均保持不变。

该命令的格式为：

```
rm   [参数]   文件名
```

该命令中参数很多，各参数的含义如下。

- -f：忽略不存在的文件，从不给出提示，强制删除。
- -i：进行交互式删除。
- -r：指示 rm 将参数中列出全部目录和子目录递归删除，如果没有使用-r 选项，则 rm 不会删除。
- -v：显示命令执行过程。

例如：

```
[root@localhost root]#rm   -i   wch.txt wjz.doc
//将文件 wch.txt wjz.doc 删除，用户会对每个文件进行删除确认
[root@localhost~]# rm   /m1/f1                //将 m1 目录下的 f1 删除
[root@localhost~]# rm   -f    /m1/*           //强制删除 m1 目录下的所有文件
[root@localhost~]# rm   -rf   /m1/            //递归强制删除 m1 目录下的所有文件
```

6. clear 命令

该命令的功能是清除屏幕上的信息，它类似于 DOS 中的 cls 命令。清屏后，提示符移动到屏幕左上角。

该命令的使用格式为：

```
clear
```

案例分解 4

6）删除 text3 文件与 xh 子目录及目录中的文件，并删除 abc 子目录。

```
[root@localhost abc]# rm   text3
[root@localhost abc]# rmdir –p   /test/xh
[root@localhost abc]# rmdir   /test/ah/abc
```

7）使用 chvt 命令切换终端。

```
chvt 1      //切换到 tty1，1 号终端，相当于 Ctrl+Alt+F1
chvt 7      // 切换到图形界面，相当于 Ctrl+Alt+F7
```

8）清屏。

```
[root@localhost~]# clear
```

3.2.3 文件链接命令

该命令的功能是在文件之间创建链接，即给系统中已有的某个文件指定另一个可用于访问它的名称。对于这个新的文件名，我们可以为其指定不同的访问权限，以控制对信息的共

享的安全性问题。如果链接指向目录，用户就可以利用该链接直接进入被链接的目录而不是使用较长的路径名。而且即使我们删除这个链接，也不会破坏原来的目录。

该命令的格式为：

```
ln [参数] 目标    链接名
```

参数的含义如下：

- -f：链接时直接覆盖已存在的链接名。
- -d：允许系统管理者硬链接自己的目录。
- -i：在删除与链接文件同名的文件时先进行询问。
- -n：在进行软链接时，将链接文件视为一般的文件。
- -s：进行软链接。
- -b：将在链接时会被覆盖或删除的文件进行备份。

例如：

```
[root@localhost～# ln    /etc/abc /abc.hard
//给文件/etc/abc  建立一个硬链接到/abc.hard
[root@localhost～]# ln    -s    /usr/local/qq    /qq.soft
//给文件/usr/local/qq  创建一个软链接，链接名为/qq.soft
```

链接有两种：一种是硬链接；另一种被称为软链接，又叫符号链接。建立硬链接时，链接文件和被链接文件必须位于同一文件系统中，并且不能建立指向目录的硬链接。对于符号链接如果链接已经存在但不是目录则不链接，符号链接不仅可以建立文件的链接，也可以建立目录的软链接，并且允许其目标不在同一文件系统中。如果链接名是一个已经存在的目录，系统将在该目录下建立一个或多个与目标同名的文件。

☞**提示：**

使用链接文件时，方法跟普通文件的使用方法完全相同。

3.3　案例 2：文件内容操作命令

【案例目的】通过本节的学习，能够掌握文件内容的查看命令并熟练掌握各个命令的特点及使用方法。

【案例内容】

1）在根目录（/）下新建目录 test 和 test1，把/etc/passwd 分别复制到/test1 与/test 下，并分别改名为 file1 与 file。

2）查看 file1 文件的前两行与最后两行，并记录。

3）查看/etc/目录下的文件，并记录前两个文件的文件名。

4）查看/etc/目录中所有的文件中包含有 sys 字母的文件并记录。

5）把/test/file 文件建一个软链接文件 file.soft 到/test1 中，并查看。

6）在/etc/passwd 中查找包含 user 的用户。

【核心知识】学习查看文件内容的 6 个命令和查找文件的命令。

3.3.1 显示文本文件内容命令

1．cat 命令

该命令的主要功能是用来显示文件，依次读取其所指文件内容并将其输出到标准输出设备上。还可以用来连接多个文件，形成新的文件。

该命令的格式为：

```
cat [选项] 文件名
```

常用选项含义如下。

- -n：由 1 开始对所有输出的行数编号。
- -b：与-n 相似，所不同的是对空白行不编号。
- -s：当遇到有连续两行以上的空白行时，就代换为一行空白行。
- -v：用一种特殊形式显示控制字符，LFD 与 TAB 除外。
- -E：在每行的末尾显示一个$符。该选项须要与-v 选项一起使用。

例如：

```
[root@localhost~]#cat Readme.txt
//在屏幕上显示出 Readme.txt 文件的内容
[root@localhost~]#cat text1 text2 >text3
//把文件 text1 和文件 text2 的内容合并起来，放入 text3 中
[root@localhost~]#cat text3
//查看 text3 的内容
[root@localhost~]#cat –n text1 > text2
//把文件 text1 的内容加上行号后输入到文件 text2 中
[root@localhost~]#cat –b text2 text3 >> text4
//把文件 text2 和 text3 的内容加上行号后（空白行不加行号）之后将内容附加到文件 text4 中
```

2．more 命令

该命令的功能是分页显示文件内容。适合显示长文件清单或文本清单，可以一次一屏或一个窗口地显示，基本指令就是按空格键往下一页显示（或按〈Enter〉键显示下一行），按〈Q〉键退出 more，不能回翻。

该命令格式为：

```
more  [选项]  文件名
```

- -num：一次显示的行数。
- -d：提示使用者，在画面下方显示［press space to continue，q to quit］。
- -f：计算行数时，以实际上的行数，而非自动换行后的行数。
- -p：不以卷动的方式显示每一页，而是先清屏后在显示内容。
- -c：与-p 类似，不同的是先显示内容，再清除其他旧资料。
- -s：当遇到有两行以上的连续空白行时，就代换为一行空白行。
- +num：从第 num 行开始显示。

例如：

```
[root@localhost~]#more –s testfile
```

```
//显示testfile，如遇到两行以上空白行则以一行显示
[root@localhost～]#more +20 testfile
//从第20行开始显示testfile的内容
[root@localhost ～]# ls |more
//分页显示当前目录下的文件
```

3. less命令

该命令的功能与more基本相同，不同之处是less允许往回卷动已经浏览过的部分，同时less并未在一开始就读入整个文件，因此，打开大文件的时候，它会比一般的文本编辑器快。可使用〈Page Up〉键和〈Page Down〉键向前或向后翻阅文件，按〈Q〉键退出。

该命令的格式为：

```
less  [选项]  文件名
```

例如：

```
[root@localhost～]# less  /etc/rc.d/init.d/network
//显示网络配置文件的内容
```

4. head命令

该命令的功能是只显示文件或者标准输入的头几行内容。默认值是10行。可以通过指定一个数字选项来改变显示的行数。

该命令的格式为：

```
head -n 文件名
```

例如：

```
[root@localhost～]#head  –20  /etc/passwd
//读取文件的前20行
[root@localhost～]#head  –20   a.txt
//显示a.txt 中前20行
```

5. tail命令

该命令的功能和head命令的功能正好相反。使用tail命令可以查看文件的后10行。这有助于查看日志文件的最后10行来阅读重要的系统信息。还可以使用tail来观察日志文件被更新的过程，使用-f选项，tail就会自动实时地打开文件中的新消息并显示到屏幕上。

选项：

- +num：从第num行以后开始显示。
- –num：从距文件尾num行处开始显示。若省略，系统默认为10。

例如：

```
[root@localhost～]# tail  –6  /etc/passwd
//显示文件后6行的内容
[root@localhost～]# tail  –20   a.txt
//显示a.txt 中后20行的内容
[root@localhost～]# more /etc/passwd|tail -10
```

//显示/etc/passwd|tail 文件后 10 行的内容

6. cut 命令

该命令用于显示每行从 num1 到 num2 之间的字符。其使用格式：

```
cut [选项] –cnum1-num2  文件名
```

- -c：显示 num1 到 num2 个字符。
- -b：显示 num1 到 num2 个字节。

例如：

```
[root@localhost ~]#cat a3.txt              // 显示 a3.txt 内容
abcdefg
1234567
[root@localhost ~]#cut –c 1-3 a3.txt       //显示从 1 开始算起的前 3 个字符
abcd
1234
```

案例分解 1

1）在根目录（/）下新建目录 test，test1，把/etc/passwd 分别复制到/test1 与/test 下，并分别改名为 file1 与 file。

```
[root@localhost~]# mkdir /test
[root@localhost~]# mkdir /test1
[root@localhost~]# cp /etc/passwd   /test1/file1
[root@localhost~]# cp /etc/passwd   /test1/file
```

2）查看 file1 文件的前两行与最后两行，并记录。

```
# head –2   /test1/file1
# tail –2   /test1/file1
```

3）查看/etc/目录下的文件，并记录前两个文件的文件名。

```
# ls   /etc|more   或   # ls    /etc|head -2
```

3.3.2 查找文件命令

查找文件使用 find 命令。该命令的功能是在指定的目录开始，递归地搜索各个子目录，查询满足条件的文件并对应采取相关的操作。此命令提供了非常多的查询条件，功能非常强大。

find 命令提供的寻找条件可以使用一个由逻辑运算符 not、and、or 组成的复合条件，逻辑运算符 not、and、or 的含义如下。

- and：逻辑与，在命令中用"-a"表示，是系统默认的选项，表示只有当所给的条件都满足时，寻找条件才满足。
- or：逻辑或，命令中用"-o"表示，该运算符表示只要当所给的条件有一个满足时，寻找条件就满足。
- not：逻辑非，命令中用"！"表示，该运算符表示查找不满足所给条件的文件。

该命令的格式为：

```
find  [ 路径]  [ 参数]  [ 文件名]
```

参数含义如下。

- -name：文件名，表示查找指定名称文件。
- -lname：文件名，查找指定文件所有的链接文件。
- -user：用户名，查找指定用户拥有的文件。
- -group：组名，查找指定组拥有的文件。

例如：

```
[root@localhost～]#find -name practice –print
//在登录目录的所有目录中使用 find 来定位每一个名为 practice 的文件并输出其路径名
[root@localhost～]#find . -name 'main*'
//查找当前目录中所有以"main"开头的文件
[root@localhost～]#find . -name 'tmp' –xtype c –user 'inin'
//查找当前目录中文件名为 tmp 文件类型为 c 用户名为 inin 的文件
[root@localhost～]#find   /   –name 'tmp' –o   -name 'mina*'
//查找根目录下文件名为 tmp 或匹配 mina*的所有文件
[root@localhost～]#find ! –name 'tmp'
//查询登录目录中文件名不是 tmp 的所有文件
```

☞提示：

通配符"*"表示一个字符串，"? "只代表一个字符。它们只能通配文件名或扩展名，不能全部都表示。

案例分解 2

4）查看/etc/目录中所有的文件中包含有 sys 字母的文件。

```
[root@localhost～]# find /etc/ -name '*sys*'
```

5）为/test/file 文件建一个软链接文件 file.soft 到/test1 中，并查看。

```
[root@localhost～]# ln –s /test/file /test1/file.soft
[root@localhost～]# cat /test1/file.soft
```

3.3.3　文件内容查询命令

该组命令以指定的查找模式搜索文件，通知用户在什么文件中搜索与指定的模式匹配的字符串，并且打印出所有包含该字符串的文本行。在该文本行的最前面是该行所在的文件名。

1．grep 命令

grep 命令的功能是以指定的查找模式搜索文件，通知用户在什么文件中搜索与指定的模式匹配的字符串，并且打印出所有包含该字符串的文本行。该文本行的最前面是该行所在的文件名。

该命令的格式为：

```
grep [选项]  文件名 1,文件名 2,…,文件名 n
```

常用选项有如下几个。

- -i：查找时忽略字母的大小写。
- -l：仅输出包含该目标字符串文件的文件名。
- -v：输出不包含目标字符串的行。
- -n：输出每个含有目标字符串的行及其行号。

不带选项表示查找并输出所有包含目标字符串的行。

例如：

```
[root@localhost～]#grep 'Lyle Strand' test-g
//单引号指示 shell 不解释引号内的任何字符。在 test-g 中查找人名 Lyle Strand
[root@localhost～]#grep 'text file' stdio.h        //在 stdio.h 中搜索字符串 text file。
[root@localhost～]#grep Lyle Strand test-g
//在文件 Strand 和 test-g 中查找 Lyle
[root@localhost～]#grep –n 'ab' test-g
//在 test-g 中查找 ab 并输出相应的行号和该行内容
[root@localhost～]#grep '^a' test-g
//选中所有以字母 a 开始的行。文件 test-g 中的以^a 开头的行是不会被选中的
[root@localhost～]#grep '\^a' test-g               //以^a 开头的行被选中输出
[root@localhost～]#grep 't$' test-g                //以 t 结尾的行被选中并输出
[root@localhost～]#grep –n ' ^…$' test-g
//输出从行的开始到行的结尾只有 3 个任意字符的行及其行号
[root@localhost～]#grep –n '^$'                    //输出所有带行号的空行。
```

案例分解 3

6）在/etc/passwd 中查找 user 的用户：

```
[root@localhost～]# grep 'user' /etc/passwd
```

2．egrep 命令

egrep 命令的功能是检索扩展的正则表达式。

该命令的格式为：

```
grep [选项]   文件名 1,文件名 2,…,文件 n
```

常用选项有如下几个。

- -i：查找时忽略字母的大小写。
- -l：仅输出包含该目标字符串文件的文件名。
- -v：输出不包含目标字符串的行。
- -n：输出每个含有目标字符串的行及其行号。

不带选项表示查找并输出所有包含目标字符串的行。

例如：

```
[root@localhost～]#egrep 'hello*' testg
//在 test 中搜索字符串包含 hello 的字符串
```

3．fgrep 命令

fgrep 命令检索固定字符串，并不识别正则表达式，是一种更为快速的搜索命令。

该命令的格式为：

```
grep [选项]  文件名 1,文件名 2,…,文件名 n
```

常用选项有如下几个。

- -i：查找时忽略字母的大小写。
- -l：仅输出包含该目标字符串文件的文件名。
- -v：输出不包含目标字符串的行。
- -n：输出每个含有目标字符串的行及其行号。

不带选项表示查找并输出所有包含目标字符串的行。

```
[root@localhost～]#fgrep  hello  test
//在 test 中搜索固定的字符串 hello
```

☞提示：

它不支持正则表达式，如果查找“hello*”，则不会有输出结果。

3.4 文件处理命令

sort 命令的功能是逐行对文件中的内容进行排序，如果两行的首字符相同，该命令将继续比较这两行的下一个字符。sort 命令是根据输入行抽取一个或多个关键字进行比较来完成的，默认情况下，以整行为关键字按 ASCII 码字符顺序进行排序。ASCII 码字符集的前面是一些特殊字符，接着是一些标点符号，然后是数字、一些专用字符、大写字母表，最后是 5 个编程符号。

该命令的格式为：

```
sort  [选项] 文件名
```

常用选项有如下几个。

- -d：可以使 sort 忽略标点符号和一些其他特殊字符，而对字母、数字和空格进行排序，即按字典顺序排序。
- -f：不区分大小写进行排序。
- -n：按数值排序，不按 ASCII 码排序。
- -r：反向排序。
- +n1 –n2：第 n1 个分隔符之后第 n2 个分隔符之前的字段，默认的分隔符为空格，分隔符从 1 开始算起。
- -k n：按第 n 字段排序。
- -tx：以任意字符 x 作为定界符。
- -o arg：输出置于文件 arg 中。

例如：

```
[root@localhost～]#sort test-sor                //对文件 test-sor 进行排序
```

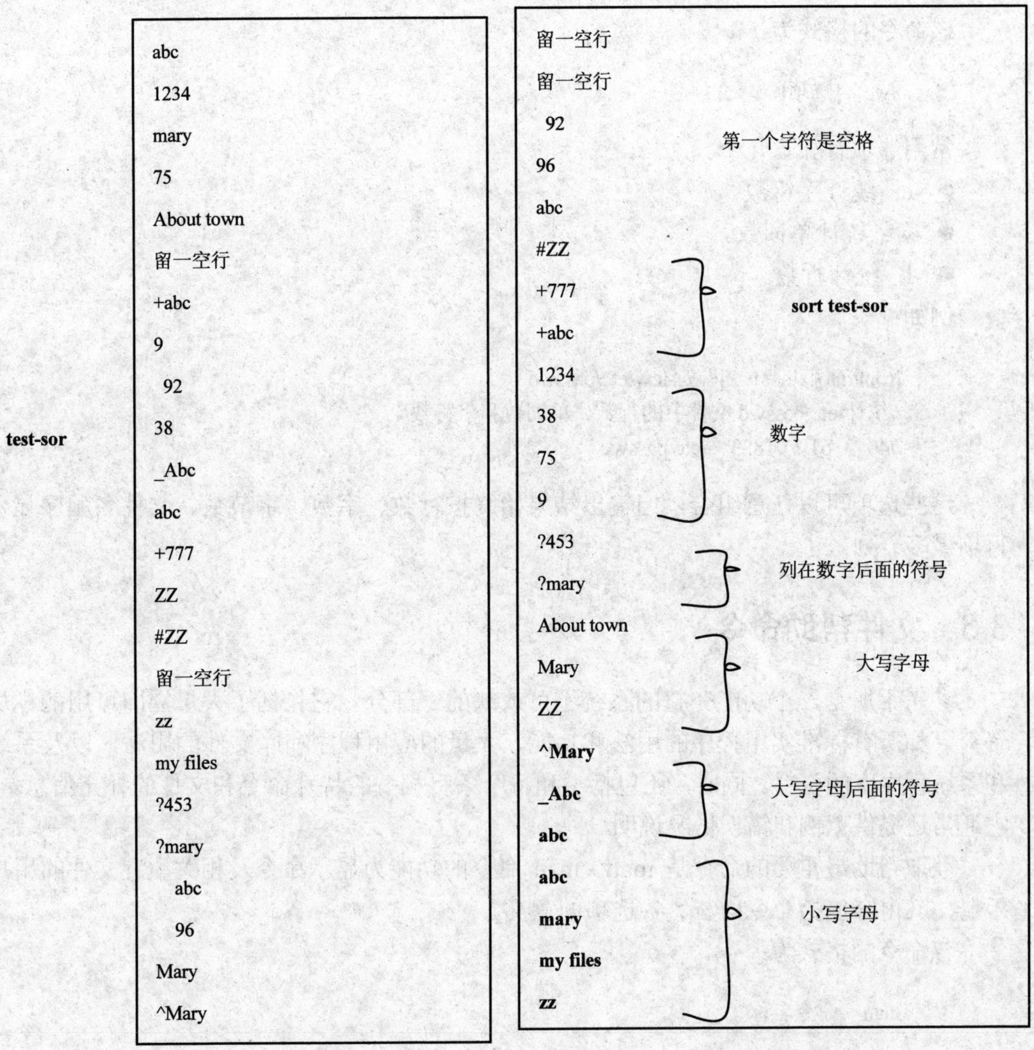

test-sor

```
abc
1234
mary
75
About town
留一空行
+abc
9
 92
38
_Abc
abc
+777
ZZ
#ZZ
留一空行
zz
my files
?453
?mary
  abc
  96
Mary
^Mary
```

文件排序前

文件内容	说明
留一空行	
留一空行	
92	第一个字符是空格
96	
abc	
#ZZ	
+777	sort test-sor
+abc	
1234	数字
38	
75	
9	
?453	列在数字后面的符号
?mary	
About town	大写字母
Mary	
ZZ	
^Mary	大写字母后面的符号
_Abc	
abc	
abc	小写字母
mary	
my files	
zz	

文件排序后

```
[root@localhost～]#sort –d test-sor
//对文件 test-sor 排序（仅比较字母数字空格制表符）
[root@localhost～]#sort –f test-sor          //将大写字母和小写字母同等对待
[root@localhost～]#sort +1 -2 myfile         //以第 2 字段为关键字对文件排序
[root@localhost～]#sort –n mynumber          //对文件按数值排序
[root@localhost～]#sort –k 4 respected       //从第 4 个字段开始排序
[root@localhost～]#sort +3 respected         //以第 4 字段为关键字对文件排序
[root@localhost～]#sort sp3 –o sortedsp3     //将排序结果输出到指定文件
[root@localhost～]#cat veglist fruitlist | sort > mylist
//当前目录中的文件合并后送给 sort 排序，并把排序后的文件保存为 mylist
```

3.5 文件统计命令

wc 命令的功能是统计文件中的行数、单词数及字符数。

该命令的格式为：

```
#wc  [选项]    文件名
```

常用选项有如下几个。

- -c：统计字符数。
- -w：统计单词数。
- -l：统计行数。

例如：

```
[root@localhost~]#wc -lcw/etc/passwd
//统计/etc/passwd 文件中的行数、单词数和字符数
//40    61    1823    /etc/passwd
```

这些选项可以任意组合，但输出结果始终按行数、字数、字节数、文件名顺序显示并且每项最多一列。

3.6 文件帮助命令

参考手册是一个功能完整的系统不可或缺的一部分。它包括了大量立即可用的详尽文档资料，如所有标准实用程序的用法和功能，大量的应用程序和库文件的用法，以及系统文件和系统程序库的资料。同时，还包括了和每个条目相关的特殊命令和文件的补充信息。另外，它通常还提供范例和错误情况说明。

获取帮助最重要的命令是 man。man 命令的功能为显示命令及相关配置文件的用户帮助手册，其内容包括命令语法、各选项的意义。

该命令的格式为：

```
man  命令名称
```

每个手册标题的左右侧是命令名和手册页所属的章节号。标题的中间是章节的名称。最后一行通常是上次更改日期。手册页分为 10 部分，如表 3-2 所示。

表 3-2 帮助手册

部　分	内　容
NAME	命令的名称和简短描述
SYNOPSIS	语法的描述
DESCRIPTION	命令的详细描述
OPTIONS	提供的所有可用选项的描述
COMMANDS	在程序运行时可以分配给该程序的说明
FILES	使用某种方法连接到命令的文件
SEE ALSO	相关命令的提示
DIAGNOSTICS	程序可能出现的错误消息
EXAMPLES	调用命令的示例
BUGS	命令的已知错误和问题

手册页包含 8 节，如表 3-3 所示。

表 3-3　手册页中各节内容说明

节	内　容
1	可执行程序和 shell 命令(用户命令)
2	系统调用
3	功能和库例程 (语言函数库调用)
4	设备文件和网络界面
5	配置文件和文件格式
6	游戏
7	宏软件包和文件格式
8	系统管理命令

常用 man 命令的用法如下。

1）显示有关 crontab 命令的一般信息，格式如下：

```
man 1 crontab
```

2）显示有关 crontab 命令的配置文件，格式如下：

```
man 5 crontab
```

当某个命令有多个手册页时，使用这种方法查找该命令所属的章节特别有效。

3）显示有关用户命令的信息，格式如下：

```
man 1 uname
```

4）显示有关系统调用的信息，格式如下：

```
man 2 uname
```

5）显示某个命令或实用程序的所有可用手册页的简短描述，格式如下：

```
whatis man
```

也可以通过在 whatis 命令的命令行上同时输入多个参数来得到多个命令的简短描述。这些参数之间用空格隔开：

```
whatis login set setenv
```

6）“man –k keyword-list”是用来在所有的帮助手册中查找 keyword-list 中的关键词的概述，这个过程很慢，可以指定一小部分来缩小查找范围，如：

```
man –k printf
```

7）打印手册页信息：

```
man man | colcrt>man.manpage
```

或者

```
man man | col-bx>man.manpage
```

实用程序 colcrt 和 col-bx 能去掉终端控制字符。

3.7 上机实训

1）在根目录下创建一个目录 test。
2）在 test 目录下创建两个目录，分别为 AA 和 BB。
3）把/etc/inittab 文件复制到/test/AA 目录下并重命名为 inittab1。
4）再把/etc/inittab/AA 目录中的文件移动到/test/BB 目录下，同时改名为 file.txt。
5）然后把创建的目录和复制的文件删除。
6）在 inittab1 文件中查找字符串 init。
7）在/etc/目录下查找包含 sys 的文件。

3.8 课后习题

1．RHEL 5 中配置文件放在系统的（　　）。
A．/lib　　B．/dev　　C．/etc　　D．/usr
2．RHEL 5 中图像文件属于（　　）。
A．文本文件　　B．连接文件　　C．特殊文件　　D．二进制文件
3．在默认情况下，使用 ls -color 命令显示当前目录下的所有文件时，对于可执行文件一般显示为（　　）。
A．红　　B．绿　　C．黄　　D．蓝
4．在使用 ln 建立文件符号链接时，为了跨越不同的文件系统，需要使用（　　）。
A．普通链接　　B．硬链接　　C．软链接　　D．特殊链接
5．系统管理常用的二进制文件，一般放置在（　　）目录下。
A．/sbin　　B．/root　　C．/usr/sbin　　D．/boot
6．ls [abc]*表示（　　）。
A．显示 a 开头的文件　　B．显示 b 开头的文件
C．显示 c 开头的文件　　D．不显示 abc 开头的文件
7．用来显示文件内容的命令有（　　）。
A．cat　　B．more　　C．less　　D．head
8．使用$cd ~命令后，用户会进入（　　）目录。
A．用户的主目录　　B．/　　C．~　　D．/root
9．建立一个新文件可以使用的命令为（　　）。
A．chmod　　B．more　　C．cp　　D．touch
10．删除文件的命令为（　　）。
A．mkdir　　B．rmdir　　C．mv　　D．rm

11．在给定文件中查找与设定条件相符字符串的命令为（　　）。

A．grep　　B．gzip　　C．find　　D．sort

12．下列命令中，不能显示文本文件内容的命令是（　　）。

A．more　　B．less　　C．tail　　D．join

13．ls *.*命令返回文件的列表。列表中文件包括（　　）。

A．当前工作目录中所有文件列表

B．当前工作目录中所有非隐藏文件列表

C．当前工作目录中所有名称中有.的文件列表，但是不包括.是起始字符的文件

D．当前工作目录中所有名称中有.的文件列表，包括.是起始字符的文件

14．当用户输入“cd”命令并按〈Enter〉键后，则（　　）。

A．当前目录改为根目录　　B．目录不变，继续显示当前目录

C．当前目录改为用户主目录　　D．当前目录改为上级一目录

15．假设目录中有 5 个文件，文件名为 xq.c、xq1.c、xq2.c、xq3.cpp、xq10.c，执行命令“ls xq?.*”后显示的文件有（　　）。

A．xq.c、xq1.c、xq2.c、xq3.cpp　　B．aq.c、xq1.c、xq2.c、xq10.c

C．xq1.c、xq2.c、xq10.c　　D．xq1.c、xq2.c、xq3.cpp、xq10.c

二、判断题

1．在 grep 命令中，有“*”这个通配符。（　　）

2．有两个文件 test1 和 test2，test2 有内容，现在执行 cat test1>>test2，则 test2 文件内容全部删除。（　　）

3．Linux 中红色文件一般是压缩文件。（　　）

4．Linux 中目录文件用 ls 显示是绿色的。（　　）

第 4 章　文本编辑器

Linux 是一种文本驱动的操作系统。用户在使用 Linux 过程中经常需要编辑文本，如编写脚本文件来执行几条命令行，写电子邮件，创建 C 语言源程序等。因此，必须熟悉至少一种文本编辑器以便高效地输入和修改文本文件。此外，文本编辑器还可以方便地查看文件的内容，以便识别其关键特征。

4.1　案例：文本编辑器 vi 操作模式

【案例目的】 通过对文本编辑工具 vi 的使用，掌握 Linux 下 vi 编辑器的工作模式、模式之间的切换以及文本的编辑和保存退出等操作。

【案例内容】

1）把/etc/inittab 文件复制到/test 目录并改名为 tab。

2）查看 tab 文件共有多少行，第 18 行是什么，并记录。

3）把第 26 行分别复制到第 34 行下面与内容最后。

4）命令行模式下，在第 10 行前后分别添加一空行。

5）再删除该修改后内容的第 25 行和第 30 行。

6）查找单词 now 在多少行存在。

7）保存并退出。

8）在末行模式下命令 q 与 q!分别在什么情况下使用。

【核心知识】 vi 编辑器 3 种工作模式以及模式之间的转换。

Linux 提供了一个完整的编辑器家族系列，如 Ed、Ex、vi 和 Emacs 等，按功能可以将其分为两大类：行编辑器（Ed、Ex）和全屏幕编辑器（vi、Emacs）。行编辑器每次只能对一行进行操作，使用起来很不方便。而全屏幕编辑器可以对整个屏幕进行编辑，用户编辑的文件直接显示在屏幕上，修改的结果可以立即显示出来，克服了行编辑器那种不直观的操作方式，便于用户学习和使用，具有强大的功能。本章主要介绍 vi 编辑器。

文本编辑器 vi 是 Linux 系统的第一个全屏幕交互编辑程序，从诞生至今，该编辑器一直得到广大用户的青睐。vi 是 visual interface 的简称，是所有计算机系统中最常用的一种工具。用户在使用计算机的时候，往往需要建立自己的文件，无论是一般的文本文件、数据文件还是编写的源文件，这些工作都离不开文本编辑器。它可执行输出、删除、查找、替换、块操作等众多文本操作，而且用户可以根据自己的需要对其进行定制，这是其他编辑程序所没有的。vi 不是一个排版程序，不像 Word 或 WPS 那样可以对字体、格式、段落等其他属性进行编排，只是一个文本编辑程序。

vi 没有菜单，只有命令，且命令繁多。vi 有 3 种基本工作模式：命令行模式、文本编辑模式和末行模式。

4.1.1　命令模式

命令模式是启动 vi 后进入的工作模式，可以转换为文本编辑模式和末行模式。在命令模式下，从键盘上输入的任何字符都被当作编辑命令来解释，而不会在屏幕上显示。如果输入的字符是合法的 vi 命令，则 vi 完成相应的动作；否则 vi 会响铃警告。任何时候，不管用户处于何种模式，只要按一下〈Esc〉键，即可使 vi 进入命令行模式；用户在 shell 环境下启动 vi 命令，进入编辑器时，也是处于该模式下。

4.1.2　文本编辑模式

文本编辑模式用于字符编辑。在该命令下输入“i”（“插入”命令）、“a”（“附加”命令）后进入文本编辑模式。此时输入任何字符都被 vi 当作文件内容显示在屏幕上。按〈Esc〉键可以从文本编辑模式返回到命令模式。

4.1.3　末行模式

在命令模式下，按“:”进入末行模式，此时屏幕会在屏幕的底部显示“;”符号作为末行模式的提示符，等待用户输入相关命令。命令执行完毕后，vi 自动回到命令模式。

3 种模式之间的相互转换如图 4-1 所示。

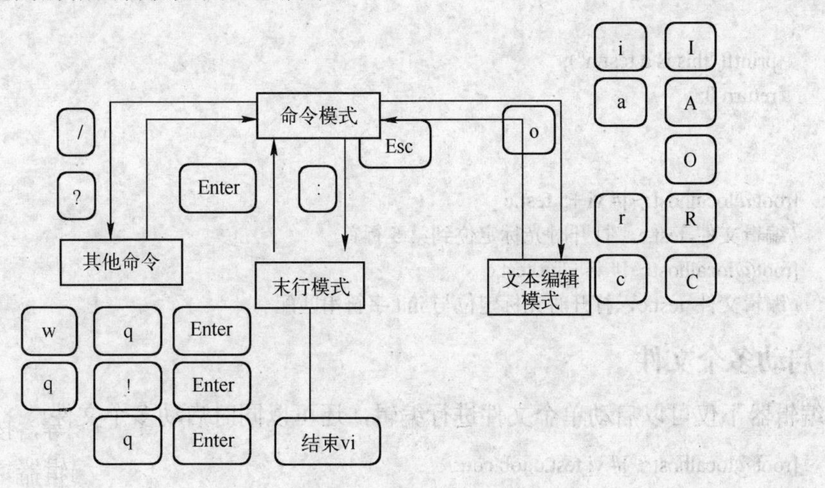

图 4-1　vi 编辑器操作模式及转换

4.2　启动 vi 编辑器

4.2.1　启动单个文件

使用 vi 编辑器工作的第 1 步是进入该编辑界面。Linux 提供了进入 vi 编辑器界面的命令，如表 4-1 所示。

表 4-1　进入 vi 命令

命　　令	说　　明
vi　filename	打开或新建文件，并将光标置于第 1 行首
vi　+n filename	打开文件，将光标置于第 n 行首
vi　+ filename	打开文件，将光标置于最后一行首
vi　+ /pattern　filename	打开文件，将光标置于第 1 个与 pattern 匹配的串处

（续）

命　　令	说　　明
vi　-r　filename	在上次正用 vi 编辑时发生崩溃，恢复 filename
vi filename1…filenamen	打开多个文件依次进行编辑

☞提示：

如果 vi 命令中的 filename 所对应的磁盘文件不存在，那么系统将生成一个名为 filename 的新文件供编辑。

例如：

```
[root@localhost~]#vi test.c                    //编辑文件名为 test.c 的文件
//输入以下几行
# include <stadio.h>                           //文件内容为一段 C 程序
# include <string.h>
int main()
{
   printf("this is a test\n");
   return 0;
}

[root@localhost~]# vi +5 test.c
//编辑文件  test.c，打开时光标定位到第 5 行首
[root@localhost~]# vi +/int test.c
//编辑文件  test.c，打开时光标定位与 init 字符串匹配
```

4.2.2　启动多个文件

vi 编辑器不仅可以启动单个文件进行编辑，还可以同时启动多个文件。

```
[root@localhost~]# vi test.c job.cc
//依次打开两个文件 test.c 和  job.cc
[root@localhost~]# vi a b c
//同时打开 3 个文件 a、b、c，:n 跳至下一个文件，:e#  回到刚才编辑的文件。例如，当前编辑文
件为 a，:n 跳至 b，再:n 跳至 c，: e#回到 b，想回到 a 的话用:e a
```

4.3　显示 vi 的行号

vi 中的许多命令都要用到行号及行数等数值。若编辑的文件较大时，自己数行数是非常不方便的。为此 vi 提供了给文本加行号的功能。这些行号显示在屏幕的左边，而相应的内容则显示在相应的行号之后。

在末行模式下输入命令：

```
set　nu　//即 set number 的缩写
```

在一个较大的文件中，用户可能需了解光标当前行是哪一行，在文件中处于什么位置，可在命令模式下用组合键，此时 vi 会在显示窗口的最后一行显示出相应的信息。该命令可以在任何时候使用。

例如：

```
//使用 vi 命令打开文件 test.c
# [root@localhost~]#vi test.c
//在末行方式下输入命令：set number，结果如下
  1  # include <stdio.h>
  2  # include <string.h>
  3  int main()
  4  {
  5      printf("this is a test\n");
  6      return 0;
  7  }
```

指示编辑器关掉行号：

```
set  nonumber
```

☞提示：

这里加的行号只是显示给用户看的，他们并不是文件内容的一部分。

案例分解 1

1）把/etc/inittab 文件复制到/test 目录并改名为 tab；

```
[root@localhost~]# mkdir /test
[root@localhost~]# cp  /etc/inittab  /test/tab
```

2）查看 tab 文件共有多少行；

```
[root@localhost~]#vi  /test/tab          //打开文件/test/tab
：set nu                                 //在末行模式下输入 set nu
```

4.4 文本编辑器 vi 的使用

4.4.1 命令模式操作

在命令模式下，文本编辑器 vi 状态如图 4-2 所示。光标的移动表如表 4-2 所示。

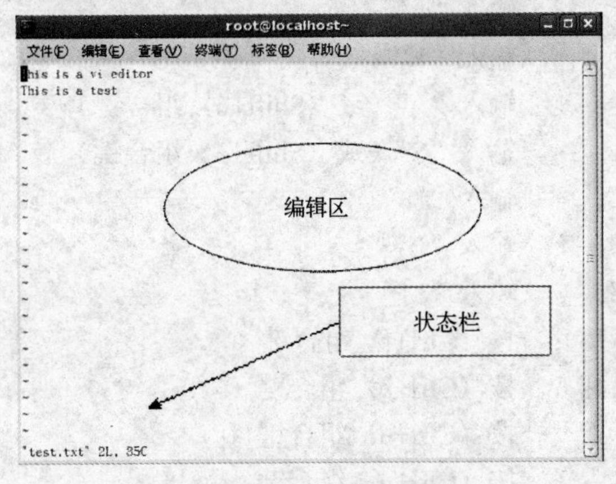

图 4-2　命令模式下文本编辑器状态

表 4-2　在命令模式下光标移动表

光标定位命令	功　　能
0(零)	将光标移到当前行的行首
^	将光标移到当前行的行首
$	将光标移到当前行的行尾
nnG	将光标移到第 nn 行，nn 为行号
G(:$)	将光标移到文件的最后一行的行尾
-	将光标移到上一行行首
+	将光标移到下一行行首
nn|	将光标移到当前行的第 nn 列，nn 为列号
/abc	将光标移到文本中字符串 abc 下次出现的位置
L	将光标移到屏幕的最下面一行
M	将光标移到屏幕的中间一行
H	将光标移到屏幕的最上面一行
fx	在当前行中将光标移到下一个 x，这里 x 是一个指定字符
n	将光标移到前面发出的/word 或？word 命令中列出模式的下一个实例
‘’	将光标返回到原来位置
b	将光标移到上一个单词的开头
w	将光标移到下一个单词的开头
e	将光标移到下一个单词的词尾
h	将光标左移一个字符
j	将光标下移一行
k	将光标上移一行
l	将光标右移一个字符

（1）移动光标

- 左移一个字符：　输入“h”
- 右移一个字符：　输入“l”
- 上移一行：　输入“k”
- 下移一行：　输入“j”
- 移至行首：　输入“^”（或〈Shift+6〉组合键）
- 移至行尾：　输入“$”（或〈Shift+4〉组合键）
- 移至文件顶部：　输入“H”
- 移至文件尾部：　输入“L”
- 移至文件中部：　输入“M”
- 前翻一屏（下翻）：　按〈Ctrl+f〉组合键
- 后翻一屏（上翻）：　按〈Ctrl+b〉组合键
- 前翻半屏：　按〈Ctrl+d〉组合键
- 后翻半屏：　按〈Ctrl+u〉组合键

（2）插入文本（进入输入模式）

- 在光标右边插入文本：　　　　　　输入“a”
- 在一行的结尾处添加文本：　　　　输入“A”
- 光标左边插入文本：　　　　　　　输入“i”
- 在行首插入文本：　　　　　　　　输入“I”
- 在光标所在行的下一行插入新行：　输入“o”
- 在光标所在行的上一行插入新行：　输入“O”

追加命令的关系如图 4-3 所示。

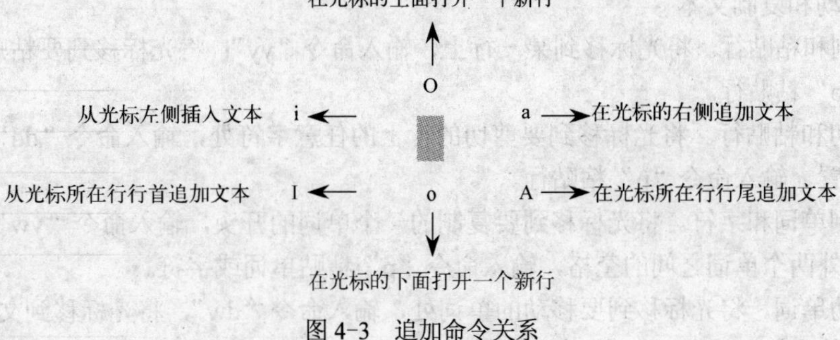

图 4-3　追加命令关系

（3）撤销操作

- 撤销前一个命令：　　　输入“u”
- 撤销对一行的更改：　　输入“U”

（4）删除文本

- 删除一个字符：　　　　输入“x”
- 删除一词：　　　　　　输入“dw”
- 删除一行：　　　　　　输入“dd”

（5）复制和粘贴

- 复制一行内容：　　　　输入“yy”
- 粘贴：　　　　　　　　输入“p”
- 剪切：　　　　　　　　输入“dd”

（6）查找字符串

- 输入查找内容：　　　　输入“/”
- 跳到下一个出现处：　　输入“n”
- 跳到上一个出现处：　　输入“N”

（7）在命令模式中删除文本及撤销、重复相关操作

1）删除行。

- 删除光标所在的整行：　　　　　　　　　输入“dd”
- 表示删除当前行及其后 n−1 行（n 为数字）：　输入“ndd”

2）删除多个字符。

- D 或 d$表示删除从光标处开始到行尾的内容。
- d0 表示删除从光标前一字符开始到行首的内容。

- dw 表示删除一个单词，若光标处在某个单词中间，则从光标所在位置开始删至词尾，同 dd 命令一样可以在 dw 之前加上一个数字 n，表示删除几个指定的单词。

3）删除单个字符。

- x 表示删除光标处字符，nx 删除从光标所在位置开始的 n 个字符。
- X 表示删除光标前面的那个字符，nX 从光标前面那个字符开始向左的 n 个字符。

（8）取消一次命令 undo

- U 表示撤销对当前行所做的修改，前提是光标在当前行。
- u 表示撤销最后一次修改，不论光标是否在修改行。

（9）移动和复制文本

1）复制和粘贴行。将光标移到某一行上，输入命令“yy”；将光标移到要粘贴的位置上，输入命令“p”粘贴行。

2）剪切和粘贴行。将光标移到要剪切的行上的任意字符处，输入命令“dd”；移动光标到需要的位置，输入命令“p”粘贴行。

3）复制单词和字符。将光标移到要复制的一个单词的开头，输入命令“yw”；将光标移到文件中另外两个单词之间的空格，输入命令“p”粘贴单词或字符。

4）移动单词。将光标移到要移动的单词处，输入命令“dw”，将光标移到文件中另外两个单词之间的空格，输入“p”命令粘贴单词。

（10）移动字符

将光标移到文本中任一单词的首字母，输入“x”，然后输入“p”粘贴字符。

（11）复制和移动行的部分文本

选择当前行上的任意字符，输入“yfx”，将光标移到当前行的行尾，粘贴接出的文本。

如要删除当前行上从光标到第 1 个任意字符之间的文本，则选择当前行上的任意字符 x 输入“dfx”，将光标移到第 1 行尾粘贴删除的文本，输入“p”。

下面将对文本对象进行删除、修改和接出的命令列出，如表 4-3 所示。

表 4-3　删除、修改与接出命令

对　象	删　除	修　改	接　出
行	dd	cc	yy
行的剩余部分	D 或 d$	C 或 c$	y$
当前行从光标到第一个 x 字符	dfx	cfx	yfx
单词	dw	cw	yw
字符	x	s	yl

删除操作符是“d”，修改操作符是“c”，接出操作符是“y”。如果想操作行，则输入操作符两次，如“dd”“cc”“yy”。删除和修改时，可以通过大写操作符来对行中光标之后的部分进行操作。所以 3 种操作符都可以用作行末对象。想对一行上从光标到一个字符 x 之间的文本进行操作，则将操作符放到“fx”的前面，如“dfx”“cfx”“yfx”命令。删除操作符“dw”、修改操作符“cw”、接出操作符“yw”可以对单词进行操作。

字符对象只部分符合上述模型。可使用“x”命令删除一个字符并用另外一个字符来替代它，使用“yl”接出光标处字符。

（12）复制文本块

用行号标识的文本块可以作为一个单位移动。

1）若屏幕上没有显示行号，则输入“set number”。

2）在命令模式下输入下列命令，并按〈Enter〉键：

```
:10    // :10 是第十行的地址。光标将移到第 10 行
```

3）输入下列命令按〈Enter〉键：

```
:2 copy 4          //文件第 2 行被复制到第 4 行的后面
:1,4 copy 7        //第 1～4 行之间的文本复制到第 7 行之后
```

以冒号开头的编辑命令(:1,4 copy 9)对用户开始行号和结束行号标识的文本块进行操作，文本块的开始行号和结束行号用逗号隔开。注意要确保先输入小行号，再输入大行号，编辑器不能解释诸如 62、57 或 9、2 之类的行号。“copy”命令可以缩写为“co”，例如：

```
:10,14 co 0
:10,14 co $             //此处$表示最后一行
:.,65 co 80             //此处.表示当前行
```

（13）移动文本块

```
:1,8 move 17            //把第 1～8 行的内容移动到 17 行之后
```

（14）另存文本块（假设在 myfile1 中执行如下命令）

```
:1,8 write myfile2      //把 myfile1 中第 1～8 行的内容重保存为 myfile2
```

（15）覆盖文本块

```
:1,6 w>myfile2          //把 myfile1 中第 1～6 行的内容写在 myfile2 中
```

（16）向文件中追加文本

```
:5,8 w>>myfile2         //把 myfile1 中第 5～8 行的内容追加到 myfile2 中
```

案例分解 2

3）把第 26 行分别复制到第 34 行下面与文件内容最后：在命令模式下把光标定位到 26 行任意位置，使用“yy”命令复制，光标移到相应位置，用“p”命令粘贴。

4）命令行模式下，在第 10 行前后分别添加一空行：将光标移到第 10 行，输入“O”在上面添加一空行，使用“o”命令在下面添加一空行。

5）再删除该修改后内容的第 25 行、第 30 行：将光标定位到第 25 行使用命令“dd”命令删除第 25 行和第 30 行。

4.4.2 插入模式操作

在命令模式下用户输入的任何字符都被 vi 当作命令加以解释和执行，如果用户要将输入的字符当作是文本内容时，则首先要将 vi 的工作模式从命令模式切换到文本输入模式，在插入模式下，可直接使用键盘上的 4 个方向键移动光标。插入模式下文本编辑器状态如图 4-4

所示。在该模式下进入编辑状态，可以输入任意的文本内容。vi 提供了两个插入命令“I”和“i”，两个附加插入命令“a”和“A”，打开命令“o”和“O”。

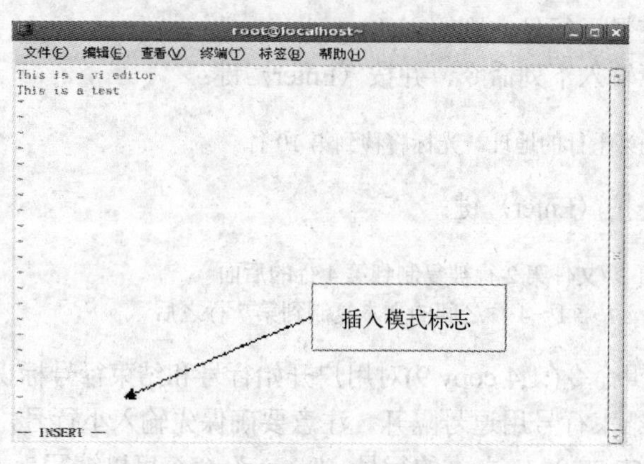

图 4-4 插入模式下文本编辑器状态

1. “i”命令

插入文本从光标所在位置开始，插入过程中可以删除错误输入。此时 vi 处于插入状态。

2. “I”命令

该命令是将光标移到当前行的行首，然后在其前插入文本。

3. “a”命令

该命令用于在光标当前位置之后追加新文本。新输入的文本放在光标之后，在光标后的原文本将相应地向后移动。光标可在一行的任何位置。

4. “A”命令

该命令与“a”命令不同的是，“A”命令将把光标移到所在行的行尾，从那里开始插入新文本。当输入“A”命令后，光标自动移到行的行尾。

5. “o”命令

该命令将在光标所在行的下面新开一行，并将光标置于该行的行首，等待输入文本。当使用删除字符时只能删除从插入模式开始的位置以后的字符，对于以前的字符不起作用，而且还可以在文本方式下输入一些控制字符。

6. “O”命令

和“o”命令相反，“O”命令是在光标所在行的上面插入一行，并将光标置于该行的行首，等待输入文本。

4.4.3 末行模式操作

在末行模式下的文本编辑器状态如图 4-5 所示。当编辑完文件，准备退出 vi 返回 shell 时，可以使用下列几种方法之一：

- 在命令模式中连按两次大写字母 Z 时，若当前编辑的文件曾被修改过，则 vi 保存该文件后退出，返回到 shell；若当前文件没有被修改过，则 vi 直接退出，返回到 shell。

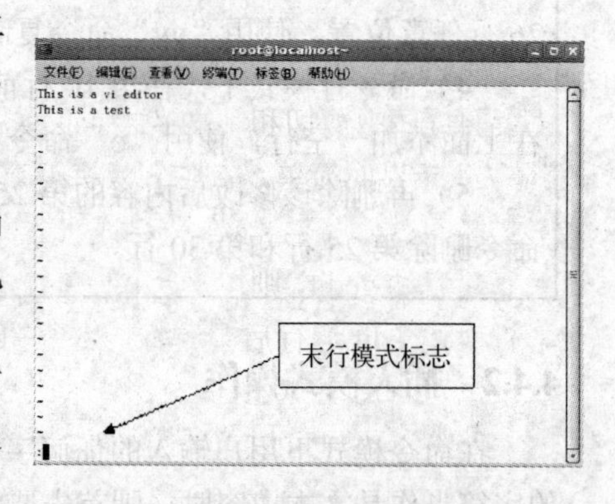

图 4-5 末行模式下文本编辑器状态

● 在末行模式下输入“w”时，vi 保存当前编辑的文件，但并不退出，而是继续等待用户输入命令。在使用“w”时，可以在给编辑的文件起一个新名字。如下所示：

：w newfile

此时 vi 将把当前文件的内容保存到指定的 newfile 中，而原文件内容保持不变，若 newfile 是一个已存在的文件，则 vi 在显示窗口的状态行给出提示信息：

File exists（use ！o override）

此时，若用户真的希望用文件的当前内容替换 newfile 中原有的内容，可使用命令:w!newfile，否则可选择另外的文件名来保存当前文件。

● 在末行模式下输入“wq”时，vi 将先保存文件，然后退出 vi 返回到 shell。
● 在末行模式下输入“q”时，系统退出 vi 返回到 shell，若在用此命令退出 vi 时，编辑文件没有被保存，则 vi 在显示窗口的最末行显示如下信息：No write since last change (use!to overrides)，提示用户该文件被修改后没有保存，然后 vi 并不退出，继续等待用户口令。若用户不想保存被修改后的文件而要强行退出 vi 时，可以使用“q!”命令，vi 放弃所做修改直接退回到 shell 下。
● 在末行模式下输入“q!”时，放弃对文本所做的修改直接退出到 shell。
● 在末行模式下输入“x”时，该命令的功能同命令模式下“ZZ”命令功能相同。

案例分解 3

6）查找单词 now 在多少行存在。

在末行模式下输入“/now”并按〈Enter〉键即可选中所有单词 now 翻页并查看。

7）保存并退出。

在末行模式下输入“wq”即可保存退出。

8）查看在末行模式下命令“q”与“q!”分别在什么情况下使用。

● “q!”：直接退出命令，文件不保存，强制退出。
● “q”：直接退出命令，如果文件内容修改过会提示用户保存。

4.5 桌面环境下的文本编辑工具

gedit 是一个图形化文本编辑器，可以打开、编辑并保存纯文本文件，并可以从其他图形化桌面程序中剪切和粘贴文本，以及打印文件。

gedit 界面简单，它使用活页标签，因此用户可以不必打开多个 gedit 窗口而同时打开多个文件。

要启动 gedit，则单击“主菜单”→“附件”→“文本编辑器”，或在 shell 提示下输入“gedit”来启动。gedit 运行后会看到一个空白的编辑区域，如图 4-6 所示。

也可以通过单击“打开”按钮，来定位希望编辑的纯文本文件，如打开/etc/inittab（图 4-7）。用户可以单击并按住窗口右侧的滚动条，上下移动鼠标来前后查看文件；或使用下方向键一行一行地滚动文本文件，或使用〈Page Up〉和〈Page Down〉键一页一页地滚动文件。

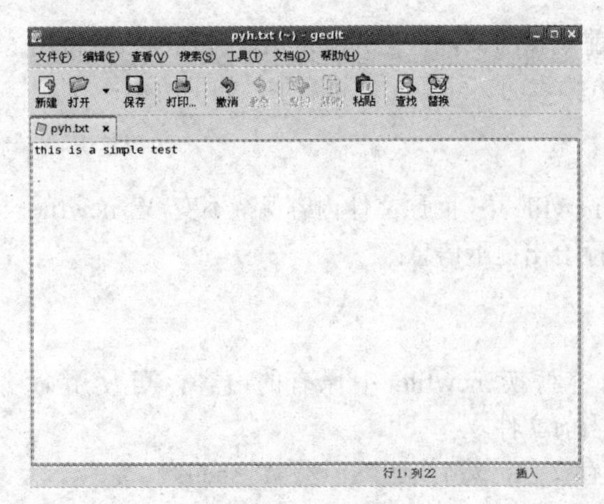

图 4-6　gedit 窗口

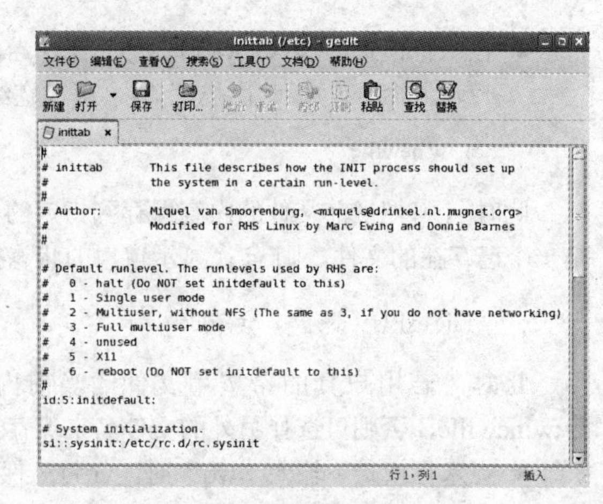

图 4-7　打开/etc/inittab 文件

gedit 允许用户使用分开的活页标签在一个窗口中打开多个文本文件。如图 4-8 所示为同时打开三个文件。

用户可通过单击工具栏上的“保存“按钮，或从文件菜单中选择“文件”→“保存”来保存文件。如果编辑的是一个新文本文件，则会弹出另存为对话框。

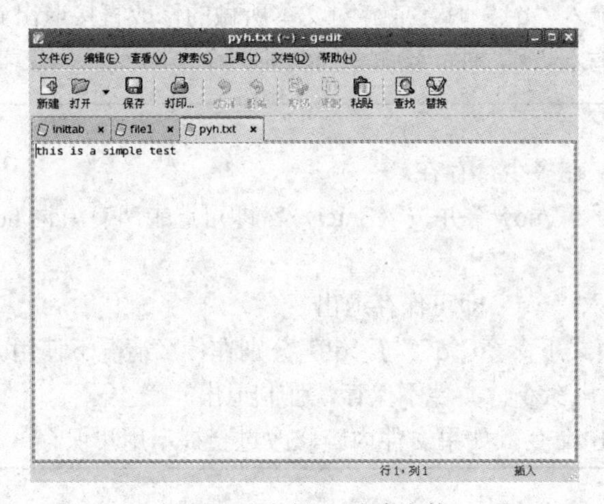

图 4-8　同时打开多个文件

4.6　通配符

通配符是一类键盘字符，有星号（*）和问号（?）。当查找文件或文件夹时，可以使用它来代替一个或多个真正字符；当不知道真正字符或者不想键入完整名字时，常常使用通配符代替一个或多个真正字符。

星号（*）：可以使用星号代替 0 个或多个字符。如果正在查找以“AEW”开头的一个文件，但不记得文件名其余部分，可以输入“AEW*”，查找以“AEW”开头所有文件类型的文件，如 AEWT.txt、AEWU.exe、AEWI.dll 等。要缩小范围可以输入 AEW*.txt，查找以“AEW”开头并以.txt 为扩展名的文件，如 AEWIP.txt、AEWDF.txt。

问号（？）：可以使用问号代替一个字符。如果输入“love?”，查找以“love”开头的文件名为 5 个字符的所有类型的文件，如 lovey、lovei 等。要缩小范围可以输入“love?.doc”，查找以“love”开头的文件名为 5 个字符并以.doc 为扩展名的文件，如 lovey.doc、loveh.doc。

更多类型的通配符如表 4-4 所示。

表 4-4 通配符

模式串	意义
*	当前目录下所有文件的名称
Text	当前目录下所有文件名中包含 Text 的文件的名称
[ab-dm]*	当前目录下所有以 a、b、c、d、m 开头的文件的名称
[ab-dm]?	当前目录下所有以 a、b、c、d、m 开头且后面只跟一个字符的文件的名称
/usr/bin/??	目录/usr/bin/下所有名称为两个字符的文件的名称

1. 单引号

由单引号括起来的字符都作为普通的字符出现，特殊的字符用单引号括起来以后，也会失去原有的意义，只作为普通字符解释。

```
[root@localhost～]# string='$path'        //给字符串赋值
[root@localhost～]#echo $string           //显示字符串的内容
    $path
[root@localhost～]#
    //可见$保持了其本身的含义，作为普通字符出现
```

2. 双引号

由双引号括起来的字符，除$、'和"这几个字符仍是特殊字符并保留其特殊功能外，其余字符都作为普通字符对待。$是用其后指定的变量的值来代替这个变量和$。

```
[root@localhost～]#a=love                 //给字符串赋值
[root@localhost～]#echo  "  I   $a  you "
   //在双引号中$作为特殊字符，输出的是 a 的内容而不是 a 本身
    I love you                            //输出结果
[root@localhost～]#
```

3. 反引号

反引号（`）对应的键一般位于键盘的左上角，不要将其同单引号 ' 混淆，反引号括起来的字符串被 shell 解释为命令行，在执行时，shell 首先执行该命令行，并以它的标准输出结果取代整个反引号（包括反引号）部分。

例如：

```
[root@localhost  xyz]# pwd
   /home/xyz
[root@localhost xyz] #string="current directory is 'pwd'"
                            //引号中的 pwd 作为命令执行，输出当前路径
[root@localhost xyz]#echo $string
```

```
    current directory is /home/xyz
[root@localhost xyz]#
```

4.7 上机实训

1）在根目录下创建一个目录 test。

2）把/etc/inittab 文件复制到/test 目录下，然后进行压缩成 abc.tar.gz。

3）再把/boot/grub/grub.conf 文件复制到/test 目录下，同时改名为 ahxh.txt。

4）利用 vi 编辑 ahxh.txt 文件，并把第 20 行分别复制到该文件的第 10 行与 15 行下一行。

5）然后把修改后的文件保存到/目录下，文件名为 file.txt。

4.8 课后习题

一、选择题

1．vi 的 3 种工作模式是（　　）。

A．末行模式　　B．插入模式　　C．命令模式　　D．检查模式

2．vi 编辑器的区域可以分为（　　）。

A．插入区　　B．编辑区　　C．命令区　　D．显示区

3．vi 的 3 种模式之间不能直接转换的是（　　）。

A．命令模式-文本编辑模式　　B．命令模式-末行模式

C．文本编辑模式-末行模式　　D．任何模式之间都能直接转换

4．在 vi 编辑器中需要删除 4～7 行之间的内容，应在末行模式下使用（　　）命令。

A．4，7m　　B．4，7co　　C．4，7d　　D．4，7s/*//g

5．在使用 vi 编辑器时，在命令模式下，以下（　　）命令的结果是删除 4 个单词。

A．4xw　　B．wwwww　　C．4dw　　D．d4l

6．存盘并退出 vi 可用命令：wq，还可以用（　　）命令。

A．：q!　　B．：x　　C．exit　　D．：s

7．以下命令中，能手动启动 x Window 的是（　　）。

A．start　　B．startx　　C．begin　　D．beginx

8．在字符界面退出登录的方法是（　　）。

A．exit 或 quit　　B．quit 或〈Ctrl+D〉键

C．exit 或〈Ctrl+D〉键　　D．以上都可以

二、填空题（用命令实现如下功能）

1．仅仅把第 20～59 行之间的内容存盘成文件/tmp/1。　（　　）

2．将当前结果追加到/tmp/2 文件。　（　　）

3．将第 1～5 行之间的内容复制到第 10 行下。　（　　）

4．同时打开两个文件，在两个文件之间来回切换。　（　　）

5．将第 1～15 行之间的内容删除。　（　　）

6．将第 1～3 行之间的内容移至到第 5 行下。　（　　）

第5章　用户和组管理

Linux系统中每一个文件和程序都归属于一个特定的用户。每个用户和我们大家一样都有一个号来标识它，这个号叫作用户ID（UID）。系统中每个用户至少属于一个用户分组，这个小组由系统管理员建立，每个小组都会有一个分组号来标识分组，叫作分组ID（GID）。

每位用户的权限可以被定义为普通用户和根用户。普通用户只能访问其拥有的或者有权限执行的文件。不论根用户是否是这些文件和程序的所有者，根用户能够访问系统全部的文件和程序，根用户通常被称为超级用户，其权限是系统中最大的，可以执行任何操作。

5.1　案例1：用户账号管理

【案例目的】通过本节的学习能够熟练掌握创建用户、修改用户信息和删除用户的命令并理解命令中各选项含义。

【案例内容】

1）新建一个user1用户，UID、GID、主目录均按默认。

2）新建一个user2用户，UID=800，其余按默认。

3）新建一个user3用户，默认主目录为/abc，其余默认，观察这3个用户的信息有什么不同。

4）分别为以上3个用户设置密码“123456”。

5）把user1用户改名为u1，UID改为700，主目录为/test，密码改为123456。

6）将用户user3 的主目录改为/abc，并修改其附加组为group2。

7）锁定账号user1，看有什么变化，并解锁。

8）连同主目录一并删除账号user3用户。

【核心知识】创建用户、修改用户的信息和删除用户及用户的桌面应用。

5.1.1　用户账号文件

Linux继承了UNIX传统的方法，把全部用户信息保存为普通的文本文件。用户可以通过对这些文件的修改来管理用户和组。

1. 用户账号文件——/etc/passwd

/etc/passwd 是一个简单的文本文件，添加新用户的时候，在/etc/passwd 文件里就会产生一个对应的设置项。这个文件就是通常所说的“口令文件”，该文件用于用户登录时校验用户的登录名、加密的口令、用户ID、默认的用户分组ID、GECOS（General Electric Comprehensive Operating System）字段、用户登录子目录以及登录后使用的shell。该文件中每一行保存一个用户的资料，而用户资料的每一个数据项之间采用冒号“：”分隔，格式如下：

```
jl:x:100:0:Jim Lane,ECT8-3, ,:/staff/ji:/bin/sh
```

1）登录名：注意它的唯一性，其长度一般不超过32个字符，它们可以包括冒号和换行之外的任何字符。登录名要区分大小写。放在/etc/passwd 文件的开头部分的用户是系统定义的虚拟用户 bin、daemon。

2）加密的口令：当编辑/etc/passwd 文件来创建一个新账号时，在加密口令字段的位置要放一个星号（*）。这个星号防止未经授权就使用该账号，直到设置了真实的口令为止。

3）UID：是 32 位无符号整数，它能表示从 0～4294967296 的值。因为和旧系统之间的互操作性问题，建议在可能的情况下将站点上的最大 UID 号限制在 32767。root 的 UID 为 0。虚拟登录名的 UID 号比较小。为了能够给将来可能添加的任何非真实用户提供足够的空间，一般从 100 或更高开始分配真实用户 UID。UID 在整个机构中是唯一的。

4）GID：组的 ID 是一个 32 位整数。GID 0 是给 root 的组保留的。GID 1 通常指的是名为“bin”的组，GID2 指的是“daemon”组。

5）GECOS 字段：通常用来定义每个用户的个人信息。

6）用户的登录子目录：每个用户都需要有地方保存自己的配置文件。这就需要让用户工作在自己定制的工作环境中以免改变其他用户的操作环境。这个地方就叫作用户登录子目录。当用户登录之后，他们就进入到自己的主目录中。如果登录时找不到用户的主目录，系统就会显示诸如“no home directory”的消息。要禁止没有主目录的用户登录，可以把/etc/login.defs 中的 DEFAULT_HOME 设置为 no。

7）登录 shell：用户上机后运行的 shell，默认情况下是/bin/bash。可以使用 chsh 命令来改变自己所用的 shell。文件/etc/shells 中包含了 chsh 命令允许用户选择使用的有效 shell 列表。Red Hat 会在所选的 shell 不在此列表中时发出警告。

用“cat”命令查看/etc/passwd 的内容如下：

```
[root@ localhost root]# cat /etc/passwd
root:x:0:0:root:/root:/bin/bash
bin:x:1:1:bin:/bin:/sbin/nologin
 daemon:x:2:2:daemon:/sbin/nologin
admin:x:3:4:adm:/var/admin/sbin/nologin
lp:x:4:7:lp:/var/spool/lpd:/sbin/nologin
sync:x:5:0:sync:/sbin:/sbin/sync
shutdown:x:6:0:shutdown:/sbin:/sbin/shutdown
halt:x:7:0:halt:/sbin:/sbin/halt
mail:x:812:mail:/var/spool/mail:/sbin/nologin
news:x:9:13:news:/etc/news:
uucp:x:10:14:uucp:/var/spool/uucp:/sbin/nologin
operatot:x:11:0:operator:/root: :/sbin/nologin
games:x:12:100:games:/usr/games:/sbin/nologin
gopher:x:13:30:gopher:/var/gopher:/sbin/nologin
ftp:x:14:50:FTP User：/var/ftp:/sbin/nologin
nobody:xL99:99:Nobody:/:/:/sbin/nologin
rpm:x:37:37::/var/rpm/sbin/nologin
vcsa:x:69:69:virtual console memory owner:/dev/sbin/nologin
sshd:x:74:74:privilege-seperated SSH:/var/empty/sshd:/sbin/nologin
rpc:x:32:32:portmapper RPC user:/:/sbin/nologin
rpcuser:x:29:29:RPC Service User:/var/lib/nfs:/sbin/nologin
```

```
nfsnobody:x:65534:65534:Anonymous NFS User:/var/lib/nfs:/sbin/nologin
mailnull:x:47:47::/var/spool/mqueue:/sbin/nologin
snmp:x:51:51:/var/spool/mqueue:/sbin/nologin
pcap:x:77:77:/var/arpwatch:/sbin/nologin
xfs:x:43:43:X:font server:/etc/X11/fs:/sbin/nologin
ntp :x :38 :38:/etc/ntp:/sbin/nologin
gdm :x :42 :42:/var/gdm:/sbin/nologin
user:x:500:500:/home/user:/bin/bash
```

其中有如下传统用户。

- bin：系统命令的传统属主。

在一些老 UNIX 系统上，bin 用户是包含系统命令的目录的属主，还是大多数命令本身的属主。如今这种账号经常被看作是多余的（或者甚至有些不安全），因此现代操作系统通常就只使用 root 账号了。

- daemon：无特权系统软件的属主。

为操作系统的一部分却不需要由 root 作其属主的文件和进程，有时可设定其为 daemon。其中的说法是，这种约定能有助于避免采用 root 作属主带来的危险。出于类似的原因，还有一个叫作“daemon”的组。和 bin 账号类似，大多数 Linux 发行商也不怎么用 daemon 账号。

- nobody：普通 NFS 用户。

网络文件系统使用 nobody 账号代表其他系统上的 root 用户用以进行文件共享。为了去掉远程 root 用户的特权，远程 UID 为 0 的用户必须被映射成本地 UID0 之外的某个用户。nobody 账号就充当了这些远程 root 用户的一般替身。由于要求 nobody 账号代表一个普通的、权力相对来说比较小的用户，因此这个账号不应该拥有任何文件。若它确实拥有文件的话，远程 roots 就可以控制它们。传统上给 nobody 用户的 UID 是–1 或者–2，在有些发行版本上仍然能看到这项约定，在这些发行版本上，nobody 用户的 UID 为 65534（–2 的 16 位二进制补码），其他发行版本则指派一个小编号 UID，类似任何别的系统用的登录账号，这样做更合理。

2．用户影子文件——shadow

由于/etc/passwd 是一个简单的文本文件，以纯文本显示加密口令的做法存在安全隐患。同时，由于/etc/passwd 文件是全局可读的，加密算法公开，恶意用户取得了/etc/passwd 文件，便极有可能破解口令。Linux/UNIX 广泛采用了“shadow 文件”机制，将加密的口令转移到/etc/shadow 文件里，该文件只可被 root 超级用户读取，同时/etc/passwd 文件的密文域显示一个 x，从而最大限度地减少了密文泄漏的机会。

shadow 文件的每行是 8 个冒号分隔的 9 个域，格式如下：

```
username：passwd：lastchg: min: max: warn: inactive: expire: flag
```

- 登录名。
- 加密后的口令。
- 上次修改口令的时间。
- 两次修改口令之间的最少天数。
- 两次修改口令之间的最大天数。若最大天数是 99999，则永远不过期。
- 在口令作废之前多少天，login 程序应该开始警告用户口令即将过期。

● 在达到了最大口令作废天数之后，登录账号作废之前必须等待的天数。
● 账号过期的天数。若该字段的值为空，则该账号永远不过期。
● 保留字段，目前为空。

例如，使用"cat"命令查看影子文件/etc/shadow 内容如下：

```
[root@ localhost root]# cat /etc/shadow
root: s1szq6cg17hsmd119hkoSFzViaVEir9sD:14259:0:99999:7:::
bin:*:14295:0:99999:7:::
adm:*:14295:0:99999:7:::
lp: *:14295:0:99999:7:::
sync: *:14295:0:99999:7:::
shutdown: *:14295:0:99999:7:::
halt: *:14295:0:99999:7:::
mail: *:14295:0:99999:7:::
news: *:14295:0:99999:7:::
uupc: *:14295:0:99999:7:::
operator: *:14295:0:99999:7:::
games: *:14295:0:99999:7:::
gopher: *:14295:0:99999:7:::
ftp: *:14295:0:99999:7:::
nobody: *:14295:0:99999:7:::
rpm:!!:14295:0:99999:7:::
vesa:!!:14295:0:99999:7:::
nscd:!!:14295:0:99999:7:::
sshd:!!:14295:0:99999:7:::
rpc:!!:14295:0:99999:7:::
rpcuser:!!:14295:0:99999:7:::
nfsnobody:!!:14295:0:99999:7:::
mailnull:!!:14295:0:99999:7:::
snmsp:!!:14295:0:99999:7:::
pcap:!!:14295:0:99999:7:::
xfs:!!:14295:0:99999:7:::
ntp:!!:14295:0:99999:7:::
gdm:!!:14295:0:99999:7:::
users:$1$E4unioDvihptmngp4mqa$ZICI:14295:0:99999:7:::
```

对最后一个用户信息进行解释，该信息表明的含义如下。

● 用户登录名 user。
● 用户加密的口令。
● 从 1970 年 1 月 1 日起到上次修改口令所经过的天数为 14295。
● 需要 0 天才能修改这个口令。
● "99999"表示该口令永不过期。
● 要在口令失效前 7 天通知用户，发出警告。
● 禁止登录前用户名还有效的天数，如果未定义用"："表示。
● 用户被禁止登录的时间，未定义用"："表示。

● 保留域，未使用，用“:”表示。

3．使用 pwck 命令验证用户文件

Linux 提供了“pwck”命令分别验证用户文件，以保证账号文件的一致性和正确性。Pwck 命令用来验证用户账号文件和影子文件的一致性，验证文件中的每个数据项中每个域的格式以及数据的正确性。如果发现错误，该命令将会提示用户删除错误的数据项。

该命令主要验证每个数据项是否具有正确的域数目、唯一的用户名、合法的用户和组标识、合法的主要组群、合法的主目录和合法的登录 shell。

域数目与用户名错误是致命的，需要用户删除整个数据项。其他的错误均为非致命的，需要用户修改，不一定要删除整个数据项。

下面介绍使用 pwck 命令的方法的步骤。

1）输入：

```
#cat /etc/passwd
```

2）输入：

```
#vi /etc/passwd
```

编辑该账号，加入不存在的数据项：“super:x:200:200:superman:/home/super:/bin/bash”。

3）输入：

```
#pwck   /etc/passwd   //执行验证工作，验证出系统不存在该 super 用户
```

再次编辑该系统账号，加入不正确的项：“super:x:200:200:superman:/home/super:”进行验证工作。

4）输入：

```
#pwck   /etc/passwd
```

上面执行的两次验证操作不一样，第 1 次并没有要求用户删除不正确的数据项，原因是数据项中的数据域的数目正确，只是不存在相关的用户信息，此时不会提示用户删除该信息。而第 2 次域的数目少了一个（本来应该有 7 项，只输入 6 项），是致命错误，系统提示用户删除数据项，用户确定删除后该文件验证才通过。同样地，也可以用该命令来验证文件的/etc/shadow 一致性。

5.1.2 添加用户

1．添加用户命令——useradd

功能是向系统中添加用户或更新创建用户的默认信息。

该命令的使用格式为：

```
useradd [选项] username
```

选项如下。

● -c comment：描述新用户账号，通常为用户全名。

● -d home-dir：设置用户主目录，默认值为用户的登录名，并放在/home 目录下。

- -e expire_day：用 YYYY-MM-DD 设置账号过期日期 expire_day。
- -f inactivity：设置口令失效时间。inactivity 值为 0 时，口令过期后账号立即失效（被禁用）；inactivity 值为–1 时，口令过期后账号不会被禁用。
- -g group-name：用户默认组的组名或组号码，该组在指定前必须存在。
- -G　组名：指定用户附加组。
- -m：主目录不存在则创建它。
- -M：不要创建主目录。
- -n：不要为用户创建用户私人组。
- -r：创建一个 UID 小于 500 的不带主目录的系统账号，即伪用户账号。
- -s：shell 类型，设定用户使用的登录 shell。
- -u　用户 ID：用户 UID，它必须是唯一的，且大于 499。

在 Linux 账号中可以分为超级用户、普通用户和伪用户。超级用户的 UID 为 0，普通用户的 UID 在 500～60000 之间，而且其操作权限受到限制。伪用户又叫系统用户，其 UID 在 1～499 之间，仅限制在本机登录。

2．设置密码命令——passwd

出于系统安全考虑，Linux 系统中每一个用户除了有用户名外，还有其对应的用户口令。因此，使用 useradd 命令增加用户时，还须用 passwd 命令为每一个新增加的用户设置口令。用户以后可以随时用 passwd 命令改变自己的口令。

该命令的使用格式为：

```
passwd　用户名
```

其中用户名为需修改口令的用户名，只有超级用户可以使用“passwd 用户名”来修改其他用户的口令，普通用户只能用不带参数的 passwd 命令修改自己的口令。

☞**提示：**

口令至少应该是 6 位，应该是大写字母、小写字母、标点符号和字母的混杂，而且尽量不要使用字典上的单词。

例如：

```
//建立一个用户名为 tom，描述信息为 Tom，用户组为 pyh，登录 shell 为 /bin/sh
//登录主目录为/home/pyh 的用户
 # useradd –r tom –c "Tom" –g pyh –s /bin/sh –d /home/pyh
//使用 passwd 命令给新添加用户 tom 设置密码
 # passwd tom
```

设置密码时需要输入两次口令，如果两次不匹配，系统会给出提示。如果输入的口令过于简单，系统也会给出提示。

又如，建立一个用户名为 jerry，描述信息为 jerry，用户组为 jerry，登录 shell 为/bin/csh，登录主目录为/home/jeffery，用户 ID 为 480，账户失效日期为 2016-12-31，使用如下命令：

```
# useradd –r jeffery –c "jeffery" –g jerry –s /bin/csh –d /home/jeffery –u　480 –e 2016-12-31
```

案例分解 1

1）新建一个 user1 用户，UID、GID、主目录均默认。

```
#useradd user1
```

2）新建一个 user2 用户，UID=800，其余默认。

```
#useradd user2 -u 800
```

3）新建一个 user3 用户，默认主目录为/abc，其余默认。观察这 3 个用户的信息有什么不同。

```
#useradd user3 –d /abc
```

用“cat”命令查看用户之间的不同。

4）分别为以上 3 个用户设置密码为 123456。

```
#passwd user1          //根据提示设置用户密码
#passwd user2          //根据提示设置用户密码
#passwd user3          //根据提示设置用户密码
```

☞注意：

当设置密码时，输入的密码并不显示在光标处，此时直接输入即可，输入完毕后按回车键。

5.1.3 修改用户信息

usemod 命令用于修改用户信息，其功能是用来修改使用者账号，具体修改信息和 useradd 命令所添加的信息一样。

该命令的使用格式为：

```
usermod  [选项] 用户名
```

选项如下。

- -l 新用户名 当前用户名：更改用户名。
- -d 路径：更改用户主目录。
- -G 组名：修改附加组。
- -L 用户账号名：锁定用户账号（不能登录）。
- -U 用户账号名：解锁用户账号。

例如：

```
//将用户 jeffery 组改为 super，用户 id 改为 5600
# usermod –g super –u 5600 jeffery
//将用户 jone 改名为 honey-jone，登录的 shell 改为/bin/ash，用户描述改为"honey-jone"
# usermod –l honey-jone –s /bin/ash –c "honey-jone" jone
```

☞提示：

usermod 不允许改变正在使用系统的账户。当“usermod”用来改变 user ID 时，必须确认该 user 没在系统中执行任何程序。

案例分解 2

5）把 user1 用户改名为 u1，UID 改为 700，主目录为/test，密码改为 123456。

```
# usermod –l u1 –u   700 –d /test   user1
# passwd u1   //修改用户口令
```

6）将用户 user3 的主目录改为/abc，并修改其附加组为 group2。

```
# usermod   -d   /abc   -G   group2   user3
```

7）锁定账号 user1，查看有什么变化，并解锁账号。

```
# usermod   -L   user1
# usermod   -U   user1
```

5.1.4 删除用户

userdel 命令的功能是用来删除系统中的用户信息。

该命令的使用格式为：

```
userdel   [选项] 用户名
```

选项如下。

-r：删除账号时，连同账号主目录一起删除。

例如：

```
//删除用户 tom，并且使用 find 命令删除该用户非用户主目录文件
# userdel   tom
# find / user tom exec   rm{}\
```

☞提示：

删除用户账号时非用户主目录下的用户文件并不会被删除，管理员必须使用“find”命令搜索删除这些文件。

案例分解 3

8）连同主目录一并删除账号 user3 用户。

```
#userdel –r user3
```

5.2 案例 2：用户组账号管理

【案例目的】通过该部分内容的学习，能够掌握组账号管理相关命令。

【案例内容】

1）建立一个标准的组 group1，GID=900。

2）建立一个标准组 group2，选项为默认，观察该组的信息有什么变化。

3）新建用户 ah、xh，再新建一个组 group3，把 root、u1、user2 用户添加到 group1 组中，把 ah、xh 添加到 group2 组。

4）把 group3 组改名为 g3，GID=1000。

5）查看 user2 所属于的组，并记录。

6）删除 user1 组与 g3 组，观察有什么情况发生。

【核心知识】用户组账号文件，组群的创建、修改和删除。

5.2.1 用户组账号文件

/etc/passwd 文件中包含着每个用户默认的分组 ID（GID），在/etc/group 文件中，这个 GID 被映射到该用户分组的名称以及同一分组中的其他成员。/etc/group 文件中含有关于小组的信息，/etc/passwd 的每个 GID 文件中应当有相应的入口项，入口项中列出了小组名和小组中的用户。这样可以方便地了解每个小组的用户，否则，必须根据 GID 在/etc/passwd 文件中从头至尾寻找同组用户，这提供了一个快捷的寻找途径。

1．用户组账号文件－group

/etc/group 文件包含了 Linux 组的名称和每个组中的成员列表。例如：

```
wheel：x：10：evi,garth,trent
```

每一行代表了一个组，其中包含以下 4 个字段。

- 组名。
- 被加密的口令（已被废弃，很少使用）。
- GID。
- 成员列表，彼此用逗号隔开（注意不要加空格）。

为了避免与厂商提供的 GID 发生冲突，一般从 GID100 开始分配本地组。

例如，使用 cat 命令显示/etc/group，部分信息如下：

```
[root@localhost root] # cat /etc/group
root:x:0:root
bin:x:1:root,bin,daemon
daemon:x:2:root,bin,daemon
sys:x:3:root.admin.daemon
adm:x:4:root,adm.daemon
tty:x:5:
disk:x:6:root
Lp:x:7:daemon,lp
Mem:x:8:
…
```

以上面文件中第 3 行作为例子，它说明在系统中存在一个 bin 用户组，信息如下。

- 用户分组名为 bin。
- 用户组口令已经加密用“x”表示。
- GID 为 1。
- 同组的组成员有 root，bin，daemon。

2．用户组账号影子文件——gshadow

如同用户账号文件的作用一样，组账号文件也是为了加强组口令的安全性，防止黑客对其实施暴力攻击，而采用的一种将组口令与组的其他信息相分离的安全机制，其格式如下：

- 用户组名。
- 加密的组口令。
- 组成员列表。

例如，用 cat 命令显示组影子文件/etc/gshadow 的部分内容如下：

```
[root@ localhost root] #cat /etc/gshadow
root:::root
bin:::root,bin,daemon
daemin:::root,bin,daemon
sys:::root,bin,adm
adm:::root,adm,daemon
tty:::
disk:::root
lp:::daemon,lp
…
```

3. 使用 grpck 命令验证组文件

与 pwck 命令类似，grpck 命令用来验证组账号文件（/etc/goup）和影子文件（/etc/gshadow）的一致性和正确性。该命令验证文件中每一个数据项中每个域的格式以及数据的正确性。如果发现错误，该命令将会提示用户删除错误数据项。

该命令主要验证每个数据项是否具有：

- 正确的域数目。
- 唯一的组群标识。
- 合法的成员和管理列表。

如果检查发现域数目和组名错误，则该错误是致命的，用户要删除整个数据项，其他的错误均为非致命的，将会需要修改，而不一定要删除整个数据项。

5.2.2 建立组

groupadd 命令功能是指定组群名来建立新的组账号，需要时可从系统中取出新的组值。

该命令的使用格式为：

```
groupadd  [选项] 用户组名
```

选项如下。

- -g GID：组 ID 值。除非使用-o 参数，否则该值必须唯一，并且数值不可为负。预设值最小不得小于 500 而逐次增加，数值 0～499 传统上是保留给系统账号使用的。
- -o：配合上面-g 使用可以设定不唯一的组 ID。
- -r：该参数用来建立系统账号即私有组账号。
- -f：新增一个已经存在的账号，系统会出现错误信息然后结束命令执行操作，此时不新增这个组群；如果使用-f，即使新增组群所使用的 GID 系统已经存在，结合使用-o 选项也可以成功创建组群。

在创建的组中有私有组和标准组。私有组是指创建用户时自动创建的组，标准组是可以包含多个用户的组。

例如：

```
//创建一个 GID 为 5000，组名为 mygroup1 的用户组
  # groupadd –g 5000 mygroup1
//再次创建一个 GID 为 5001，组名为 mygroup1 的用户组，由于组名不唯一，创建失败
  # groupadd –g 5001 mygroup1
    groupadd：group mygroup1 exists
//使用 -f  -o 选项，系统不提示信息，由于组名不唯一，创建仍然失败
  # groupadd  -g 5001 –f –o mygroup1
// 创建一个 GID 为 5000，组名为 superman 的用户组，由于组 GID 不唯一，创建失败
  #groupadd  -g 5000 superman
  groupadd:gid 5000 is not unique
// 使用-f 选项，则创建成功，系统将该 GID 递增为 5001
  #groupadd  -g 5000 –f superman
// 综合使用 -f  -o 选项，则创建成功，系统将该 GID 仍然设置为 5001
  # groupadd  -g 5000 –f  -o  superman
```

案例分解 1

1）建立一个标准的组 group1，GID=900。

```
#groupadd  -g  900   group1
```

2）建立一个标准组 group2，选项为默认，观察该组的信息有什么变化。

```
#groupadd  group2
```

用 cat 命令查看：

```
#cat  /etc/group
```

5.2.3 修改用户组属性

groupmod 命令的功能是修改用户信息。

该命令的使用格式为：

```
groupmod  [选项]  用户组名
```

选项如下。

- -g GID：组 ID。必须为唯一的 ID 值，除非用-o 选项。数字不可为负值。预设最小不得小于 99 而逐次递增，0～99 传统上是保留给系统账号使用的。
- -o：配合上面的-g 选项使用可以设定不唯一的组 ID 值。
- -n group_name：更改组名。

例如：

```
//将组 mygroup 的名称改为 mygroup-new
  # groupmod -n mygroup-new mygroup
//将组 mygroup-new 的 GID 改为 5005
  # groupmod  -g  5005  mygroup-new
```

//将组 mygroup-new 的 GID 改为 5005，名称改为 mygroup-old
```
# groupmod  –g  5005  –n  mygroup-old  mygroup-new
```

案例分解 2

1）新建用户 ah、xh，再新建一个私有组 group3，把 user1 用户添加到 group1 组中，把 ah、xh 添加到 group2 组：

```
#useradd ah
#useradd xh
#groupadd  -r group3
#usermod –G group1 user1                    //将 user1 添加到 group1 中
#usermod –G group2 ah;usermod-G group2xh    //将 ah,xh 两用户添加到 group2 中
```

2）把 group3 组改名为 g3，GID=1000：

```
#groupmod –g 1000  -n g3 group3
```

3）查看 user1 所属于的组，并记录：

```
#cat /etc/group
```

5.2.4 删除组群

groupdel 命令比较简单，其功能是用来删除系统中存在的用户组。

该命令的使用格式为：

```
groupdel 用户组名
```

例如：

//删除用户组 user
```
#groupdel user
```

☞提示：

如果有任何一个组群的用户在系统中使用并要删除的组为该用户的主分组的时候，不能删除该组群，必须先删除该用户后才能删除该组群。

案例分解 3

4）删除 user1 组与 g3 组，观察有什么情况发生。

```
#groupdel user1
#groupdel  g3
```

当用户 user1 存在，其所在的组不能删除。

5.2.5 添加/删除组成员

gpasswd 命令的功能是向指定组中添加用户或从指定组中删除用户。

该命令的使用格式为：

```
gpasswd  [ 选项]   组名
```

选项及含义如下。

- -a 用户名：向指定组添加用户。
- -d 用户名：从指定组中删除用户。

例如：

```
#gpasswd    -a   u1   root          //将 u1 用户添加到组 root 中
#gpasswd    -d   u1   root          //将 u1 用户从组 root 中删除
```

5.2.6 显示用户所属组

“groups”命令的功能是显示用户所属的组。

该命令的使用格式为：

```
groups   [ 用户名]
```

例如：

```
#groups                           //显示当前用户所属组
#groups   root                    //显示 root 用户的所属组
```

5.2.7 批量新建多个用户账号

作为管理员，有时需要新建多个账号，如果使用单个命令将非常费时费力，而通过预先编写用户信息文件和口令文件，利用 newusers 等命令，则可以批量添加用户账号。

例如，将新入学的 2016 级学生添加为 RHEL 5 计算机新用户，每个学生账号的用户名是“s+学号”的组合。他们都属于同一个组群 15students。可通过以下步骤完成。

1．创建公用组群 15students

[root@localhost ~]#groupadd –g 800 15students

2．编辑用户信息文件

使用任何一种文本编辑器输入用户信息，用户信息必须符合/etc/passwd 文件的格式，每一行内容为一个用户账号信息，即包含用户名、密码、用户 ID、组 ID、用户描述、用户主目录和用户使用的 shell 七项内容。每个用户账号和 UID 各不相同。编辑完成用户文件（假设文件名为“student.txt”）：

```
s20150101:*: 801:800::/home/s20150101:/bin/bash
s20150102:*: 801:800::/home/s20150102:/bin/bash
s20150103:*: 801:800::/home/s20150103:/bin/bash
s20150104:*: 801:800::/home/s20150104:/bin/bash
…
```

3．创建用户口令文件

使用任何一个文本编辑器输入用户名和口令信息。每一行内容为一个用户账号信息，用户名与用户信息文件相对应。假设学生的口令文件保存为“passwd.txt”，其内容如下：

```
S20150101:111111
S20150102: 111111
S20150103: 111111
```

S20150104: 111111
…

4．利用 newusers 命令批量创建用户账号

超级用户利用 newusers 命令批量创建用户账号，只需要把用户信息文件重定向给 newusers 程序，系统会根据文件信息创建新用户账号：

```
[root@localhost ~]#newusers<student.txt
```

如果命令执行规程中没有出现错误信息，那么查看/etc/passwd 就会发现有 student.txt 文件中用户名出现。系统还会在/home 目录中为每一个用户创建主目录。如图 5-1 所示。

图 5-1　批量创建用户账号

5．利用 pwunconv 命令暂时取消 shadow 加密

为了使口令文件中指定的口令可用，必须先取消原有 shadow 加密。超级用户利用 pwunconv 命令能将/etc/passwd 文件加密口令解密后保存在/etc/passwd 中，并删除/etc/shadow 文件：

```
[root@localhost ~]#pwunconv
```

解密后的文件如图 5-2 所示。

图 5-2　暂时取消 shadow 加密

6．利用 chpasswd 命令为用户设置口令

超级用户利用 chpasswd 命令能批量更新用户口令，只需把用户口令文件重定向给 chpasswd 程序，系统会根据文件中信息设置用户口令：

```
[root@localhost ~]#chpasswd<passwd.txt
```

如果没有出现任何错误信息，再次查看/etc/passwd 文件，会发现 passwd.txt 文件中的口令均出现在/etc/passwd 相应用户的口令字段。如图 5-3 所示。

图 5-3　为用户设置口令

7．利用 pwconv 命令恢复 shadow 加密

pwconv 命令的功能是将/etc/passwd 文件中口令进行 shadow 加密，并将口令保存在/etc/shadow 中：

```
[root@localhost ~]#pwconv
```

如图 5-4 所示。至此批量完成创建用户的所有操作。

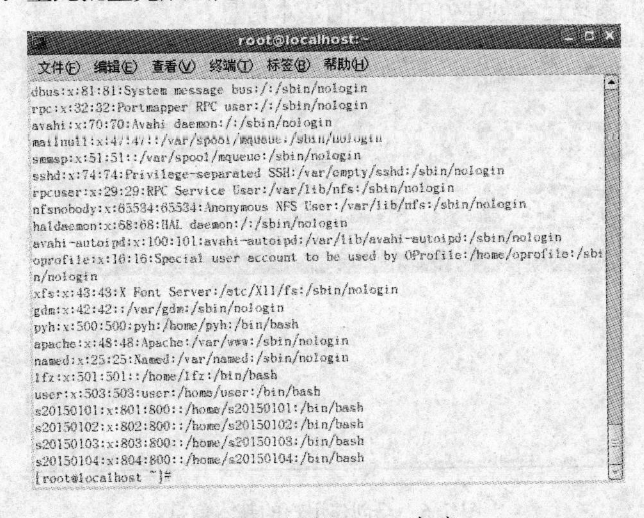

图 5-4　恢复 shadow 加密

5.3 桌面环境下管理用户和组群

相比于命令方式，图形用户界面方式具有管理简单、直观的优点。下面对该方式进行详细的介绍。

5.3.1 启动 Red Hat 用户管理器

在 Linux 中，通过图形界面来启动用户管理器：单击“系统”→“管理”→“用户和组群”菜单项。Linux 显示 Red Hat 用户管理器界面如图 5-5 所示。

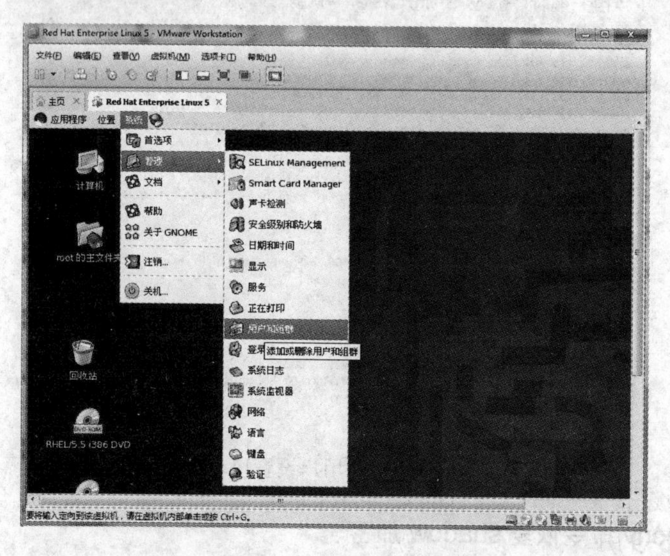

图 5-5 Red Hat 用户管理器界面

5.3.2 创建用户

启动了 Red Hat 用户管理器后，就可以方便地进行添加用户的操作了。如图 5-6 所示，该用户管理器显示了系统已经创建好的用户的基本信息。

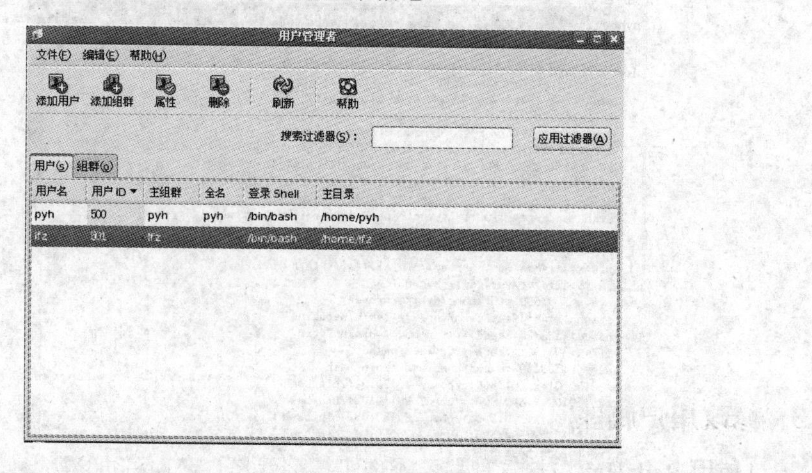

图 5-6 已创建用户的基本信息

下面使用用户管理器来创建系统的新用户，操作步骤如下。

1）单击 Red Hat 用户管理器中工具栏的“添加用户”按钮，Linux 显示“创建新用户”对话框，如图 5-7 所示。

2）在“创建新用户”对话框中填写需要添加的基本信息，包括用户名、全称、口令、确认口令、登录 Shell、用户 ID、主要组群和主目录。如图 5-8 所示。

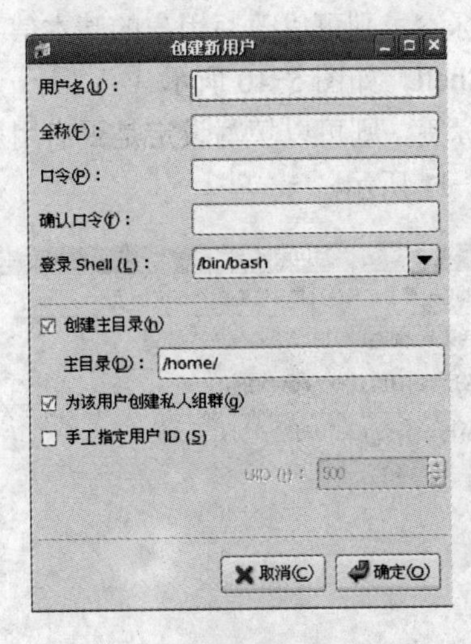

图 5-7 “创建新用户”对话框

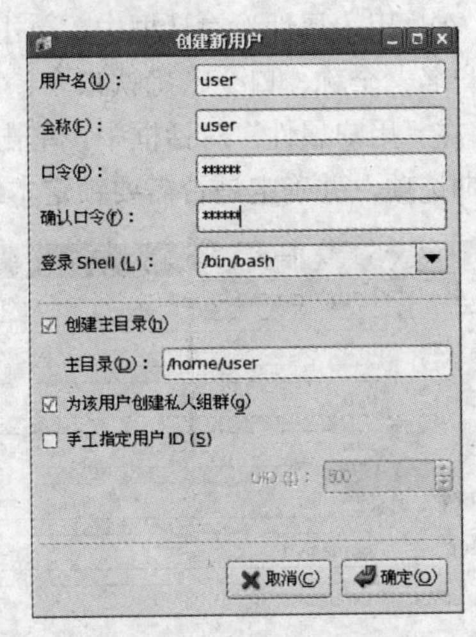

图 5-8 新用户信息

3）填写信息完毕后，单击“确定”按钮，添加用户操作成功。如果不想操作生效，单击“取消”按钮。通过查看用户管理器，可以清楚地看到，系统中已经添加了一个名为“user”的新用户。如图 5-9 所示。

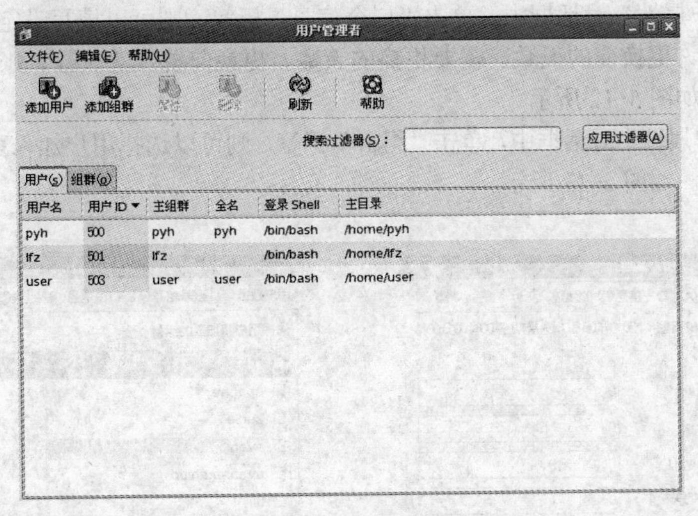

图 5-9 显示新用户

5.3.3 修改用户属性

通过使用 Red Hat 用户管理器，不但可以创建用户，而且可以方便地修改系统已有用户的相关属性，下面给出使用该管理器修改用户属性的操作步骤。

1）选定 Red Hat 用户管理器中“用户”标签下要修改的用户，则 Linux 将高亮显示被选的用户。

2）双击该用户区域或者单击工具栏中的“属性”按钮，则 Linux 显示“用户属性”对话框。

3）在“用户属性”对话框中，单击“用户数据”标签，则可以改写用户的基本信息，包括：用户名、全称、口令、确认口令、主目录和登录 Shell。如图 5-10 所示。

4）在“用户属性”对话框中，单击“账号信息”标签，则可以填写设定是否启用用户账号的过期选项，并确定是否需要锁定本地口令。如图 5-11 所示。

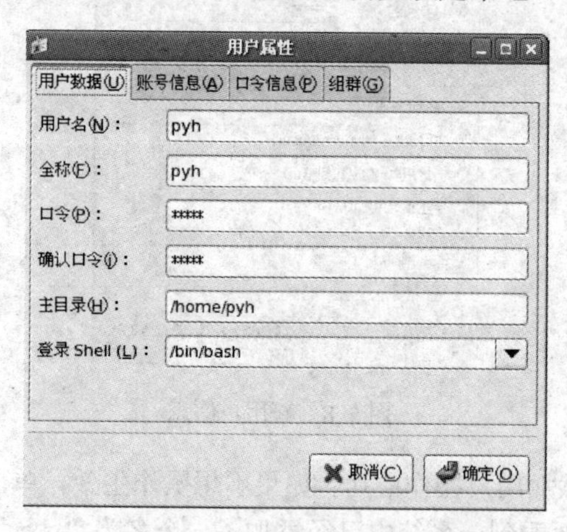

图 5-10　修改用户属性主界面

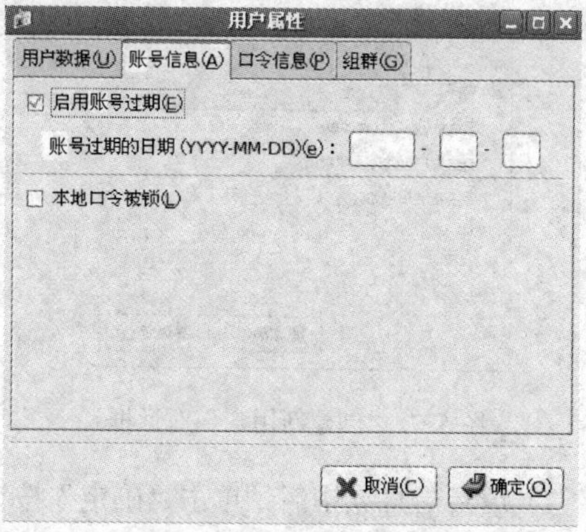

图 5-11　修改用户账号信息

5）在“用户属性”对话框中，单击“口令信息”标签，则可以填写设定是否启用口令过期，并设定被允许更换前的天数、需要更换的天数、更换前警告的天数、账号被取消激活前的天数等参数。如图 5-12 所示。

6）在“用户属性”对话框中，单击“组群”标签，则可以选择用户加入系统的哪个组群，并且设定主组群。如图 5-13 所示。

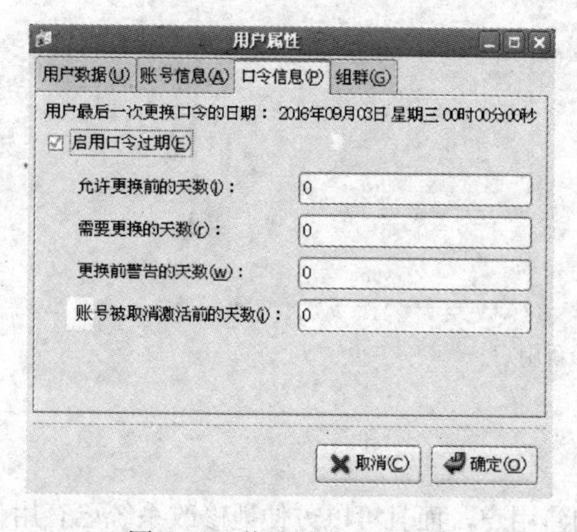

图 5-12　修改用户口令信息

图 5-13　修改用户组群信息示意图

7）改写信息完毕后，单击“确定”按钮，修改用户属性操作成功。如果不想使操作生效，则单击“取消”按钮。

5.3.4 创建用户组

如同创建用户一样，使用 Red Hat 用户管理器可以方便地添加用户组，如图 5-14 所示，该用户管理器中显示了系统已经创建的一些用户组的基本信息（包括组群名、组群 ID、组群成员）。

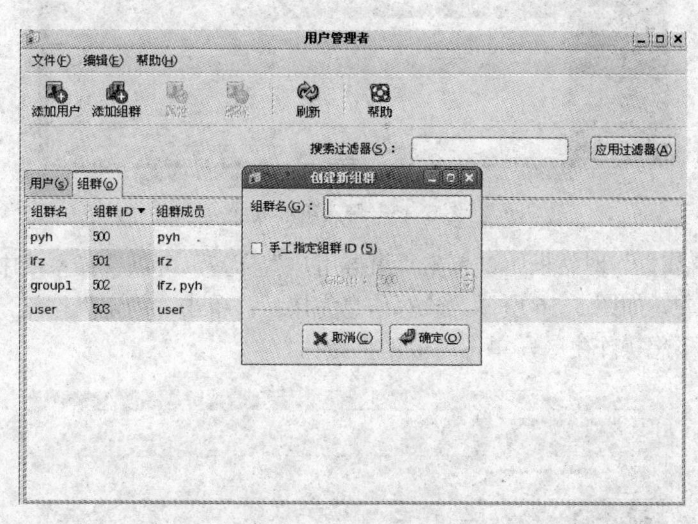

图 5-14 创建新组群

创建系统的用户组群操作步骤如下。

1）单击 Red Hat 用户管理器中工具栏中的“添加组群”按钮，则 Linux 显示“创建新组群”对话框，如图 5-14 所示。

2）在“创建新组群”对话框中填写需要添加的用户组群的基本信息，包括组群名、是否手工指定组群 ID 以及 GID。

3）填写信息完毕后，单击“确定”按钮，则添加用户组群操作成功。如果不想操作生效，则单击“取消”按钮。

5.3.5 修改用户组属性

在 Red Hat 用户管理器中，修改用户组属性如同创建用户组群一样，也是一件比较简单的工作，下面介绍该操作的基本步骤。

1）选定 Red Hat 用户管理器中“组群”标签下需要修改的组群，则 Linux 将高亮显示该被选组群。

2）双击该用户区域或者单击工具栏中的“属性”按钮，则 Linux 显示“组群属性”对话框。

3）在“组群属性”对话框中，单击“组群数据”标签，则可以改写用户组群名称，如图 5-15 所示。

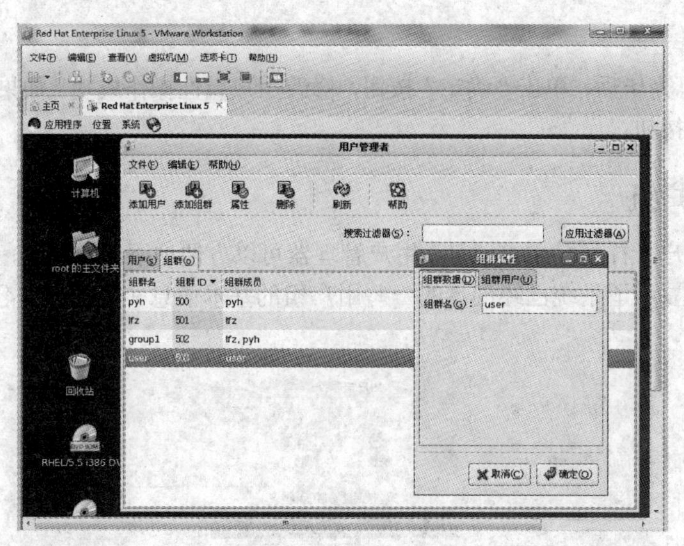

图 5-15　修改组群数据

4）在“组群属性”对话框中，单击“组群用户”标签，可以选择系统中存在的任意用户加入到该组群当中，如图 5-16 所示。改写信息完毕后，单击“确定”按钮，则修改用户属性操作成功。如果不想操作生效，单击“取消”按钮。

图 5-16　修改组群用户

5.4　案例 3：权限管理

【案例目的】通过权限管理的学习，掌握文件、目录的权限表示方法以及不同用户对文件或目录的权限的设置方法。

【案例内容】

1）用 root 用户登录，在根目录下新建一目录 test，设置文件的权限，当用户 u1 登录时，能进入到/test 目录之中，并能建立属于 u1 用户的文件；当用户 xh 登录时，只能进入到/test

目录中，但不能建立属于 xh 用户的文件。

2）以 root 身份登录，在 test 目录下新建一个文件 ff 与目录 dd，观察新建文件及目录的权限，进行一定的设置，让新建的目录具有写与执行的权限。

3）进行设置，把文件的所属用户变为 ah 用户，同时把目录 dd 的权限设具有读、写、执行的权限。

4）用 ah 用户登录，观察对 dd 的操作情况。

【核心知识】权限的表示方法以及权限的设定方法。

5.4.1 文件和目录的权限管理

文件/目录权限是一种限制用户对文件或目录操作的规则。文件和目录的访问权限分为读、写和可执行 3 种。对文件而言，读权限表示只允许读其内容，禁止对其做任何的更改操作；写权限允许对文件进行修改；可执行权限表示允许将该文件作为一个程序执行。

文件被创建时，文件所有者自动拥有对该文件的读、写和可执行权限，以便于文件的阅读和修改。对目录而言，读权限是检查目录内容；写权限是指改变目录内容，在目录中建立子目录和新文件；执行权限是指可以使用 cd 命令进入目录。用户可以根据需要把访问权限设置为需要的任何组合。

有 3 种不同类型的用户可以对文件或目录进行访问：文件所有者、同组用户和其他用户。文件所有者一般是文件的创建者，它可以授权同组用户访问文件，还可以将文件的访问权限赋予系统中其他用户。在这种情况下，系统中每一位用户都能访问该用户拥有的文件和目录。

每一个文件或目录的访问权限都有 3 组，每组用 3 位表示，分别为：文件属主的读、写和执行权限；与属主同组的用户的读、写和执行权限；系统中其他用户的读、写和执行权限。当用 ls –l 显示文件或目录的详细信息时，最左边的一列为文件的访问权限。例如：

```
[root@localhost～]# ls –l pyh.tar.gz
-rw-r--r--    1 root    root    13297   9 月   18 09:31 pyh.tar.gz
```

横线代表不具有该权限。r 代表读，w 代表写，x 代表可执行。这里共有 10 个位置。第 1 个字符指定了文件类型，第 1 个字符是横线表示一个普通文件；d 表示一个目录；l 表示符号链接文件；c 表示字符设备文件；b 表示块设备文件。后面的 9 个字符表示文件的访问权限，分为 3 组，每组 3 位：第 1 组表示文件属主的权限为读写权限；第 2 组表示同组用户的权限，为只读权限；第 3 组表示其他用户的权限，为只读权限。

5.4.2 权限的设置方法

1. 使用 chmod 命令改变文件或目录的访问权限

权限的设置方法有两种，一种是包含字母和操作表达式的文字设置法；另一种是包含数字的数字设置法。

chmod 命令的功能是设置用户的文件操作权限。

（1）文字设置方法

```
chmod [ 操作对象] [ 操作符] [ 权限]     文件名
```

1）操作对象。

- u 表示用户，即文件或目录的所有者。
- g 表示同组用户，即与文件属主有相同组 ID 的所有用户。
- o 表示其他用户。
- a 表示所有用户。

2）操作符号。

- + 表示添加某个权限。
- - 表示取消某个权限。
- = 表示赋予给定权限并取消其他所有权限。

3）权限组合。

- r-- 表示读。
- -w- 表示写。
- --x 表示可执行。
- rw- 表示可读可写。
- -wx 表示写和执行。
- r-x 表示读和执行。
- rwx 表示读写和执行。
- --- 表示没有任何权限。

例如：

```
# chmod   o+w   /home/abc.txt          //对 home/abc.txt 的其他用户添加写权限
# chmod   u-w   /home/abc.txt          //对 home/abc.txt 的属主用户取消写权限
# chmod   o-rx   /home/abc.txt         //对 home/abc.txt 的其他用户取消读和执行权限
# chmod   o=rx   /home/abc.txt         //对 home/abc.txt 的其他用户赋予读和执行权限
```

又如，对文件 pyh.tar.gz 同组和其他用户增加写权限，用如下命令：

```
# chmod g+w,o+w pyh.tar.gz
```

☞**提示：**

在一个命令行中可给出多个权限方式，其间用逗号隔开。

（2）数字设置方法

```
chmod   [权限值]  文件名
```

数字属性的格式应为 3 个 0～7 的八进制数，其顺序是（u）（g）（o）。数字表示法与文字表示法功能等价，只不过比文字更加简便。数字表示的属性含义为：4 表示可读；2 表示可写；1 表示可执行；7 表示可读、写和可执行；6 表示可读可写；5 表示可读和执行；3 表示写和可执行；0 代表没有权限。

例如，/home/abc.txt 文件的属主用户具有可读可写，同组用户可读可写，其他用户可读：

```
# chmod   664   /home/abc.txt
```

又如，对文件 pyh.tar.gz 属主用户具有读写和执行权限，同组用户具有读和执行权限，其他用户没有任何权限。使用如下命令：

```
# chmod 750 pyh.tar.gz
```

案例分解 1

1）用 root 用户登录，在根目录下新建一目录 test、用户 u1 和 u2，设置文件的权限。当用户 u1 登录时，能进入到/test 目录之中，并能建立属于 u1 用户的文件；当用户 u2 登录时，只能进入到/test 目录中，但不能建立属于 u2 用户的文件。

分析：u1 用户对目录/test 有写和执行的权限，u2 用户对目录/test 只有执行的权限。

对于超级用户，由于目录默认情况下的权限为 755、文件为 644，所以可以把 u1、u2 加入和 root 用户相同的组，u2 加入到其他组。

```
# mkdir /test
# useradd u1
# useradd u2
# groupmod –G root   u1
# chmod   g-r,g+w, o-r   /test/dd/      //修改/test/dd/的权限
```

2）以 root 身份登录，在 test 目录下新建一个文件 ff 与目录 dd，观察新建文件及目录的权限，进行一定的设置，让新建的目录具有写与执行的权限。

```
#   cd   /test
#   touch ff
#   mkdir dd
#   ls –l ff
#   cd dd
#   ls –l dd
#   chmod 300 /test/dd   //数字设定法
```

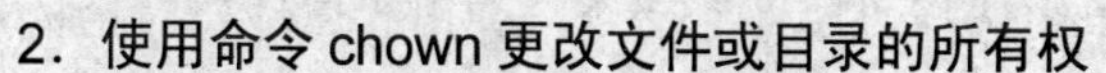

2．使用命令 chown 更改文件或目录的所有权

该命令的功能是改变文件拥有者。

该命令的使用格式为：

```
# chown   <用户名> <文件名>
```

例如：

```
# chown   user1    f1
```

案例分解 2

3）进行设置，把文件的所属用户变为 u2 用户，同时把目录 dd 的权限设具有读、写、执行的权限。利用 u2 用户登录，来观察对 dd 的操作情况。

```
# chown   u2   /test/dd/
# su u2                    //切换用户
# chmod 700   /test/dd/
# cd   /test/dd            //进入到目录/test/dd/
# mkdir tt                 //可以任意创建目录
```

3．chgrp 命令

该命令的功能是更改文件所属的组。

该命令使用格式为：

chgrp <组名称 > <文件名>

例如：

chgrp ahxh /home/abc.txt

4．umask 命令

该命令功能是设置权限掩码（决定新建文件的权限）。umask 指定了创建目录或文件时，默认需要取消的权限。目录默认情况下的权限是 777，文件默认情况下的权限是 666。新创建的目录默认权限为 777-umask，文件默认权限为 666-umask。比如设置 umask 为 000，重新创建一下目录和权限，可以看到目录 test 的权限被设置为 777，文件 test.txt 的权限被设置为 666。

该命令格式为：

umask 权限值

例如：

umask 0044

☞提示：

超级用户默认掩码值为 0022，普通用户默认为 0002。

5.4.3 桌面环境下的权限管理

在桌面环境下右击文件，在快捷菜单中选择“属性”命令，弹出“属性”对话框，如图 5-17 所示。在“基本”选项卡中可以修改文件的名称；在“徽标”选项卡中可以改变文件的图标；在“打开方式”选项卡中可以选择、添加文件的打开方式；在“权限”选项卡中，可以看到文件的所有者及访问权限，文件所属群组及访问权限和其他用户的访问权限，如图 5-18 所示。在该选项卡中单击“群组”下拉列表可以修改文件所属的群组，单击对应的“访问”下拉列表可以修改文件所有者、所属群组以及其他的访问权限。

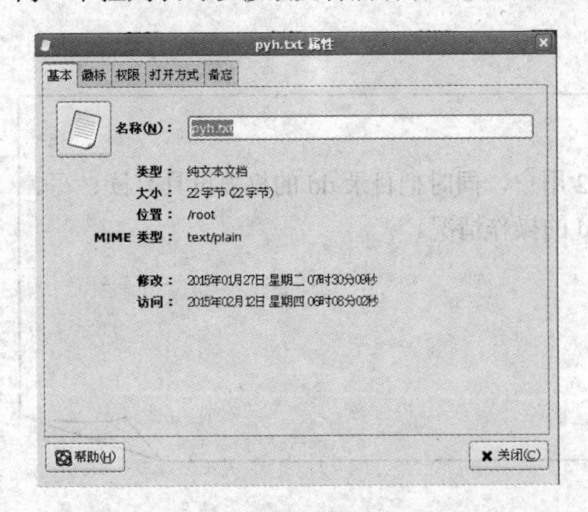

图 5-17 “属性”对话框的“基本”选项卡

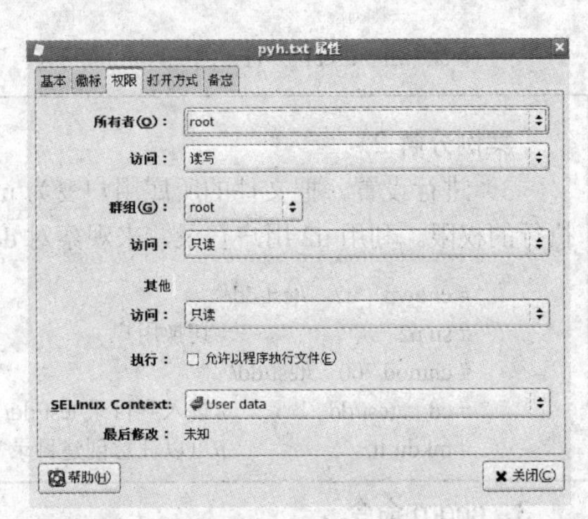

图 5-18 “属性”对话框的“权限”选项卡

5.5 上机实训

1）以自己姓名的英文缩写来创建一个用户，以自己的班级来创建一个组。再创建一个用户 test。把用户的密码分别设为“ahxhcjy”，把自己的用户加入到班组内，把 test 用户加入到 root 组内。

2）以 root 身份登录，在根目录下，创建一个目录 ahxh，并在该目录下新建一个文件及子目录。

3）设置 ahxh 目录权限，以自己的用户登录，能查看 ahxh 目录里面的内容，能进入到该目录之中，但不能在该目录下创建新的文件；以 test 用户登录，能进入到 ahxh 目录中，但不能创建新的文件。

5.6 课后习题

一、选择题

1．root 用户和普通用户相比新建普通文件的默认权限分别是（　　）。

A．644 和 666　　B．740 和 666　　C．644 和 664　　D．644 和 666

2．root 用户和普通用户相比新建目录的默认权限分别是（　　）。

A．744 和 766　　B．740 和 766　　C．755 和 775　　D．744 和 766

3．要给所有的人读取权限，用数字（　　）表示。

A．441　　B．444　　C．222　　D．111

4．root 用户的 UID 和 GID 为（　　）。

A．2 和 0　　B．0 和 0　　C．1 和 0　　D．500 和 500

5．创建一个用户，指定用户的自家目录，参数为（　　）。

A．-u　　B．-d　　C．-g　　D．-M

6．如果现在要新增一个用户叫 china，则用（　　）命令。

A．adduser china　　B．useradd china　　C．mkdir china　　D．vi china

7．以下文件中，保存用户账号信息的是（　　）。

A．/etc/users　　B．/etc/shadow　　C．/etc/passwd　　D．/etc/fstab

8．以下文件中，保存组群账号信息的是（　　）。

A．/etc/gshadow　　B．/etc/shadow　　C．/etc/passwd　　D．/etc/group

9．以下文件中，保存用户账号加密信息（　　）。

A．/etc/users　　B．/etc/shadow　　C．/etc/passwd　　D．/etc/fstab

10．为了修改文件 test 的许可模式,使其文件属主具有读、写和运行的权限，组和其他用户可以读和运行，可以采用的方法的（　　）。

A．chmod　755　test　　B．chmod　700　test

C．chmod　ux+rwx　test　　D．chmod　g-w　test

11．使用 chmod 命令修改文件权限时，可以使用的有关用户的选项参数有（　　）。

A．g　　B．u　　C．a　　D．o

12．将/目录下的 www 文件权限改为仅主用户有执行的权限，其他人都没有的命令是（　　）。

A．chmod 100 /www　　B．chmod 001 /www

C．chmod u+x ,g-x,o-x /www　　D．chmod o-x,g-x,u-x /www

13．/etc/passwd 文件中包含的信息有（　　）。

A．uid　　B．gid　　C．用户主目录　　D．shell

14．统计显示 Linux 系统中注册的用户数量（包含系统用户）的命令是（　　）。

A．account -l　　B．wc --users　/etc/passwd

C．wc　/etc/passwd　　D．nl /etc/passwd

15．下面命令中，可以删除一个名为 tom 的用户同时删除其用户主目录的是（　　）。

A．rmuser tom　　B．userdel tom

C．userdel –r tom　　D．deluser–r tom

二、问答题

1．创建一用户 user，设置其口令为“abc123”，并加入到组 group（假设 group 组已存在）。请依次写出相应执行的命令。

2．以自己姓名的英文缩写来创建一个用户，UID=900，其余默认；创建组名为 usergroup，GID=800 的用户组；把新创建的用户加入到附加组 usergroup 组内，修改新建用户的用户名为 newuser；修改组 usergroup 的组名为 usergroup-new，GID=1000。请依次写出相应执行的命令。

3．在根目录下有一个目录 newdir，设置 newdir 目录的权限，属主用户有读、写、执行的权限，同组用户有读和执行的权限，其他用户没有任何权限。请依次写出相应执行的命令。

4．以 root 身份登录，在根目录下，创建一个目录 newtest，并在该目录下新建一个文件及子目录，设置 newtest 目录的权限，使其以 newuser 用户登录，能查看 newtest 目录里面的内容，并能进入该目录之中，但不能在该目录下创建新的文件；以 test 用户登录，只能查看目录内容，不能进入 newtest 目录中，也不能在 newtest 中创建新的文件。请依次写出相应执行的命令。

第6章　软件包的管理

Linux 操作系统提供了 RPM 软件包的管理，可完成软件包的查询、安装、卸载、升级和验证。同时还提供了多种文件压缩的工具，使用户可以对某些文件进行压缩，以减少文件占用的硬盘空间和方便网络传输。并且，Linux 还提供了对文件打包的功能，用户可以使用其将若干文件或目录打包成一个软件包。下面将详细介绍 Red Hat Enterprise Linux Server 5 下各种常见的软件包管理方式。

6.1　案例1：RPM 软件包的管理

【案例目的】掌握 Linux 下多种服务的查询、安装以及卸载。

【案例内容】

1）查询所用机器中安装的软件。

2）查询 FTP、Samba、Apache、DHCP、DNS 及 MySQL 服务器的安装情况。

3）如果没有安装则进行安装，如安装 Apache 服务器。

【核心知识】RPM 软件包的查询、安装、卸载等使用方法。

6.1.1　管理 RPM 包的 shell 命令

RPM（Red Hat Package Manager）是 Red Hat 公司发行的一种包管理方法。该工具包由于简单、操作方便，可以实现软件的查询、安装、卸载、升级和验证等功能，为 Linux 使用者节省了大量空间，所以被广泛应用于 Linux 下的安装、删除软件。RPM 包通常具有类似 foo-1.0-1.i386.rpm 的文件名，文件名包含名称（foo）、版本号（1.0）、发行号（1）和硬件平台（i386）。RPM 的详细使用说明可以在 Linux 终端执行“man rpm”命令显示出来。

1．查询 RPM

该命令格式为：

```
#rpm –q[ 其他选项] ［详细选项］［软件包名称］
```

其他选项如下。

- a：查询已安装的所有软件包。
- f　文件（全路径）：查询指定文件所属的软件包。
- i　软件包名称：查询已安装软件包的详细信息。
- l　软件包名称：查询已安装软件包所包含的所有文件。

例如：

```
[root@localhost～]#rpm –q    bind                      //查询软件包名为 BIND 的软件是否安装
[root@localhost～]#rpm –qa                             //查询已安装的所有软件包
[root@localhost～]#rpm –qf    /etc/named.conf          //查询/etc/named.conf 文件所属的 RPM 包
[root@localhost～]#rpm –qi bind                        //查询已安装软件包 BIND 详细信息
[root@localhost～]#rpm –ql bind                        //查询已安装软件包 BIND 所包含的所有文件
```

案例分解 1

1）查询所用机器中安装的软件。

```
[root@localhost ~]#rpm –qa
```

2）查询 FTP、Samba、Apache、DNS、DHCP 和 MySQL 服务器的安装情况。

```
[root@localhost ~]#rpm –qa|grep vsftpd
[root@localhost ~]# rpm –qa|grep samba
[root@localhost ~]# rpm –qa|grep httpd
[root@localhost ~]# rpm –qa|grep bind
[root@localhost ~]# rpm –qa|grep dhcp
[root@localhost ~]# rpm –qa|grep mysql
```

从图 6-1 中我们看到，FTP、Samba、Apache、DNS、DHCP 服务器都已安装，MySQL 服务没有安装。

图 6-1　查询软件安装情况

2．RPM 包的安装

使用的命令格式为：

```
#rpm –ivh　［详细选项］　软件包名称
```

其中，-ivh 表示安装 rpm 包且显示安装进度。

详细选项及含义如下。

- --test：表示测试安装并不实际安装。
- --prefix= 路径：指定安装路径。
- --nodeps：忽略包之间的依赖关系。

例如：

```
[root@localhost～]#rpm –ivh　foo-1.0-1.i386.rpm　　　　//安装软件 foo
```

```
[root@localhost~]#rpm –ivh    --nodeps    bind-9.0-8.i386.rpm
        //忽略包之间的关系安装 DNS 服务
```

RPM 包的安装方式主要包括如下几种。

1）普通安装。普通安装是使用最多的安装方式，通过采用安装参数 ivh，显示附加信息和以符号#显示安装进度，如：

```
//安装当前目录下的 xplns-elm 软件包，显示安装过程的详细信息，用#表示安装进度
[root@localhost~]# rpm –ivh xplns-elm-3.3.1-1.i386.rpm
Preparing…    ########################################################## [100%]
1:xplns-elm   ########################################################## [100%]
```

2）测试安装。用户对安装不确定时可以先使用该种安装方式，此种方式开始时并不实际安装，无错误信息显示后再真正实际安装。如：

```
[root@localhost~]#rpm –i    --test xplns-elm-3.3.1-1.i386.rpm
```

3）强制安装。强制安装软件，会忽略软件包之间的依赖关系以及文件的冲突。若对软件包之间的依赖关系很清楚，而且确实要忽视文件的冲突，可以选择强制安装。如：

```
[root@localhost~]#rpm –ivh --force xplns-elm-3.3.1-1.i386.rpm
```

3．安装过程中可能出现的问题

1）重复安装。执行安装命令后，提示已经安装，报错。若想忽略错误信息，继续安装，可以使用如下命令：

```
[root@localhost~]#rpm –ivh    --replacepkgs    xplns-elm-3.3.1-1.i386.rpm
```

2）文件冲突。若用户要安装的软件包中有一个文件已经在安装其他软件包时安装过了，会出现冲突提示信息，提示与已安装文件冲突，报错。若想忽略错误信息，继续安装，可以使用如下命令：

```
[root@localhost~]#rpm –ivh    --replacefiles    xplns-elm-3.3.1-1.i386.rpm
```

3）依赖关系。RPM 软件包可能依赖于其他软件包，即要求在安装了特定的软件包之后才能安装该软件包。如果在用户安装某个软件包时存在这种未解决的依赖关系，会产生错误信息："失败的依赖"。

```
[root@localhost~]#rpm –ivh bar-1.0-1.i386.rpm
failed dependencies：foo is needed by bar-1.0-1
```

可以使用如下命令：

```
[root@localhost~]#rpm –ivh    --nodeps bar-1.0-1.i386.rpm
```

即使这样做了，安装后的软件也不一定就可以使用。

案例分解 2

3）安装 apache 服务器。

```
[root@localhost root]# rpm –ivh httpd-2.2.3-43.el5.rpm
```

4．RPM 包升级安装

使用的命令格式为：

```
#rpm –Uvh ［详细选细］软件包名称
```

其中，-Uvh 表示升级安装且显示安装进度（U 一定要大写，Linux 下严格区分大小写）。升级安装详细选项与安装的相同。

例如：

```
[root@localhost～]#rpm –Uvh    bind-10.1-1.i386.rpm    //更新系统中的 DVS 服务软件包
```

5．卸载 RPM 包

使用的命令格式为：

```
#rpm    -e    [详细信息]  软件名称
```

其中，-e 表示卸载软件包。

详细选项及含义如下。

● --nodeps：忽略包之间的依赖关系。

例如：

```
[root@localhost～]#rpm –e bind                        //卸载 DNS 服务
[root@localhost～]#rpm –e -nodeps vsftpd              //强制卸载 FTP 服务
```

☞提示：

这里使用的是软件包的名称，而不是软件包的文件名。

强制卸载忽略了软件包的依赖关系，会使依赖于该软件包的程序可能无法运行。

6．RPM 软件包的验证

验证软件包是通过比较已安装的文件和软件包中的原始文件信息来进行的。验证过程中会比较文件的尺寸、MD5 校验码、文件权限、类型、属主和用户组等。

命令格式如下。

验证单个包：

```
[root@localhost～]#rpm –V package-name
```

验证包含特定文件的包：

```
[root@localhost～]#rpm –Vf    /bin/vi
```

验证所有已安装的软件包：

```
[root@localhost root]#rpm –Va
```

根据 RPM 文件来验证软件包（用户担心 RPM 数据库已被破坏）：

```
[root@localhost root]#rpm –Vp xplns-elm-3.3.1-1.i386.rpm
```

6.1.2　桌面环境下 RPM 包的管理

在 Linux 的登录界面下，单击“应用程序”→“添加/删除软件”，如图 6-2 所示。

图 6-2　Linux 登录界面

出现检查系统中软件包状态画面，检查过后进入软件包管理者界面，如图 6-3 所示。在该界面下可以看到所有安装的软件包，通过选择按钮，可以查看已安装软件包和可用软件包列表。在每个选项前面都有一个小方块，有对勾说明该项已经安装了；去掉对勾，然后单击“应用”按钮即可实现卸载。

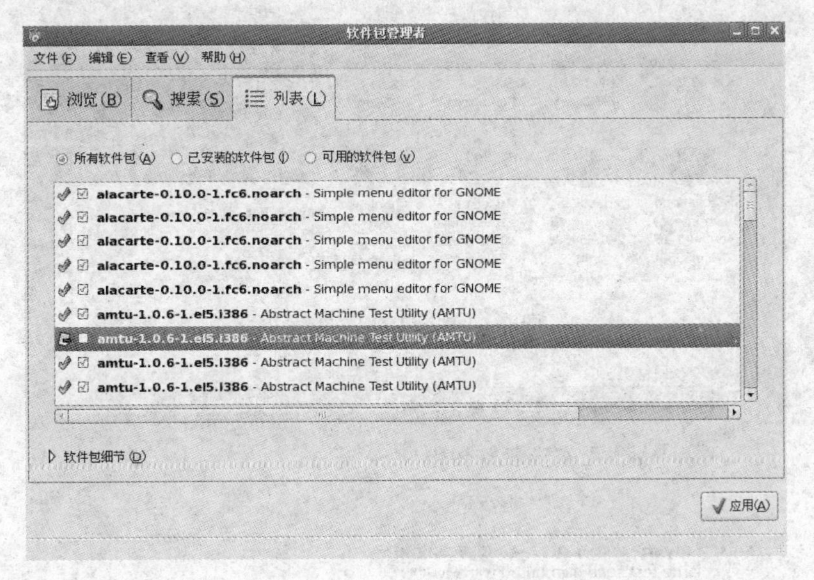

图 6-3　软件包管理者界面

选择“搜索”选项卡，输入要搜索的软件名称，相关的安装软件即可出现，如图 6-4 所示。同样去掉对勾，单击“应用”按钮，也能实现卸载。

如果想安装 RPM 软件包，在文件浏览器中右击 RPM 文件，在弹出的菜单中选择“用‘软件包安装工具’打开”命令，如图 6-5 所示。弹出“正在安装软件包”对话框，如图 6-6 所示，单击“应用”按钮进行安装。

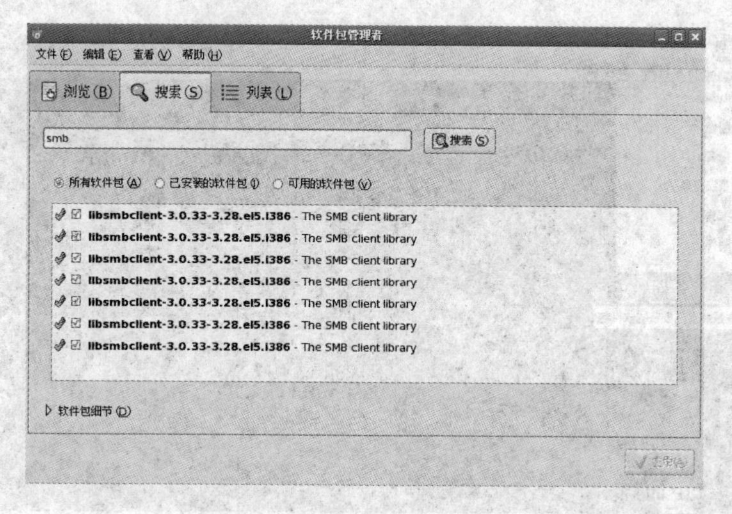

图 6-4　软件包搜索界面

图 6-5　安装 RPM 右键菜单

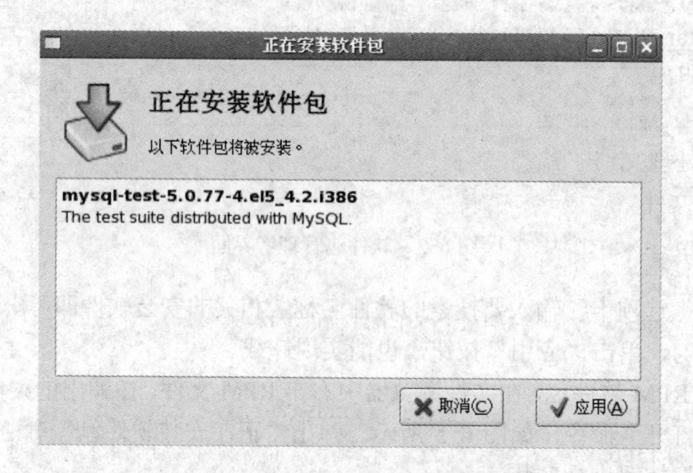

图 6-6 "正在安装软件包"对话框

6.2 案例 2：归档/压缩文件

【案例目的】使用 tar 命令完成文件的打包，能够在文件包中添加文件、显示包文件和从包中删除文件。

【案例内容】

1）用 tar 命令归档/myfile 目录下的文件，指明创建文件并列出详细过程，文件名为 myfiles.tar。

2）把文件 file1，file2 打包为 archive.tar。

3）从打包文件 myfile.tar 中取出文件。

4）创建 file3 并追加到名称为 myfiles.tar 文件。

【核心知识】tar 命令及其相关选项。

6.2.1 归档/压缩文件的 shell 命令

tar 命令是 Linux 下最常用的文件打包工具，可以将若干文件或若干目录打包成一个文件，既有利于文件管理，也可方便地压缩和网络传输文件。利用 tar 命令可以为文件或目录创建档案，也可以在档案中改变文件，或者向档案中加入新文件。

1. 创建 tar 文件

命令格式为：

```
tar [主选项+辅助选项] 文件或目录
```

主选项说明如下。

- -c：创建一个新的 tar 文件。
- -r：在 tar 文件尾部追加文件。
- -t：显示 tar 文件内容。
- -u：更新 tar 文件。
- -x：从 tar 文件中取出文件。
- -delete：从 tar 文件中删除文件。
- -d：比较 tar 文件或文件系统的不同之处。

辅助选项说明如下。

- -f：使用 tar 文件。
- -v：显示处理文件的详细信息。
- -X：排除文件集合。
- -z：用 gzip 压缩或解压文件。
- -C：改变目录。

创建一个 tar 文件主要适用参数 c，并指明创建 tar 文件的文件名。下面假设当前目录下有 smart 和 xplns 两个子目录以及 cpuinfo.txt、smart.txt、tar.txt、tar-create.txt 四个文件，smart 目录下有 smartsuite-2.1-2.i386.rpm 文件，xplns 目录下有 xplns-cat-3.3.1-1.i386.rpm、xplns-elm-3.3.1.i386.rpm 和 xplns-img-3.3.1-1.i386.rpm 三个文件。用“ll –r”命令显示当前目录下的文件信息如下：

```
[root@localhost～]# ls   –l   ./*
```

```
-rwx------  1  root   root   7433    4月 12   21：25  ./tar.txt
-rwx------  1  root   root    226    4月 12   21：25  ./tar-create.txt
-rwx------  1  root   root     26    4月 12   21：25  ./smart.txt
-rwx------  1  root   root     26    4月 12   21：25  ./cpuinfo.txt

./ xplns
总用量 1613
-rwx------  1  root   root   793828    4月 12   21：26   xplns-img-3.3.1-1.i386.rpm
-rwx------  1  root   root   572471    4月 12   21：26   xplns-elm-3.3.1-1.i386.rpm
-rwx------  1  root   root   1933576   4月 12   21：26   xplns- cat-3.3.1-1.i386.rpm

./smart
总用量 17
-rwx------   1  root   root   34475   4月 12   21：25  smartsuite-2.1-2.i386.rpm
```

例如，把当前目录下的所有文件打包成 aaa.tar 文件，命令如下：

```
// c 指明创建 tar，v 显示处理文件详细过程，f 指明创建文件
[root@localhost～]# tar   -cvf   aaa.tar   ./*
. /cpuinfo.txt
. /smart
. /smart/ smartsuite-2.1-2.i386.rpm
. /smart.txt
. /tar-create.txt
. /tar.txt
. /xplns- cat-3.3.1-1.i386.rpm
. /xplns-elm-3.3.1-1.i386.rpm
. /xplns/ xplns-img-3.3.1-1.i386.rpm
```

然后显示当前目录下的所有文件。从显示结果可以发现，当前目录下多了一个 aaa.tar 文件，就是刚才创建的文件。

```
[root@localhost～]#ls   –l
-rwx------   1  root   root   3358720   4月 12   19：35  cpuinfo.txt
-rwx------   1  root   root   6717440   4月 12   19：36  aaa.tar
drwx------   1  root   root         0   4月 12   21：37  smart
-rwx------   1  root   root        26   4月 12   21：25  ./smart.txt
-rwx------   1  root   root       226   4月 12   19：25  ./tar-create.txt
-rwx------   1  root   root      7433   4月 12   19：25  ./tar.txt
drwx-----   1  root   root      4096   4月 12   19：34  xplns
```

案例分解 1

1）用 tar 命令归档/myfile 目录下的文件，创建文件名为 myfiles.tar 的文件并列出详细过程。

```
[root@localhost～]# tar   -cvf   myfiles.tar   ./myfile/*
```

2）把文件 file1、file2 打包为 archive.tar。

```
[root@localhost～]# tar –cf   archive.tar   file1   file2
```

2．显示 tar 文件内容

对于一个已存在的 tar 文件，用户可能想了解其内容，即该文件是由哪些文件和目录打包而来的。

例如显示刚才产生的 aaa.tar 文件的内容：

```
//t 参数显示文件的信息
[root@localhost～]# tar   -tf   aaa.tar
. /cpuinfo.txt
. /smart
. /smart/ smartsuite-2.1-2.i386.rpm
. /smart.txt
. /tar-create.txt
. /tar.txt
. /xplns- cat-3.3.1-1.i386.rpm
. /xplns-elm-3.3.1-1.i386.rpm
. /xplns/ xplns-img-3.3.1-1.i386.rpm
```

3．从 tar 文件中取文件

对已经存在的 tar 文件解包，可以使用带主参数的“-x”的 tar 命令实现。

例如对刚才产生的 aaa.tar 文件解包，内容如下：

```
[root@localhost～]# tar   -xvf     aaa.tar
. /cpuinfo.txt
. /smart
. /smart/ smartsuite-2.1-2.i386.rpm
. /smart.txt
. /tar-create.txt
. /tar.txt
. /xplns- cat-3.3.1-1.i386.rpm
. /xplns-elm-3.3.1-1.i386.rpm
. /xplns/ xplns-img-3.3.1-1.i386.rpm
```

案例分解 2

3）从打包文件 myfile.tar 中取出文件。

```
[root@localhost～]#tar   -xvf   myfile.tar
```

4．向 tar 中追加文件

可以向已经存在的一个 tar 文件中添加一个文件或目录，使用带“-r”主参数的 tar 命令。

例如向 tar 包 aaa.tar 中尾部追加文件 myfile，命令如下：

```
[root@localhost～]# tar   –rf   aaa.tar myfile
```

案例分解 3

4）创建 file3 并追加到名称为 myfiles.tar 文件。

```
[root@localhost～]# touch   file1
[root@localhost～] # tar   –rf   myfile.tar file3
```

6.2.2 桌面环境下归档/压缩文件

桌面环境下依次单击“应用程序”→“附件”→“归档管理器”，打开“归档管理器”窗口，如图 6-7 所示。

图 6-7 “归档管理器”窗口

1. 新建归档/压缩文件

单击工具栏中的“新建”按钮，打开“新建”对话框，如图 6-8 所示。输入归档/压缩文件名称（如“lfz”，如果归档类型设为自动，则归档管理器根据输入文件名的扩展名，决定归档/压缩文件类型，如果只输入文件名，则自动创建 tar.gz 文件。如果从“归档文件类型”下拉列表中选择具体的文件类型，则用户只需要输入文件名即可，归档管理器根据用户选择的归档/压缩类型，自动添加文件扩展名。

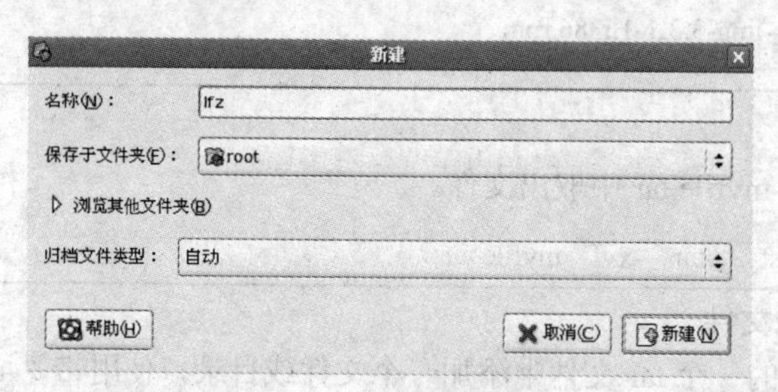

图 6-8 “新建”对话框

用户还可以选择保存路径，默认用户主目录。最后单击“新建”按钮，返回“归档管理器”窗口。

单击工具栏中的“添加”按钮，弹出“添加文件”对话框，如图 6-9 所示。用户可以选择放入归档/压缩文件，默认不归档/压缩备份文件和隐藏文件。根据需要，可添加文件或目录，利用〈Ctrl〉键或〈Shift〉键选择多个文件，最后单击“添加”按钮，归档管理器加入需要的所有文件并显示出来。

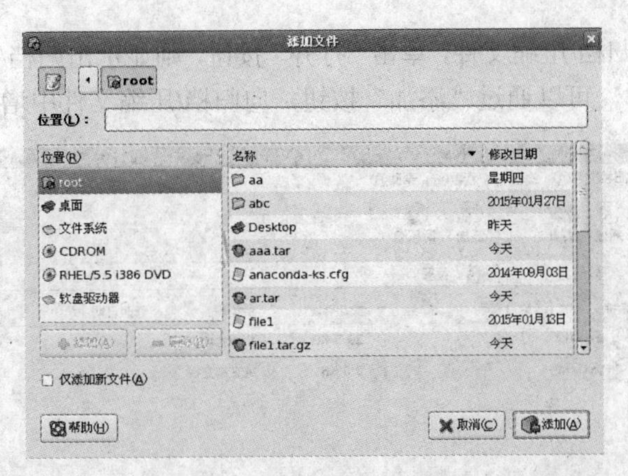

图 6-9 “添加文件”对话框

2. 还原归档/压缩文件

从“归档管理器”窗口中选择需要还原的文件，单击工具栏中的“解压缩”按钮，打开“解压缩”对话框，如图 6-10 所示。用户需要确定文件还原到哪个目录，默认为用户主目录。根据需要，可决定还原文件或目录的操作，然后单击“解压缩”按钮，进行相应操作。

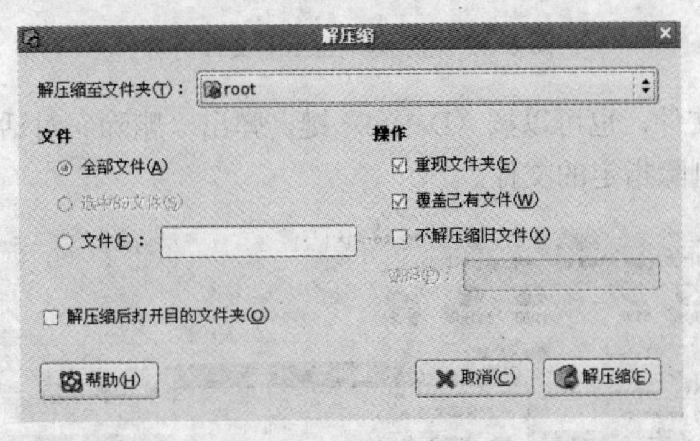

图 6-10 “解压缩”对话框

3. 更新归档/压缩文件

用户可以更新已建立的归档/压缩文件，在“归档管理器”窗口中，单击“打开”按钮，弹出“打开”对话框，如图 6-11 所示，默认显示出归档/压缩文件。

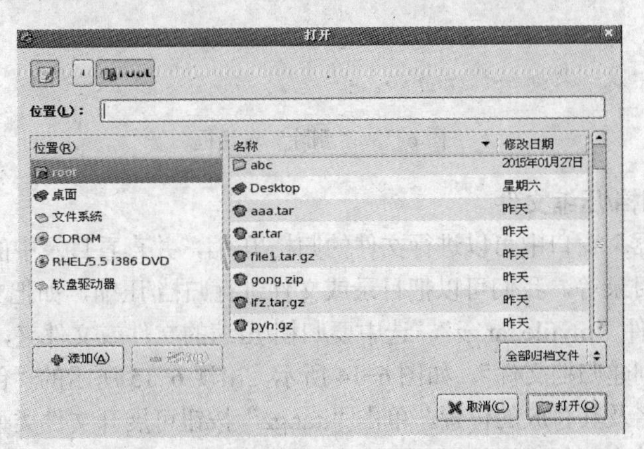

图 6-11 “打开”对话框

选择需要更新的归档/压缩文件，单击“打开”按钮，则显示出归档/压缩文件包含的文件，如图 6-12 所示，此时，可以通过“添加”按钮，向归档/压缩文件中增加新的文件。

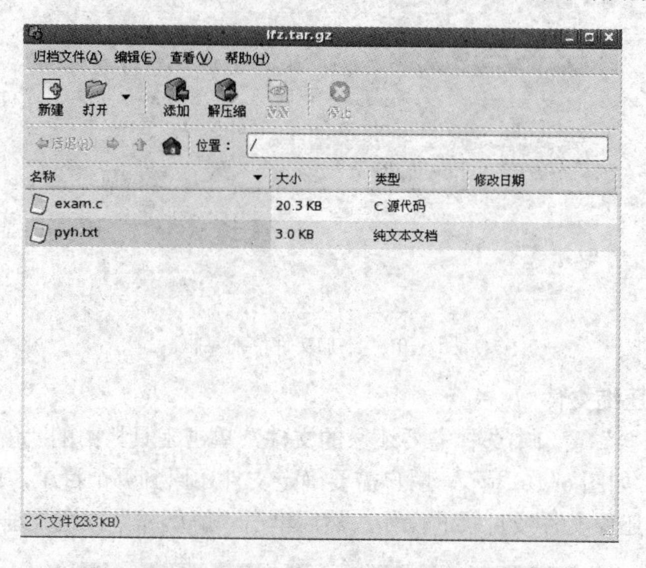

图 6-12　显示归档/压缩文件内容

另外，选中某个文件，也可以按〈Delete〉键，弹出“删除”对话框，如图 6-13 所示。单击“确定”按钮将删除指定的文件。

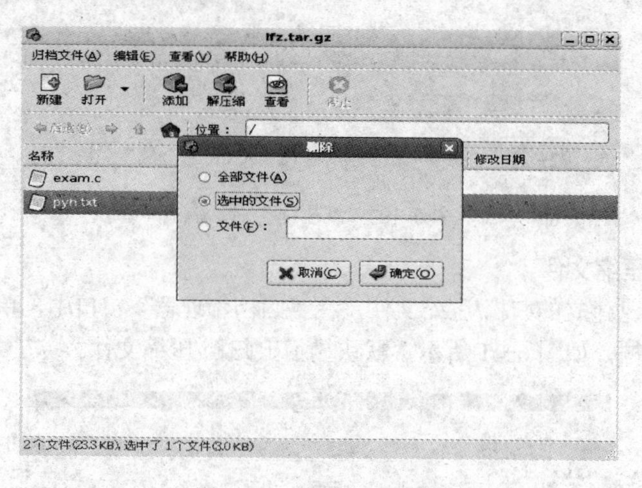

图 6-13　“删除”对话框

4．快速创建归档/压缩文件

在“文件管理器”窗口中可以进行文件的归档/压缩，并查看目录中的内容，一般有压缩文件、普通文件及目录等。我们可以把目录或文件进行归档/压缩，如把文件名为“file1”的文件归档/压缩为文件“myfile.tar.gz”。选中要归档/压缩的文件或文件夹，单击鼠标右键，在快捷菜单中选择“创建归档文件”，如图 6-14 所示。出现 6-15 所示的“创建归档文件”对话框，用户输入文件名及其存放的位置，单击“.tar.gz”按钮可展开文件类型下拉列表，选择创建文件类型，最后单击“创建”按钮即可完成操作。

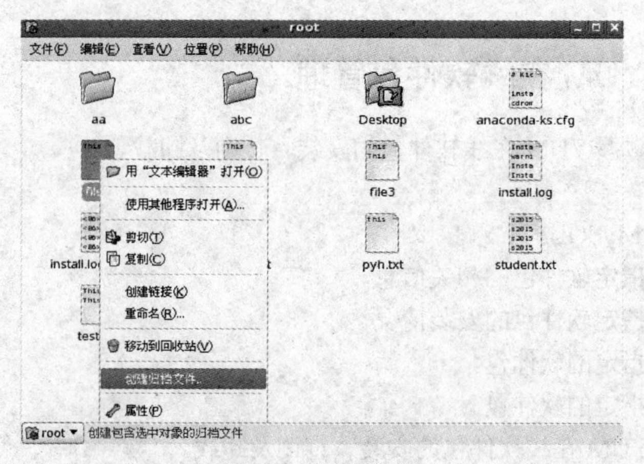

图 6-14　右键菜单

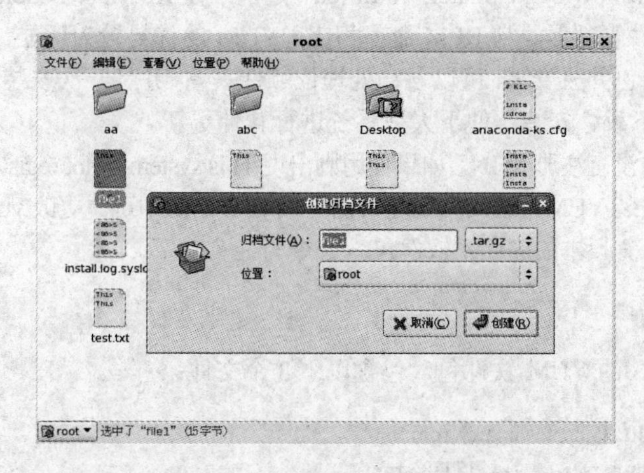

图 6-15　“创建归档文件”对话框

5．快速还原归档/压缩文件

从文件管理器中选中归档/压缩文件后，单击鼠标右键，在快捷菜单选择“解压缩到此处”，如图 6-16 所示，则归档/压缩文件中的所有文件和目录将还原到当前目录。若选择“用‘归档管理器’打开”，则会打开“归档管理器”窗口，显示该归档/压缩文件包含的所有文件。

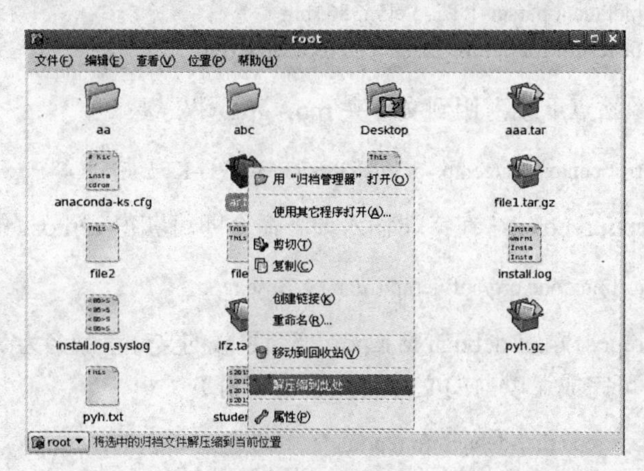

图 6-16　右键菜单

6.3 案例 3：YUM 在线软件包管理

【案例目的】 掌握 YUM 在线软件包的安装、查询及卸载。

【案例内容】

1）YUM 安装 MySQL。

2）YUM 显示指定软件包的相关信息。

3）YUM 列出指定软件包的安装情况。

4）YUM 删除指定的软件包。

5）YUM 升级指定的软件包。

【核心知识】 YUM 在线软件包的安装、查询及卸载。

Yum（全称为 Yellow dog Updater, Modified）是一个在 RedHat、FedoraCentOS 以及 SUSE 中基于RPM包的软件管理器。与 RPM 命令相比，YUM 的优势较为明显，它能够从指定的服务器自动下载 RPM 包并且安装，可以自动处理依赖性关系，并且一次安装所有依赖的软件包，无需繁琐地一次次下载、安装，便于大型系统进行软件更新。

由于 RHEL 5 中没有注册 RHN，如果使用则出现 This system is not registered with RHN 问题。解决办法是如果已安装 YUM，且网络畅通，则更改 yum 的源即可。更改 yum 源的步骤如下：

1）首先卸载当前版本的 YUM 软件包。命令为：

```
rpm –e   yum-*
```

2）下载 CentOS 的 YUM 软件包，包含以下 3 个文件：

```
yum-3.2.22-40.el5.centos.noarch.rpm
yum-metadata-parser-1.1.2-4.el5.i386.rpm
yum-fastestmirror-1.1.16-21.el5.centos.noarch.rpm
```

3）安装文件。为消除软件之间的依赖关系，需同时安装 3 个文件，软件先后顺序不重要，但必须同时安装。

```
rpm -ivh yum-3.2.22-40.el5.centos.noarch.rpm
         yum-metadata-parser-1.1.2-4.el5.i386.rpm
         yum-fastestmirror-1.1.16-21.el5.centos.noarch.rpm
```

4）在合适的镜像站点下载密钥到文件夹 rpm- gpg 并安装：

```
wget http://mirror.centos.org/centos-5/5/os/i386/RPM-GPG-KEY-CentOS-5
```

5）进入到目录 rpm.repos.d，在终端输入如下命令即可获得 centos 的源文件：

```
wget http://docs.linuxtone.org/soft/lemp/CentOS_Base.repo
```

6）更换/etc/yum.repos.d/rhel-debuginfo.repo，把新下载的文件重命名为“rhel-debuginfo.repo”，使用如下更改命令即可完成（以前的文件可先进行备份）：

```
mv CentOS-Base.repo rhel-debuginfo.repo
```

7）使用 YUM 命令成功。

6.3.1 YUM 命令管理软件包

YUM 命令可实现在线管理 RPM 软件包和软件包集，具体包括 RPM 软件包在线安装、查询和删除功能。

YUM 命令的主要参数如下：

-y　不需要用户确认发生的操作

1．用 YUM 命令安装软件包

安装时，YUM 会查询数据库中有无这一软件包。如果有，则检查其依赖冲突关系。如果没有依赖冲突，则下载安装；如果有，则会给出提示，询问是否要同时安装依赖或删除冲突的包，用户可以自己作出判断。

```
#yum  install  软件名                    //用 YUM 安装指定软件包
#yum localinstall RPM 包文件             //使用 YUM 方式安装本地 RPM 包
#yum groupinstall <分组名称>             //安装指定分组内所有软件
```

☞**注意：**

install、localinstall 的区别是：使用 install 时，指定的软件包将从 YUM 服务器下载并安装；而 localinstall 指定的软件使用 RPM 包安装，而依赖关系所需的包在 YUM 服务器下载安装。例如：

```
# yum install vsftpd    //安装 vsftpd  软件包
# yum install bind      //安装 DNS  软件包
```

案例分解 1

1）用 YUM 命令安装 MySQL：

```
[root@localhost ~ ]yum install    mysql
```

2．用 YUM 命令查询软件信息

```
#yum info   软件名                 //显示指定软件包相关信息
#yum groupinfo <分组名称>          //显示指定分组的信息
#yum info updates                  //显示所有可以更新的软件包的信息
#yum info installed                //显示所有已经安装的软件包的信息
#yum info extras                   //显示所有已经安装但不在 YUM 仓库内的软件包信息
#yum list                          //列出所有已经安装和可以安装的软件
#yum list  软件名                  //列出指定的软件包的安装情况
#yum  list  available              //列出资源库中所有可以安装的 RPM 包
#yum listinstalled                 //列出所有已经安装的软件包
#yum list extras                   //列出所有已经安装但不在 YUM 仓库内的软件包
#yum grouplist                     //列出所有 YUM 服务器定义的分组
#yum search <关键字>               //在 YUM 源中查找指定关键字
#yum  list  recent                 //列出最近被添加到资源库中的软件包
#yum  deplist <软件包>             //显示软件包的依赖信息
```

例如，查询 vsftp 软件包的信息：

```
[root@localhost ~ ]#yum info Vsftpd
Loaded plugins: fastestmirror, rhnplugin, security
Loading mirror speeds from cached hostfile
Installed Packages
Name          : vsftpd
Arch          : i386
Version       : 2.0.5
Release       : 16.el5_4.1
Size          : 285 k
Repo          : installed
```

又如，查询 Web 服务器软件包集的信息：

```
[root@localhost ~ ]#yum groupinfo "web server"
Loaded plugins: fastestmirror, rhnplugin, security
Setting up Group Process
Loading mirror speeds from cached hostfile
Group: 万维网服务器
Description: 这些工具允许您在系统上运行万维网服务器。
```

案例分解 2

2）用 YUM 命令显示指定软件包的相关信息：

```
[root@localhost ~]yum info mysql
```

3）用 YUM 命令列出指定软件包的安装情况：

```
[root@localhost ~]yum list mysql
```

3．用 YUM 命令删除/卸载软件包

```
#yum  remove  软件名                              //用 YUM 命令删除指定软件包
#yum groupremove packagegroup <分组名称>          //删除指定分组内所有软件
```

例如，卸载指定的软件包：

```
# yum remore vsftpd mysql
```

案例分解 3

4）YUM 删除指定的软件包：

```
[root@localhost    ~]yum remove mysql
```

4．其他应用

```
# yum -y update mysql          //用 YUM 升级指定的软件包
# yum grouplist             //查看系统中已经安装的和可用的软件组，对于可用的软件组可选择安装
# yum  clean  all              //清除缓存中的 RPM 头文件和包文件
# yum  -y search  Emacs        //搜索相关的软件包
```

```
# yum  info  Emacs              //显示指定软件包的信息
# yum  list  yum*              //列出所有以“yum” 开头的软件包
# yum  list  extras            //列出已经安装的但是不包含在资源库中的 RPM 包
```

案例分解 4

5）YUM 升级指定的软件包：

```
[root@localhost  ~]Yum –y update mysql
```

6.3.2 桌面环境下在线管理软件包

1. 安装包

按照上述方法配置成功后，在 Linux 的登录界面下，单击“应用程序”→“添加/删除软件”，弹出软件包管理者界面，如图 6-17 所示。

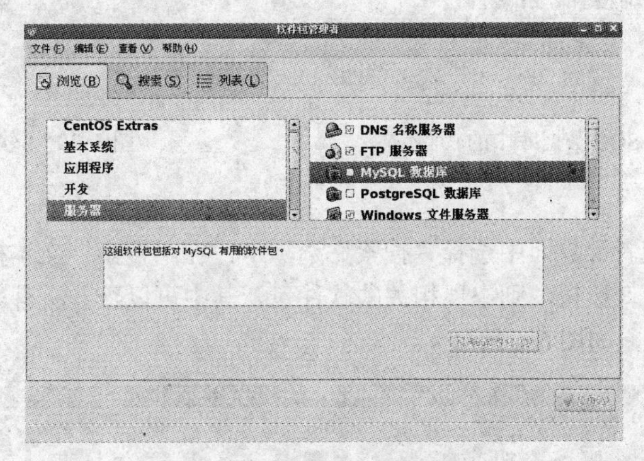

图 6-17 软件包管理者界面

在该界面下可显示软件包类型，任意选择一项，就可以看到该类型下的软件，在每个选项前面都有一个小方块，有对勾说明该项已经安装了，否则没有安装。例如“MySQL 数据库”前的方框未选中，说明系统未安装该软件。单击选中后，“可选的软件包”按钮和“应用”按钮均激活，如图 6-18 所示。

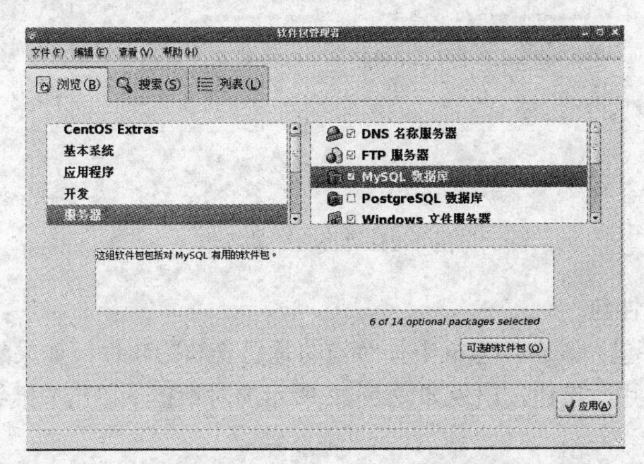

图 6-18 选择安装“MySQL 数据库”

单击“可选的软件包”按钮，出现如图 6-19 所示的对话框。对 MySQL 数据库中的软件包进行选择，并单击“关闭”按钮。

单击“应用”按钮，显示图 6-20 所示的对话框，单击“继续”按钮，软件包自动选择其依赖的软件包，无需人工干预，自动下载所需软件，并更新安装。

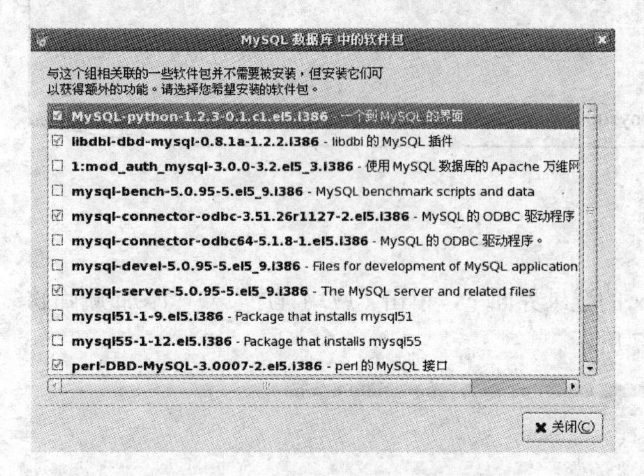

图 6-19 MySQL 数据库中的软件包

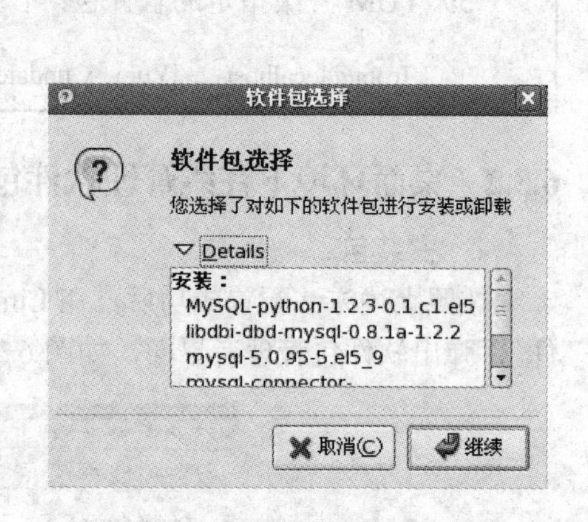

图 6-20 “软件包选择”对话框

2. 搜索软件包

在“软件包管理者”界面中选择“搜索”选项卡，在“搜索”文本框中输入要搜索的软件名称，单击“搜索”按钮，则出现相关的软件包，其中可以查看所有软件包、已安装的软件包和可用的软件包，如图 6-21 所示。

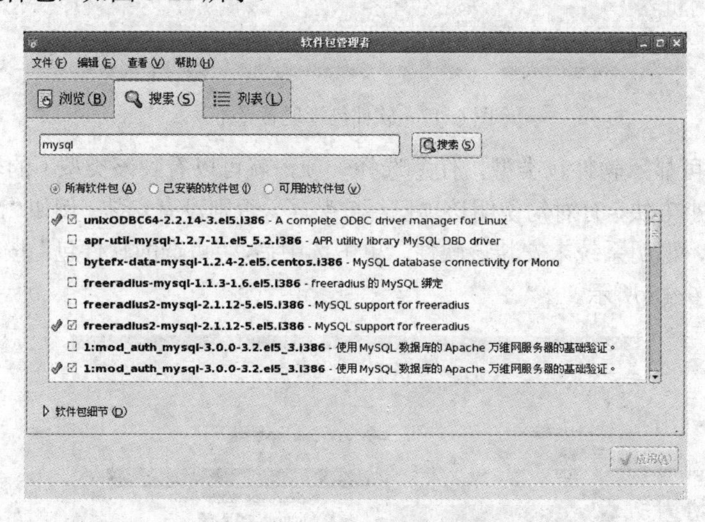

图 6-21 “搜索”选项卡

3. 删除/卸载软件包

在搜索到的软件包列表中，方框中打对勾的是已安装的软件，如果想卸载软件，则只需去掉对勾，单击“应用”按钮，出现如图 6-22 所示的对话框，单击“继续”按钮，则自动卸载该软件。

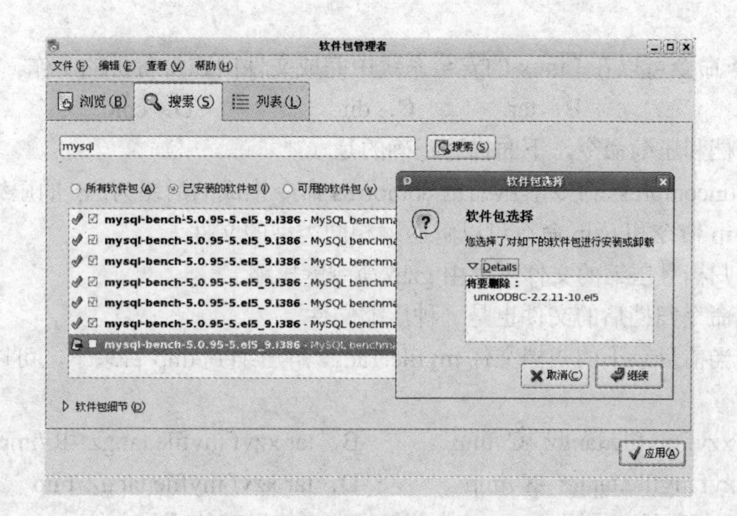

图 6-22　删除/卸载软件包对话框

4. 更新软件包

单击系统窗口中的更新图标，就会出现“软件包更新”对话框，勾选需要更新的软件包名称，单击“应用更新”按钮，即可实现软件的更新，如图 6-23 所示。

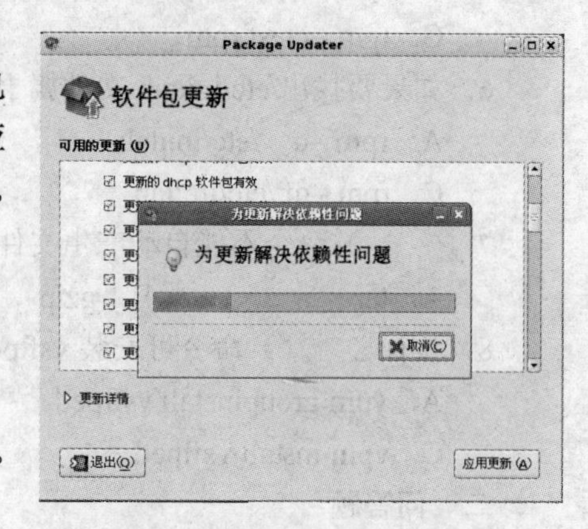

图 6-23　“软件包更新”对话框

6.4　上机实训

1）查询所用机器中安装的软件。

2）把当前目录下的文件进行打包并压缩为 file.tar.gz。

3）把文件 file1、file2 打包为 myfile.tar。

4）从打包文件 myfile.tar 中取出文件 file1。

5）创建 file3 并追加到名称为 myfiles.tar 文件。

6）把/aaa 下的 file1、file2 文件和目录 test 压缩为 files.tar.gz。

7）把打包文件解至当前目录下。

8）把打包压缩文件解至/test 中。

9）YUM 安装 MysQL。

10）YUM 显示指定软件包的相关信息。

11）YUM 列出指定软件包的安装情况。

12）YUM 删除指定的软件包。

13）用 YUM 升级指定的软件包。

6.5　课后习题

一、选择题

1. 一个文件名字为 rr.Z，可以用来解压缩的命令是（　　）。

　A．tar　　　　B．gzip　　　　C．compress　　　　D．uncompress

2．（　　）命令可以在 Linux 的安全系统中完成文件向磁带备份的工作。

A．cp　　B．tar　　C．dir　　D．cpio

3．有关归档和压缩命令，下面描述正确的是（　　）。

A．用 uncompress 命令解压缩由 compress 命令生成的后缀为.zip 的压缩文件

B．unzip 命令和 gzip 命令可以解压缩相同类型的文件

C．tar 归档且压缩的文件可以由 gzip 命令解压缩

D．tar 命令归档后的文件也是一种压缩文件

4．为了将当前目录下的归档文件 myfile.Tar.gz 解压缩到/tmp 目录下，可以使用（　　）命令。

A．tar xzvf myfile.tar.gz –C /tmp　　B．tar xzvf myfile.tar.gz –R /tmp

C．tar zvf myfile.tar.gz –X /tmp　　D．tar xzvf myfile.tar.gz /tmp

5．（　　）命令可以了解 test.rpm 软件包将在系统里安装哪些文件。

A．rpm –Vp test.rpm　　B．rpm –ql test.rpm

C．rpm –i test.rpm　　D．rpm –Va test.rpm

6．如果要找出/etc/inittab 文件属于哪个软件包，可以执行下列（　　）命令。

A．rpm –q　/etc/inittab　　B．rpm –requires test.rpm

C．rpm –qf /etc/inittab　　D．rpm –q|grep /etc/inittab

7．（　　）命令不能自动产生文件的扩展名。

A．tar　　B．gzip　　C．compress　　D．bzip2

8．执行（　　）命令可安装 vsftpd 软件。

A．yum groupinstall vsftped　　B．yum install vsftped

C．vpm install vsftped　　D．vpm -e vsftped

二、问答题

请用命令的方式实现下列问题。

1．将/home/stud1/wang 目录做归档压缩，压缩后生成 wang.tar.gz 文件，并将此文件保存到/home 目录下，请写出实现此任务的 tar 命令格式。

2．在 Linux 系统中，压缩文件后生成后缀为.gz 文件的命令是什么？

3．请写出把硬盘 /dev/hda5 挂载到目录/abc 下的命令。

4．把 U 盘（U 盘使用/etc/sdb1 接口）挂载到 Linux 下新建的 myfile 目录下并中文显示，请写出该命令。

5．把 file 文件压缩到/test1 下，名称为 file.gz。

6．用 tar 命令归档/myfile 目录下的文件,指明创建文件并列出详细过程。文件名为 myfiles.tar。

7．把/aaa 目录打包为 file.tar.gz，并在包中追加文件 newfile 后解包至/test 中。

8．查询所用机器中 Samba 是否安装。

第7章 进 程 管 理

Linux 是一个多用户、多任务操作系统。在这样的系统中，各种计算机资源的分配和管理都以进程为单位，为了协调多个进程对这种共享资源的访问，操作系统要跟踪多种进程的活动，以及他们对系统资源的使用情况，从而实施对进程和资源的动态管理。

7.1 进程和作业的基本概念

7.1.1 进程和作业简介

1．进程

进程是指一个具有独立功能的程序的一次运行过程，也是系统进行资源分配和调度的基本单位，即每个程序模块和它执行时所处理的数据组成了进程。进程不是程序，但由程序产生。进程与程序的区别在于：程序是一系列指令的集合，是静态的概念，而进程则是程序的一次运行过程，是动态的概念；程序可以长期保存，而进程只能暂时存在、动态的产生、变化和消亡。进程和程序并不是一一对应的，一个程序可以包含若干个进程，一个进程可以调用多个程序。

2．作业

正在执行的一个或多个相关进程可以形成一个作业。使用管道命令和重定向命令，一个作业可以启动多个进程。

根据作业的运行方式不同，可将作业分为两大类。

- 前台作业：运行于前台，用户可对其进行交互操作。
- 后台作业：运行于后台，不接受终端的输入，单向终端输出执行结果。

作业既可以在前台运行也可以在后台运行，但在同一时刻，每个用户只能有一个前台作业。

7.1.2 进程的基本状态及其转换

1．进程的基本状态

通常在操作系统中，进程至少要有 3 种基本状态，分别为：运行态、就绪态和阻塞态。进程状态及其变化示意图如图 7-1 所示。

- 运行态（Running）：指当前进程分配到 CPU，它的程序正在处理器上执行时的状态。处于这种状态的进程个数不能大于 CPU 的数目。在单 CPU 机制中，任何时刻处于运行状态的进程至多有一个。
- 就绪态（Ready）：指进程已具备运行条件，但因为其他进程正占用 CPU，暂时不能运行而等待分配 CPU 的状态。一旦 CPU 分给它，立即就可运行。
- 阻塞态（Blocked）：也叫等待态，指进程等待某种事件发生而暂时不能运行的状态，即处于封锁状态的进程尚不具备运行条件，即使 CPU 空闲，它也无法使用。这种状态有时也称为不可运行状态或挂起状态。

2．进程间的转换

一个运行的进程可因满足某种条件而放弃 CPU，变为封锁状态；以后条件得到满足时，又变成就绪态；仅当 CPU 被释放时才从就绪进程中挑选一个合适的进程去执行，被选中的进程从就绪态变为运行态。

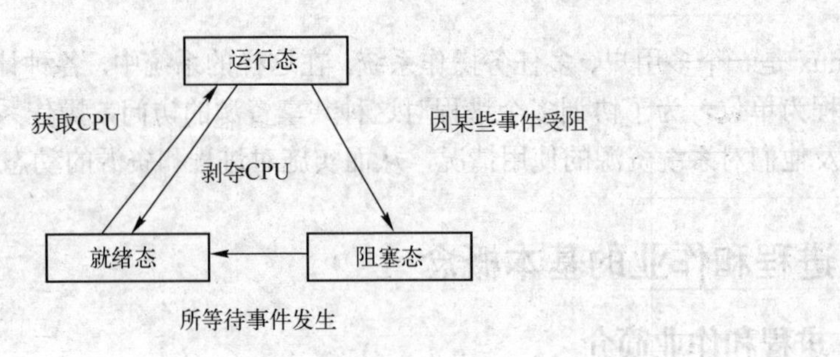

图 7-1　进程状态及其变化示意图

7.1.3　进程的类型

Linux 操作系统包括 3 种不同类型的进程，每个进程都有其自己的特点和属性。

- 交互进程：由一个 shell 启动的进程，既可以运行在前台，也可以运行在后台。
- 批处理进程：不需要与终端相关，提交在等待队列的作业。
- 守候进程：Linux 系统启动时自动启动，并在后台运行，用于监视特定服务。

7.1.4　Linux 守候进程介绍

守候进程是 Linux 系统的三大进程之一，而且是系统中比较重要的一种，该进程可以完成很多工作，包括系统管理、网络服务等。下面介绍守候进程。

1．守候进程介绍

守候进程是在后台运行而没有终端或登录 shell 与之结合在一起的进程。守候进程在程序启动时开始运行，在系统结束时停止。这些进程没有控制终端，所以称为在后台运行。Linux 系统有许多标准的守候进程，其中一些周期性的运行来完成特定的任务，其余的连续运行，等待处理系统中发生的某些特定的事件。启动守候进程有如下几种方法。

- 在引导系统时启动：此种情况下的守候进程通常在系统启动 script 的执行期间被启动，这些 script 一般存放在/etc/rc.d 中。
- 手动从 shell 提示符启动：任何具有相应的执行权限的用户都可以使用这种方法启动守候进程。
- 使用 crond 守候进程启动：这个守候进程是放在/var/spool/cron/crontabs 目录中的一组文件，这些文件规定了需要周期性执行的任务。
- 执行 at 命令启动：在规定的一个日期执行一个程序。

2．重要的守候进程介绍

表 7-1 列出了 Linux 系统中一些比较重要的守候进程及其所具有的功能，用户可以通过这些进程方便地使用系统以及网络服务。

表 7-1　Linux 重要的守候进程列表

守候进程	功能说明
amd	自动安装 NFS（网络文件系统）
apmd	高级电源管理
httpd	Web 服务器
xinetd	支持多种网络服务的核心守候程序
crond	Linux 下的计划任务
dhcpd	启动一个 DHCP（动态 IP 地址分配）服务器
gated	网管路由守候进程，使用动态的 OSPF 路由选择协议
lpd	打印服务
named	DNS 服务
netfs	安装 NFS、Samba、NetWare 网络文件系统
network	激活已配置网络接口的脚本程序
nfsd	NFS 服务器
sendmail	邮件服务器 sendmail
smb	Samba 文件共享/打印服务
snmpd	本地简单网络管理守候进程
syslog	一个让系统引导时启动 syslog 和 klogd 系统日志守候进程的脚本

7.2　案例 1：进程和作业管理

【案例目的】掌握进程的相关操作。

【案例内容】

1）利用 vi 手工启动一个进程在后台运行。

2）用 vi 编辑一个文件，并转入到后台运行。

3）把在后台运行中最前面的 vi 进程调入到前台运行。

4）杀死中间的一个 vi 进程。

5）一次性全部杀死所有的 vi 进程。

【核心知识】前台和后台启动进程，终止进程。

7.2.1　进程和作业启动方式

进程是由于一个程序执行而启动的，在 RHEL 5 系统中启动进程的方式有以下两种。

1．手工启动

手工启动是指由用户输入 shell 命令后直接启动进程，又可分为前台启动和后台启动。

- 前台：这是手工启动进程最常用的方式，一般直接输入程序名（如#vi）就可以启动一个前台进程。
- 后台：直接在后台手工启动进程用得比较少一些。从后台启动一个进程其实就是在程序名后加&（如:#vi&），键入命令后，出现数字代表该进程的进程号。

上述两种启动方式有个共同的特点，就是新进程都是由当前 shell 进程产生的，也就是说 shell 创建了新进程，因此称这种关系为进程间的父子关系。shell 是父进程，新进程是子进程。

一个父进程可以有多个子进程。

2．调度启动

系统在指定时间运行指定的程序，可用 at、batch 和 cron 调度。可参见后续章节。

案例分解 1

1）利用 vi 手工启动一个进程在后台运行。

```
[root@localhost~]# vi &        //启动 vi 编辑器
```

7.2.2 管理进程和作业的 shell 命令

1．ps 命令

功能：静态显示系统进程信息。

格式：

```
ps  [参数]
```

参数及说明如下。

- -a：显示终端上的所有进程（不包括没有终端的进程）。
- -u：显示进程所有者及其他一些进程信息，如用户名和启动时间。
- -x：显示所有非控制终端的进程信息。
- -e：显示所有进程（不显示进程状态）。
- -f：完全显示（全格式）。
- -l：以长格式显示进程信息。
- -w：宽输出。
- -pid：显示由进程 ID 指定进程的信息。
- -tty：显示指定终端上的进程信息。
- -help：显示该命令的版本信息。

例如：

```
[root@localhost~] # ps  -ef
//显示系统中所有进程的全面信息
[root@localhost~]# ps –aux
//显示所有用户有关进程的所有信息

UID PID %cpu % mem   vsz   rss   tty  stat  start  time   command
 root  1   0.0    .3   1096  476   ?    s    18:20  0:04     init
```

进程信息中各项参数说明如下。

UID：进程的启动用户。

PID：进程号（进程的唯一标识）。

%CPU：占 CPU 的百分比。

%MEM：占用内存百分比。

VSZ：占用的虚拟内存大小。

RSS：占用的物理内存大小。

TTY：进程的工作终端（？表示没有终端）。

STAT：进程的状态。其中 R 表示正在执行中；S 表示休眠静止状态；T 表示暂停执行；Z 表示僵死状态。

TIME：占用的 CPU 的时间。

COMMAND：运行的程序。

以长格式显示所有终端和非终端控制的进程，如图 7-2 所示。

```
[root@localhost~]# ps lax
```

```
root@localhost:~
文件(F) 编辑(E) 查看(V) 终端(T) 标签(B) 帮助(H)
[root@localhost ~]# ps lax
F   UID   PID  PPID PRI  NI    VSZ   RSS WCHAN  STAT TTY        TIME COMMAND
4     0     1     0  15   0   2072   624 -      Ss   ?          0:02 init [5]
1     0     2     1 -100  -      0     0 migrat S<   ?          0:00 [migration]
1     0     3     1  36  19      0     0 ksofti SN   ?          0:00 [ksoftirqd]
5     0     4     1 -100  -      0     0 watchd S<   ?          0:00 [watchdog/]
1     0     5     1  10  -5      0     0 worker S<   ?          0:00 [events/0]
1     0     6     1  10  -5      0     0 worker S<   ?          0:00 [khelper]
5     0     7     1  10  -5      0     0 worker S<   ?          0:00 [kthread]
1     0    10     7  10  -5      0     0 worker S<   ?          0:00 [kblockd/0]
1     0    11     7  20  -5      0     0 worker S<   ?          0:00 [kacpid]
1     0   177     7  16  -5      0     0 worker S<   ?          0:00 [cqueue/0]
1     0   180     7  10  -5      0     0 hub_th S<   ?          0:00 [khubd]
1     0   182     7  10  -5      0     0 serio_ S<   ?          0:00 [kseriod]
1     0   247     7  15   0      0     0 -      S    ?          0:00 [khungtask]
1     0   248     7  21   0      0     0 pdflus S    ?          0:00 [pdflush]
1     0   249     7  15   0      0     0 pdflus S    ?          0:00 [pdflush]
1     0   250     7  16  -5      0     0 kswapd S<   ?          0:00 [kswapd0]
1     0   251     7  16  -5      0     0 worker S<   ?          0:00 [aio/0]
1     0   468     7  11  -5      0     0 worker S<   ?          0:00 [kpsmoused]
1     0   498     7  10  -5      0     0 worker S<   ?          0:00 [mpt_poll_]
1     0   499     7  20  -5      0     0 worker S<   ?          0:00 [mpt/0]
1     0   500     7  20  -5      0     0 scsi_e S<   ?          0:00 [scsi_eh_0]
1     0   503     7  20  -5      0     0 worker S<   ?          0:00 [ata/0]
```

图 7-2　以长格式显示所有终端和非终端控制的进程

2．top 命令

ps 这样的命令只提供系统过去时间的一次性快照，因此，要获得系统上正在发生事情的“全景”往往是非常困难的。top 命令对活动进程以及所使用的资源情况提供定期更新的汇总信息，是一个动态显示过程。它提供了对系统处理器状态的实时监视，显示了系统中 CPU 最敏感的任务列表。

功能：动态显示 CPU 利用率、内存利用率和进程状态等相关信息，这是目前最广泛的实时系统性能监测程序。

格式：

```
top  [选项] 秒数
```

各选项含义说明如下。

- -d：指定每两次屏幕信息的刷新之间的时间间隔，用户可以使用交互命令 s 改变它。
- -q：使 top 没有任何延迟的进行刷新。如果调用程序有超级用户权限，那么 top 将以尽可能高的优先级运行。
- -S：使用累计模式。
- -s：使 top 在安全模式中运行，可以消除交互模式下的潜在危险。
- -i：忽略任何闲置和僵死进程，不对它们进行显示。

● -c：显示整个命令行，而不是只显示命令名。
● help：获取 top 的帮助。
● k PID：终止指定的进程。
● q：退出 top。

例如：

```
[root@localhost～]# top   //默认每 5s 刷新一次
```

3. 作业的前后台操作

利用 bg 命令和 fg 命令可以实现前台作业和后台作业之间的相互转换，将正在进行的前台作业切换到后台，功能上与在 shell 命令结尾加上“&”相似，也可以把正在进行的后台作业调入前台运行。

（1）jobs 命令

功能：显示当前所有作业。

格式：

```
jobs [选项]
```

选项及含义如下。

● -p：仅显示进程号。
● -l：同时显示进程号和作业号。

例如：

```
[root@localhost～]# jobs
[root@localhost～]# jobs –l
[root@localhost～]# jobs -p
```

（2）bg 命令

功能：将前台作业或进程切换到后台运行，若没有指定进程号，则将当前作业切换到后台。

格式：

```
bg   [作业编号]
```

此外，还可以使用〈Ctrl+Z〉组合键将前台程序转入后台停止运行；使用〈Ctrl+C〉组合键终止前台程序的运行。

例如：使用 vi 编辑 file 文件，用〈Ctrl+Z〉组合键挂起 vi，再切换到后台。

```
[root@localhost～]# vi file
…
[1]+stoped vi file
[root@localhost～]# bg 1
[1]+vi file &
```

又如：

```
[root@localhos～]#bg                    //将队首的作业调入后台运行
```

```
[root@localhost~]#bg 3              //将 3 号作业调入后台运行
```

（3）fg 命令

功能：把后台的作业调入前台运行。

格式：

```
# fg  [ 作业编号]
```

例如：

```
[root@localhost~]# fg               //队首的作业调入前台运行
[root@localhost~]# fg 2             //将队列中的 2 号作业调入前台运行
```

案例分解 2

2）用 vi 编辑一个文件 fi，并转入到后台运行。

```
[root@localhost~]# vi f1
  …
[1]+stoped vi file
# bg 1
[1]+vi f1&
```

3）把在后台运行中最前面的 vi 进程调入到前台运行。

```
[root@localhost~]# fg               //将队首的作业调入的前台运行
```

4．kill 命令

功能：终止正在运行的进程或作业，超级用户可以终止所有的进程，普通用户只能终止自己启动的进程。

格式：

```
kill  [选项] PID
```

选项说明如下。

- -9：表示当无选项的命令不能终止进程时，可强行终止指定进程。

例如：

```
[root@localhost~]#kill 2683
[root@localhost~]# kill  -9  3
[root@localhost~]# kill  -9  3  5  8      //一次杀死 3，5，8 多个进程
```

5．killall

功能：终止指定程序名的所有进程。

格式：

```
killall  -9  程序名
```

例如：

```
[root@localhost~]#killall  -9  vsftpd   //杀死所有对应 vsftpd 程序的进程
```

案例分解 3

4）杀死中间的一个进程号为 2611 的 VI 进程。

```
[root@localhost~]# kill 2611
```

5）一次性全部杀死所有的 VI 进程。

```
[root@localhost~]#killall -9 vi
```

6．nice 命令

功能：指定启动进程的优先级。

格式：

```
nice [-优先级值]    命令
```

例如：

```
[root@localhost~]# nice    -5 ftp                    //启动 ftp 程序，其优先级为 5
```

7．date 命令

功能：显示或设定系统日期、时间。

格式：

```
#date      [MMDDhhmm[CC]YY[.ss]]
```

例如：

```
[root@localhost~]# date                              //显示日期和时间
[root@localhost~]# date      102310302008.30         //设定日期和时间
```

8．id 命令

功能：显示当前用户的详细 ID。

格式：

```
# id [参数]
```

参数及含义如下。

- -a：显示所有 ID 信息。
- -u：显示 UID。
- -g：显示用户所属组的 GID。
- -G：显示用户附加组 GID。

例如：

```
[root@localhost~]# id
[root@localhost~]# id        -u
```

7.2.3　桌面环境下进程的管理

在桌面环境下，依次单击“系统”→“管理”→“系统监视器” 菜单项，打开“系统监视器”窗口，如图 7-3 所示。“进程”选项卡中默认显示当前所有进程的相关信息，默认所有进程按照进程名排列。在此选项卡中有一排进程属性按钮，包括“进程名”“状态”“%CPU”“Nice”“ID”“内存”。含义分别如下。

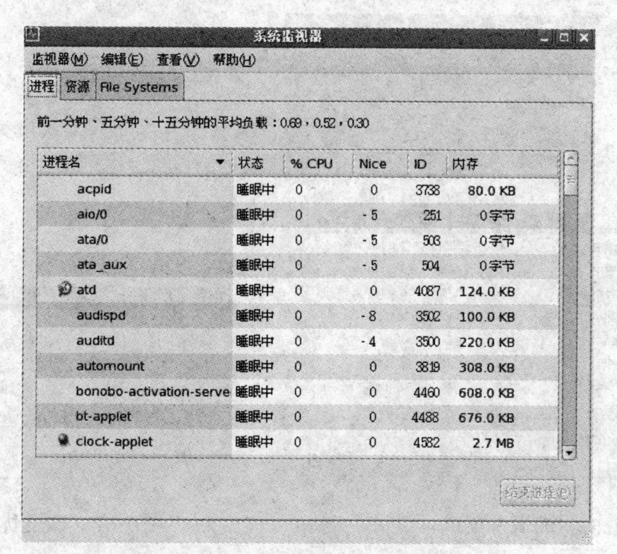

图 7-3　系统监视器

- %CPU：表示进程对 CPU 的占有率。
- Nice：表示进程的优先级。
- ID：表示进程号。
- 内存：表示对内存的占有率。

用户可自行设置需要显示的属性信息，选择“编辑”菜单中的“首选项”命令，弹出“系统监视器首选项”对话框，在“进程”选项卡的“进程域”列表框中选中指定的信息即可，还可设置进行信息更新间隔，以及结束或杀死、隐藏进程前是否出现警告对话框，如图 7-4 所示。

单击“查看”菜单，可以查看所有用户的进程或活动进程，如选中“我的进程”，显示结果如图 7-5 所示。

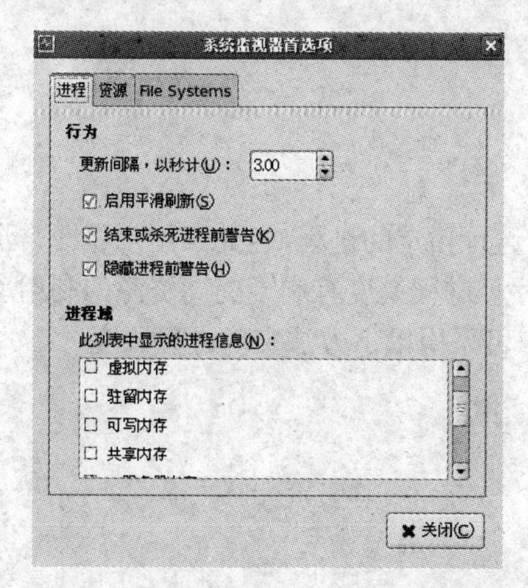

图 7-4　“系统监视器首选项”对话框

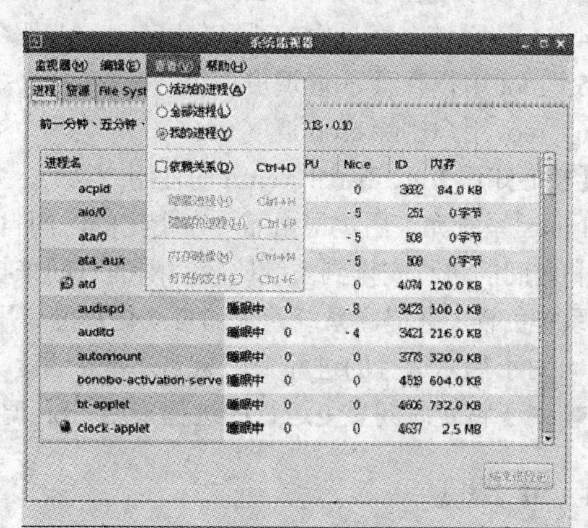

图 7-5　“我的进程”窗口

用户可以改变进程的运行状态。选择某一进程，单击“编辑”菜单，如图 7-6 所示。选择“更改优先级”菜单项，弹出“改变优先级”对话框，如图 7-7 所示，调整 Nice 值，改变进程优先级，然后单击“改变优先级”按钮即可完成优先级的修改。

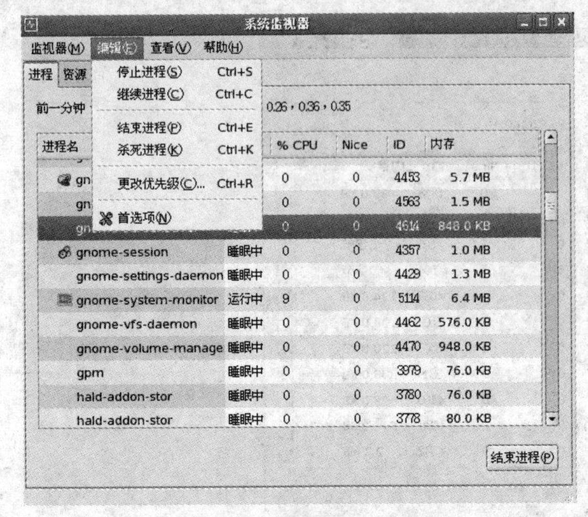

图 7-6 “编辑”菜单

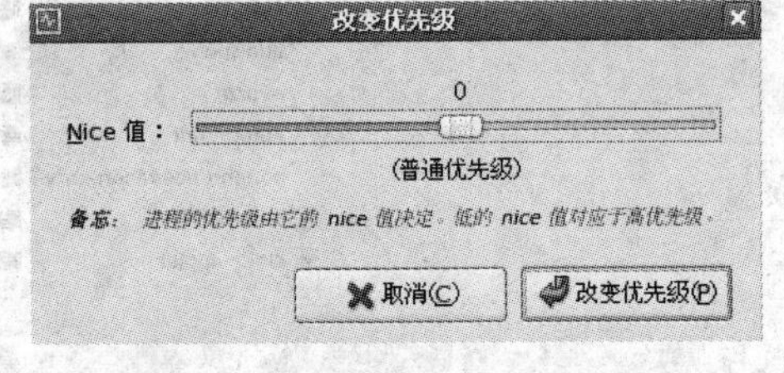

图 7-7 “改变优先级”对话框

除了进程的管理，在系统监视器中还可以查看系统的资源及文件系统，从而了解 CPU、内存的状况及文件系统类型。

7.3 案例 2：进程调度

【案例目的】学习用 at、cron 调度程序进行进程调度的方法。

【案例内容】

1）把当前时间改为 2016 年 5 月 26 日 10 点 30 分 30 秒。

2）利用 at 设置一个任务自动化，于当天 11:00 在根目录下自动创建一个 abc 目录，并在 abc 目录中建立一个空的文件 test，同时将该文件打包成 test.tar。

3）让该系统在每周一、三、五的 17:30 自动关闭系统。

4）在该系统在每月的 16 号自动启动 smb 服务。

5）root 用户查看 cron 调度内容。

6）root 用户删除 cron 调度。

【核心知识】at、batch、cron 的使用方法。

Linux 系统允许用户根据需要在指定的时间自动运行指定的进程，也允许用户将非常消耗资源和时间的进程安排到系统比较空闲的时间来执行。进程调度有利于提高资源的利用率，均衡系统负载，并提高系统管理的自动化程度。用户可采用以下方法实现进程调度:

- 对于偶尔运行的进程采用 at 或 batch 调度。
- 对于特定时间重复运行的进程采用 cron 调度。

7.3.1 at 调度

功能：安排系统在指定时间运行程序。

格式：

```
at    [参数]    时间
```

参数及含义如下。

- -d （delete）：删除指定的调度作业。
- -m （mail）：任务结束后会发送 mail 通知用户。
- -f 文件名（file）：从指定文件中读取执行的命令。
- -q [a-z]：指定使用的队列。
- -l （list）：显示等待执行的调度作业。

1．时间的绝对表示方法

在命令中，时间可以采用“小时:分钟”的绝对表示方式。时间可以是 24 小时制。如果采用 12 小时制，则时间后面需要加上 AM（上午）或 PM（下午），格式如下。

```
HH:MM
```

此外，还可采用“MMDDYY”或“MM/DD/YY”或“DD.MM.YY”的格式指定具体的日期，必须写在具体时间之后。

2．时间的相对表示方法

可以使用“Now+时间间隔”的样式来相对表示时间。时间单位为 minutes（分钟），hours（时），day（天），week（星期）。

```
now+n minutes        //从现在起向后 n 分钟
now+n days           //从现在起向后 n 天
now+n hours          //从现在起向后 n 小时
now+n weeks          //从现在起向后 n 周
```

例如，设置 at 调度，要求在 2016 年 12 月 31 日 23 时 59 分向登录在系统上的所有用户发送“happy new year”信息：

```
[root@localhost~]#at   23:59   12/31/2016
at>who
at>all happy new year!
at> <EOF>             // ctrl+d 结束作业
Job 1 at 2016-12-31 23:59
```

输入 at 命令后，系统将出现“at”提示符，等待用户输入将执行的命令。输入完成后按〈Ctrl+D〉组合键结束，屏幕将显示 at 调度的执行时间。

与 at 相关的还有显示队列中的作业信息命令 atq 和删除队列作业的命令 atrm：

```
//显示 at 等待队列的作业信息
[root@localhost /]#atq
1 2016-01-25   23:00 a root
2 2016-01-25   00:00 a root
//删除 at 等待队列中序号为 1 的作业
[root@localhost /]#atrm   1
```

案例分解 1

1）把当前时间改为 2016 年 5 月 26 日 10 点 30 分 30 秒。

```
[root@localhost～]# date    052610302016.30
```

2）利用 at 设置一个任务自动化，在当天 11:00，在根目录下自动创建一个 abc 目录，并进入到 abc 目录中，建立一个空的文件 test，同时对该文件进行打包成 test.tar。

```
[root@localhost～]# at 11：00
at> mkdir /abc
at> cd /abc
at> touch test
at> tar –cvf test.tar test
at> [EOF]
job 1 at 2016-5-26 11：00
```

7.3.2 batch 调度

功能：和 at 命令功能几乎相同，唯一区别是如果不指定运行时间，进程将在系统较空闲时运行。batch 调度适合于时间上要求不高，但运行时占用系统资源较多的工作。

格式：

```
batch [选项][时间]
```

batch 命令选项与 at 命令相同。

7.3.3 cron 调度

at 调度和 batch 调度中指定的命令只能执行一次。但实际的系统管理中有些命令需要在指定的日期和时间重复执行。例如每天例行要做的数据备份。cron 调度正可以满足这种要求。cron 调度与 cron 进程、crontab 命令和 crontab 配置文件有关。

功能：安排作业让系统在指定时间周期运行。

原理：cron 进程，每隔一分钟，检查/var/spool/cron 目录下用户提交的作业文件中有无任务需要运行。

1. crontab 配置文件

crontab 配置文件保留 cron 调度的内容，共有 6 个字段，从左到右依次为分钟、时、日期、月份、星期和命令共 6 个域，其中前 5 个域是指定命令被执行的时间，最后一个域是要被执行的命令。如表 7-2 所示。

表 7-2 crontab 文件格式

字　段	分　钟	时	日　期	月　份	星　期	命　令
取值范围	0 59	0-23	01-31	01-12	0-6,0 为星期天	

所有字段不能为空，字段之间用空格分开，如果不指定字段内容，则使用“*”符号。

可以使用“-”符号表示一段时间。如果在日期中输入“1-5”则表示每个月前 5 天每天都要执行该命令。

可以使用“,”符号来表示指定的时间。如果在日期栏中输入“5，15，25”则表示每个月的5日、15日和25日都要执行该命令。“0-23/2”表示每隔2小时，即0:25，2:25，4:25，…都要执行该命令。

如果执行的命令未使用输出重定向，那么系统将会把执行结果以邮件的方式发给crontab文件所有者。

用户的crontab文件保存在/var/spool/cron目录中，其文件名和用户名相同。

2．crontab 命令

功能：维护用户的crontab配置文件。

格式：

```
crontab    [ 参数]    文件名
```

参数说明如下。

- -u 用户名：指定具体用户的cron 文件。
- -r（erase）：删除用户的crontab 文件。
- -e（edit）：创建并编辑crontab配置文件。
- -l（list）：显示crontab配置文件内容。

3．cron 进程

cron进程在系统启动时自动启动，并一直运行于后台。cron进程负责检测crontab配置文件，并按照其设置内容，定期重复执行指定的cron调度工作。

例如：要求root 用户在每周二、四、六早上3点启动系统。

（1）建立crontab文件

```
[root@localhost~]# vi /root/root.cron     //以 root 用户登录
```

格式：　分　　时　　日　　月　　星期　　要运行的程序

实例：　0　　3　　*　　*　　2,4,6　　/sbin/shutdown　-r　now

（2）运行crontab文件

```
[root@localhost~]# crontab  /root/root.cron   //建立当前标准格式用户 crontab 文件
```

crontab命令提交的调度任务存放在/var/spool/cron目录中，并且以提交的用户名称命名，等待crond进程来调度执行。

通过/etc/at.deny和/etc/at.allow文件可以控制执行at命令的用户，at.deny存放禁止执行at命令用户名；at.allow存放允许执行at命令的用户名。

如禁止user1用户执行at命令安排调度任务：

```
[root@localhost~]#vi   /etc/at.deny
//向文件中添加如下内容
user1
```

然后保存文件。

```
//root 用户修改 cron 配置文件
[root@localhost ~]# crontab –e
```

用户输入“crontab –e”命令后，自动启动 vi 编辑器，显示出 crontab 文件内容，则用户编辑内容后保存退出。

```
//root 用户显示 cron 配置文件内容
[root@localhost ~]# crontab –l
0 3 * * 2，4，6 /sbin/shutdown –r now
//root 用户删除 cron 调度
[root@localhost ~]# crontab –r
[root@localhost ~]# crontab –l
no crontab for root
```

案例分解 2

3）让该系统在每周的 1、3、5 下午 5:30 自动关闭该系统。

① 建立 crontab 文件。

```
[root@localhost ~]# vi /root/root.cron      //以 root 用户登录
    30    17      *      *      1,3,5       /sbin/shutdown   -h   now
```

② 运行 crontab 文件。

```
[root@localhost ~]# crontab    /root/root.cron
//建立当前标准格式用户 crontab 文件
```

4）在该系统在每月的 16 号自动启动 smb 服务。

① 建立 crontab 文件。

```
[root@localhost ~]# vi /u1.cron     //以 u1 用户登录
    00     00      16       *     *       service smb start
```

② 运行 crontab 文件。

```
[root@localhost ~]# crontab     /root/root.cron
//建立当前标准格式用户 crontab 文件
```

5）root 用户显示 cron 调度内容。

```
[root@localhost ~]# crontab-t
```

6）root 用户删除 cron 调度。

```
[root@localhost ~]# crontab-r
[root@localhost ~]# crontab-t
```

7.4 上机实训

1）利用 vi 在前台打开一个文件，利用快捷键把该进程转入到后台。

2）利用 at 设置一个任务自动化，在当天 11:00，在根目录下自动创建一个 abc 目录，并

进入 abc 目录中。建立一个空的文件 test，同时对该文件进行打包成 test.tar。

3）在每周的一、三、五下午 17:30 自动关闭该系统。

4）该系统在每月的 16 号自动启动 SMB 服务。

7.5 课后习题

一、选择题

1．进程和程序的区别是（　　）。

A．程序是一组有序的静态指令，进程是一次程序的执行过程。

B．程序只能在前台运行，而进程可以在前台或后台运行。

C．程序可以长期保存，进程是暂时的。

D．程序没有状态，而进程是有状态的。

2．ps 命令显示结果中 STAT 的 s 代表（　　）。

A．运行　　B．休眠　　C．终止　　D．挂起

3．从后台启动进程，应在命令的结尾加上（　　）。

A．&　　B．@　　C．#　　D．$

4．终止一个前台进程，可用（　　）组合键。

A．Ctrl+C　　B．Ctrl+Z　　C．Alt+C　　D．Alt+Z

5．希望把某个在后台挂历起的作业转到后台继续运行，可使用（　　）。

A．nice　　B．fg　　C．bg　　D．renice

6．at 8:00 pm 是指（　　）

A．当天早 8 点　　B．每天早 8 点　　C．每天晚上 8 点　　D．当天晚 8 点

7．在 cron 中若指定 00 07 * * 2，4，6，则 2，4，6 代表（　　）。

A．每月的 2，4，6　　B．每天的 2，4，6

C．每小时的 2，4，6　　D．每周的 2，4，6

8．Linux 中自动安排任务可使用（　　）命令。

A．at　　B．batch　　C．cron　　D．time

9．在 shell 中，当用户准备结束登录对话进程时，可用（　　）命令。

A．logout　　B．exit　　C．Ctrl+D　　D．shutdown

10．一般关机的命令有（　　）。

A．init 0　　B．shutdown now　　C．halt　　D．poweroff

二、问答题

某系统管理员每天做一定的重复工作，请按照下列要求，编制一个解决方案。

（1）在下午 4 点删除/abc 目录下的全部子目录和全部文件。

（2）从早晨 8:00 到下午 4:00 每小时读取/xyz 目录下 x1 文件中最后 5 行的全部数据加入到/backup 目录下的 bak01.txt 文件内。

（3）每逢星期一下午 5:00 将/data 目录下的所有目录和文件归档并压缩为文件 backup.tar.gz。

（4）在下午 5:55 将 IDE 接口的 CD-ROM 卸载（假设 CD-ROM 的设备文件名为 hdc）。

第8章　外存管理

Linux 中无论硬盘还是软盘都必须经过挂载才能进行文件存取操作。所谓挂载就是将存储介质的内容映射到指定的目录中，此目录即为设备的挂载点。对介质的访问就是对挂载点目录的访问。一个挂载点一次只能挂载一个设备。

8.1　磁盘管理的 shell 命令

1．free 命令

功能：查看内存使用情况，包括虚拟内存、物理内存和缓冲区。

格式：

```
free  [选项]
```

选项说明如下。

- –b：以字节为单位，默认选项。
- –k：以 KB 为单位。
- –m：以 MB 为单位。

例如：

```
    [root@localhost ~] #free –m           //以 MB 为单位，显示内存使用情况
                 Total        used       free    shared   buffer    cached
Mem:             186          181        4       0        56        58
–/+ buffers/cache:            65         120
Swap:            376          39         337
```

2．du 命令

功能：显示目录中文件的空间大小。

格式：

```
du [参数] [路径名]
```

参数说明如下。

- –m：以 MB 为单位，统计文件的容量（默认为 KB）。

例如：

```
[root@localhost ~] #du                     //显示当前路径下文件的容量
[root@localhost ~] #du   /etc              //显示/etc 目录下文件的容量
```

3．df 命令

功能：统计分区的使用情况。

格式：

```
#df [参数] [分区号/装载点]
```

参数：

- –m：以 MB 为单位，统计使用情况。

例如：

```
[root@localhost ~] #df                     //显示当前所有已装载的分区使用情况
[root@localhost ~] #df   /home             //显示/home 分区的使用情况
[root@localhost ~] #df
文件系统        1K-块       已用       可用    已用%    挂载点
/dev/sda2    17981340    5198304   11854884    31%     /
/dev/sda1      295561      16116     264185     6%     /boot
tmpfs          517552          0     517552     0%     /dev/shm
/dev/scd1     3038672    3038672          0   100%     /media/RHEL_5.5 i386 DVD
/dev/scd0       23636      23636          0   100%     /media/CDROM
```

8.2 案例 1：Linux 磁盘的管理

【案例目的】利用 Linux 自带的分区工具 fdisk 查看分区，并利用 mount 实现设备的挂载。

【案例内容】

1）查看本机里面有几块硬盘，各有几个分区，分别如何表示。

2）对里面的一块主硬盘的剩余空间再划分两个逻辑分区 hda5 与 hda6，容量平均分配。

3）把 hda5 的文件系统创建为 ext2，把 hda6 的文件系统创建为 ext3，并进行格式化。

4）把 hda5 挂载到/hard1，把 hda6 以只读的方式挂载到/hard2。

【核心知识】fdisk 的使用和 mount 的使用。

8.2.1 fdisk 分区

fdisk 是 Linux 自带的分区工具。

```
 # fdisk –l      //查看机器所挂硬盘个数及分区情况
[root@localhost ~]# fdisk –l
Disk /dev/hda: 80.0 GB, 80026361856 bytes
255 heads, 63 sectors/track, 9729 cylinders
Units = cylinders of 16065 * 512 = 8225280 bytes
   Device Boot Start End Blocks Id System
/dev/hda1 * 1 765 6144831 7 HPFS/NTFS
/dev/hda2 766 2805 16386300 c W95 FAT32 (LBA)
/dev/hda3 2806 9729 55617030 5 Extended
/dev/hda5 2806 3825 8193118+ 83 Linux
/dev/hda6 3826 5100 10241406 83 Linux
/dev/hda7 5101 5198 787153+ 82 Linux swap / Solaris
/dev/hda8 5199 6657 11719386 83 Linux
/dev/hda9 6658 7751 8787523+ 83 Linux
/dev/hda10 7752 9729 15888253+ 83 Linux
```

```
Disk /dev/sda: 1035 MB, 1035730944 bytes
256 heads, 63 sectors/track, 125 cylinders
Units = cylinders of 16128 * 512 = 8257536 bytes
  Device Boot Start End Blocks Id System
/dev/sda1 1 25 201568+ c W95 FAT32 (LBA)
/dev/sda2 26 125 806400 5 Extended
/dev/sda5 26 50 201568+ 83 Linux
/dev/sda6 51 76 200781 83 Linux
```

通过上面的信息，可以得知此机器中挂载两个硬盘（或移动硬盘），其中一个是 hda，另一个是 sda。如果想查看单个硬盘情况，可以通过命令“fdisk –l /dev/hda1”或者“fdisk –l /dev/sda1”来操作，以“fdisk –l”输出的硬盘标识为准。

其中，hda 有 3 个主分区（包括扩展分区），分别是主分区 hda1、hda2 和 hda3（扩展分区），逻辑分区是 hda5 到 hda10；sda 有两个主分区（包括扩展分区），分别是 sda1 和 sda2（扩展分区）；逻辑分区是 sda5 和 sda6。硬盘总容量等于主分区（包括扩展分区）总容量，扩展分区容量等于逻辑分区总容量。

通过上面的例子，可以得知 hda=hda1+hda2+hda3，其中 hda3=hda5+hda6+hda7+hda8+hda9+hda10+…。

fdisk 操作硬盘的命令格式如下：

```
[root@localhost beinan]# fdisk 设备
```

例如通过“fdisk –l”得知 /dev/hda 或者 /dev/sda 设备。如果想再添加或者删除一些分区，可以用：

```
[root@localhost beinan]# fdisk /dev/hda
```

或

```
[root@localhost beinan]# fdisk /dev/sda
```

下面将以 /dev/sda 设备为例，来讲解如何用 fdisk 来操作添加、删除分区等动作。

案例分解 1

1）查看本机里面有几块硬盘，各有几个分区，分别是如何表示。

```
[root@localhost ~] # fdisk –l
Disk /dev/sda: 21.4 GB, 21474836480 bytes
255 heads, 63 sectors/track, 2610 cylinders
Units = cylinders of 16065 * 512 = 8225280 bytes
Device Boot      Start      End      Blocks   Id  System
/dev/sda1   *        1       38     305203+   83  Linux
/dev/sda2           39     2349   18563107+   83  Linux
/dev/sda3         2350     2610    2096482+   82  Linux swap / Solaris
```

1. fdisk 的说明

通过执行“fdisk 设备”进入相应设备的操作时，会发现有如下的提示（以 fdisk /dev/sda 为例，以下同）：

```
[root@localhost ~]# fdisk /dev/sda
Command (m for help):          在这里按〈m〉键，就会输出帮助；
Command action
   a toggle a bootable flag
   b edit bsd disklabel
   c toggle the dos compatibility flag
   d delete a partition                     //这是删除一个分区的动作
   l list known partition types             // "l" 列出分区类型，以供用户设置相应分区的类型
   m print this menu                        // "m" 列出帮助信息
   n add a new partition                    //添加一个分区
   o create a new empty DOS partition table    //创建一个空分区
   p print the partition table              // "p" 列出分区表
   q quit without saving changes            //不保存退出
   s create a new empty Sun disklabel
   t change a partition's system id         // "t" 改变分区类型
   u change display/entry units
   v verify the partition table
   w write table to disk and exit           // 把分区表写入硬盘并退出
   x extra functionality (experts only)     // 扩展应用，专家功能
```

2．通过 fdisk 的"p"指令列出当前操作硬盘的分区情况

```
Command (m for help): p
Disk /dev/sda: 1035 MB, 1035730944 bytes
256 heads, 63 sectors/track, 125 cylinders
Units = cylinders of 16128 * 512 = 8257536 bytes
   Device Boot Start End Blocks Id System
/dev/sda1 1 25 201568+ c W95 FAT32 (LBA)
/dev/sda2 26 125 806400 5 Extended
/dev/sda5 26 50 201568+ 83 Linux
/dev/sda6 51 76 200781 83 Linux
```

3．通过 fdisk 的"d"指令来删除一个分区

```
Command (m for help):   p                // 列出分区情况
Disk /dev/sda: 1035 MB, 1035730944 bytes
256 heads, 63 sectors/track, 125 cylinders
Units = cylinders of 16128 * 512 = 8257536 bytes
   Device Boot Start End Blocks Id System
/dev/sda1 1 25 201568+ c W95 FAT32 (LBA)
/dev/sda2 26 125 806400 5 Extended
/dev/sda5 26 50 201568+ 83 Linux
/dev/sda6 51 76 200781 83 Linux
Command (m for help): d               //执行删除分区指定
Partition number (1-6): 6             //如想删除 sda6，就在此输入 6
Command (m for help): p               //再查看一下硬盘分区情况，看是否已删除
Disk /dev/sda: 1035 MB, 1035730944 bytes
256 heads, 63 sectors/track, 125 cylinders
```

```
Units = cylinders of 16128 * 512 = 8257536 bytes
   Device Boot Start End Blocks Id System
/dev/sda1 1 25 201568+ c W95 FAT32 (LBA)
/dev/sda2 26 125 806400 5 Extended
/dev/sda5 26 50 201568+ 83 Linux
Command (m for help):
```

☞注意：

删除分区时要小心，请看好分区的序号。如果删除了扩展分区，扩展分区之下的逻辑分区都会删除，所以操作时一定要小心。如果知道自己操作错了，则用“q”不保存退出。在分区操作错了之时，千万不要输入“w”保存退出！

4．通过 fdisk 的“n”指令增加一个分区

```
Command (m for help): p
Disk /dev/sda: 1035 MB, 1035730944 bytes
256 heads, 63 sectors/track, 125 cylinders
Units = cylinders of 16128 * 512 = 8257536 bytes
   Device Boot Start End Blocks Id System
/dev/sda1 1 25 201568+ c W95 FAT32 (LBA)
/dev/sda2 26 125 806400 5 Extended
/dev/sda5 26 50 201568+ 83 Linux
Command (m for help): n          //增加一个分区
Command action
   l logical (5 or over)         //增加逻辑分区，分区编号要大于 5，因为已经有 sda5 了
   p primary partition (1-4)     //增加一个主分区，编号为 1～4。但此处 sda1 和 sda2 都被占用，所以
                                 //只能从 3 开始
p
Partition number (1-4): 3
No free sectors available
```

☞注意：

上例试图增加一个主分区，但是失败了，这是因为主分区加扩展分区把整个磁盘都用光了，所以用户只能增加逻辑分区了。

```
Command (m for help): n
Command action
   l logical (5 or over)
   p primary partition (1-4)    l        //在这里输入 l，就进入划分逻辑分区阶段了
First cylinder (51-125, default 51):     //这是分区的 Start 值。这里最好直接按〈Enter〉键，如果
                                         //输入了一个非默认的数字，会造成空间浪费
Using default value 51
Last cylinder or +size or +sizeM or +sizeK (51-125, default 125): +200M
```

//这个是定义分区大小的，+200M 就是大小为 200MB；当然也可以根据“p”提示的单位 cylinder 的大小来算，然后来指定 End 的数值。回头看看是怎么算的；还是用+200M 这个办法来添加，这样能直观一点。如果想添加一个 10GB 左右大小的分区，请输入 +10000MB

```
Command (m for help):
```

案例分解 2

2）对里面的一块主硬盘的剩余空间再划分两个逻辑分区 hda5 与 hda6，容量平均分配。fdidk –n 命令增加一个分区，具体过程参见第 8.2.1 节。

5．通过 fdisk 的“t”指令指定分区类型

```
Command (m for help): t        //通过 t 来指定分区类型
Partition number (1-6): 6      //改变分区类型，这里指定了 6，其实也就是 sda6
Hex code (type L to list codes):L     //在这里输入 L，就可以查看分区类型的 id 了
Hex code (type L to list codes): b    //如果让这个分区是 FAT32 类型的，通过 L 查看得知用 b 表
                                      //示，所以输入了 b
Changed system type of partition 6 to b (FAT32)  //系统信息，改变成功；是否是改变了，请用 p 查看
Command (m for help): p
Disk /dev/sda: 1035 MB, 1035730944 bytes
256 heads, 63 sectors/track, 125 cylinders
Units = cylinders of 16128 * 512 = 8257536 bytes
   Device Boot Start End Blocks Id System
/dev/sda1 1 25 201568+ c W95 FAT32 (LBA)
/dev/sda2 26 125 806400 5 Extended
/dev/sda5 26 50 201568+ 83 Linux
/dev/sda6 51 75 201568+ b W95 FAT32
```

案例分解 3

3）把 hda5 的文件系统创建为 ext2，把 hda6 的文件系统创建为 ext3。
通过 fdisk 的 t 指令指定分区类型。

6．用“q”或者“w”指令退出 fdisk 命令

其中 q 是不保存退出，w 是保存退出：

```
Command (m for help): w
```

或

```
Command (m for help): q
```

8.2.2 装载和卸载文件系统

1．手动命令装载

功能：装载文件系统到指定的目录，该目录即为此设备的挂载点。挂载点目录可以不为空，但必须已存在。文件系统挂载后，该挂载点目录的原文件暂时不能显示且不能访问，取代它的是挂载设备上的文件。该目录上原文件待到挂载设备卸载后，才能重新访问。

格式：

```
# mount  [选项]  [设备名]  [装载点]
```

主要选项说明如下。

- -t　文件系统类型（type）：挂载指定文件系统类型。
- -o　ro：只读方式。
- -o　rw：读写方式。
- -o　iocharset=gb2312：显示中文。

Linux 在启动时会自动挂载硬盘上的根分区，如果安装时建立多个分区，那么也可以查看多个分区的挂载情况。另外根据系统运行的需要，系统还自动挂载多个与存储设备无关的文件系统。

例如挂载光盘:

```
[root@localhost ~] # mkdir   /mnt/cdrom
[root@localhost ~] # mount –t iso9660    /dev/cdrom    /mnt/cdrom
[root@localhost ~] # ls   /mnt/cdrom                              //显示光盘中的内容
```

又如挂载 U 盘:

```
[root@localhost ~] # mkdir   /mnt/usb                 // 创建目录
[root@localhost ~] # mount   –t vfat   /dev/sda1   /mnt/usb   // 挂载 U 盘
[root@localhost ~] # ls   /mnt/usb                    // 显示 U 盘中的内容
```

U 盘设备在 Linux 上通常表示为 SCSI 设备，如/dev/sda1、/dev/sdb1 等，如果 U 盘中的文件产生于 Windows 环境，则可用“-t vfat 选项”。

通过 mount 还可以挂载其他设备:

```
[root@localhost ~] # mount   -t   ext3 /dev/hda5     /mnt/hard5
[root@localhost ~] # mount   -o   ro     /dev/hda6     /mnt/hard6
```

案例分解 4

4）把 hda5 挂载到/hard1，把 hda6 以只读的方式挂载到/hard2:

```
[root@localhost ~] #mkdir   /hard1
[root@localhost ~] #mkdir   /hard2
[root@localhost ~] #mount   /dev/hd5      /hard1
[root@localhost ~] #mount   -o   ro   /dev/hda6    /hard2
```

2．自动装载

系统启动时自动装载文件系统。装载的文件系统存放在/etc/fstab 中。

fstab 文件结构如下。

卷标	装载点	类型	装载选项	备份选项	检查顺序
/dev/hda5	/abc	ext3	defaults	0	1

其中各参数含义如下。

- 卷标：系统分区的表示。
- 装载选项：defaults 表示默认启动时自动装载；noauto 表示设定启动时不装载；rw 表示读写方式装载；ro 表示以只读方式装载；usrquota 表示设定用户配额；grpquota 表

示设定组配额。

- 备份选项：针对 ext2，默认值是 0，表示不备份。
- 检查顺序：指 fsck 检查顺序，0 表示不检查。

例如，把/dev/hda5 在系统启动时自动装载到目录/abc 下，且备份选项为 0，检查顺序为 1：

```
[root@localhost ~] # vi /etc/fstab
```

添加如下内容：

```
/dev/hda5      /abc      ext2      defaults      0      1
```

☞提示：

一个设备可以同时被装载到不同的目录中，一个目录也可以同时装载不同的设备；一个目录一旦被装载，该目录下原有的内容将被全部隐藏；如果取消装载，文件又会重现。/etc/mtab 用于记录系统已经装载的文件系统。

3．卸载文件系统 umount

功能：卸载指定的设备，既可使用设备名也可使用挂载目录名。

格式：

```
#umount   [选项]   <装载点>
```

参数说明如下。

- t-文件系统类型：指定文件系统类型。

例如：

```
[root@localhost ~] # umount    /mnt/cdrom                    //卸载光盘
[root@localhost ~] # umount    /dev/sdb1                     //卸载 U 盘
```

进行卸载操作时，如果挂载设备中的文件正被使用，或者当前目录正是挂载点目录，系统会显示类似“mount :// mnt/floppy:device is busy”（设备正忙）的提示信息。用户必须关闭相关文件，或切换到其他目录才能进行卸载操作。

4．检测文件系统 fsck

功能：检测并修复文件系统。

格式：

```
# fsck   <设备文件名>
```

参数说明如下。

- -p：自动修复检测到的错误。

例如：

```
[root@localhost ~] # fsck    -p    /dev/hda5      //检查硬盘某一分区上的文件系统
```

5．df 命令

功能：显示文件系统的相关信息。

格式：

```
#df [选项]
```

主要参数说明如下。

- -a（all）：显示全部文件系统的使用情况。
- -t 文件系统类型：显示全部文件系统的使用情况。
- -x 文件系统类型（type）：仅显示指定文件系统。
- -h 文件系统：显示除指定文件系统以外的其他文件系统的使用情况。

例如，显示全部文件系统的相关信息：

```
[root@localhost  ~] #df –a
文件系统        1K-块       已用        可用     已用%     挂载点
/dev/sda2     17981340    5198320    11854868    31%       /
proc                 0          0           0     -        /proc
sysfs                0          0           0     -        /sys
devpts               0          0           0     -        /dev/pts
/dev/sda1       295561      16116      264185     6%       /boot
tmpfs           517552          0      517552     0%       /dev/shm
```

6. mkfs 命令

功能：在磁盘文件系统上建立文件系统，也就是进行磁盘格式化。

格式：

```
#mkfs [选项]  设备
```

主要参数说明如下。

- -t 文件系统类型（type）：建立指定的文件系统，默认值为 ext2。
- -c（check）：建立文件系统前首先检查磁盘坏块。

例如，将软盘格式化为 ext2 格式：

```
[root@localhost  ~] #mkfs dev/fd0
```

8.2.3 桌面环境下移动存储介质管理

以下以管理光盘为例进行介绍。

根据 Linux 系统的默认设置，桌面环境下光盘自动挂载。用户将光盘放入光驱后，桌面上将出现光盘图标，如图 8-1 所示。通过 Nautilus 文件浏览器显示光盘的内容，如图 8-2 所示。

图 8-1 光盘图标

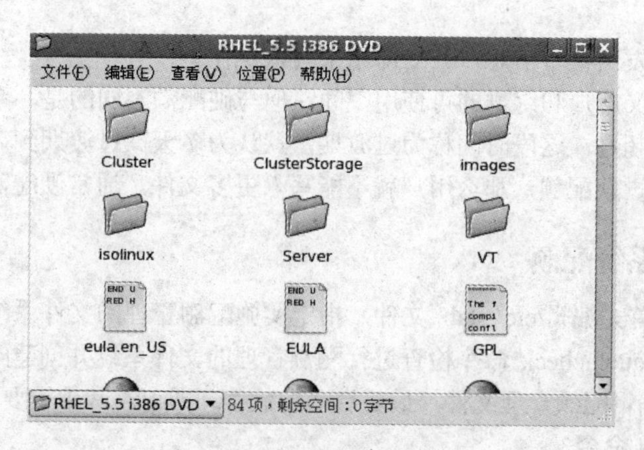

图 8-2　显示光盘内容

/media 是系统默认的移动设备挂载点，访问/media 目录下光盘即可访问光盘中所有内容。

右击光盘图标，在快捷菜单中选择“弹出”命令，将卸载光盘并弹出光盘，选择“卸载”命令，则仅卸载光盘。如需再次使用光盘，则双击桌面“计算机”图标打开“计算机”窗口，双击“CD/DVD 驱动器”图标，挂载光盘，桌面上再次出现图标，文件浏览器自动打开并显示光盘内容。

8.3　案例 2：磁盘配额

【案例目的】对磁盘进行配额管理。

【案例内容】

1）把 hda5 分区挂载到/abc 下，对该分区做磁盘配额。

2）建立 ah 用户与 xh 用户。

3）设定 ah 用户在/abc 下只允许使用空间为 5MB，使用的节点数为 5。

4）设定 xh 用户在/abc 下只允许使用空间为 10MB，使用的节点数为 4。

5）分别用两个用户登录，来进行测试。

【核心知识】如何进行磁盘硬配额和软配额的设置。

8.3.1　磁盘配额概述

文件系统配额是一种磁盘空间的管理机制。使用文件系统配额可限制用户或组群在某个特定文件系统中所能使用的最大空间。文件系统的配额管理会对用户使用文件系统带来一定程度上的不便，但对系统来讲却十分必要。他可以保证所有用户都拥有自己独占的文件系统空间，从而确保用户使用系统的公平性和安全性。Linux 针对不同的限制对象，可进行用户级和组群级的配额管理。配额管理文件保存于实施配额管理的那个文件系统的挂载目录中，其中 aquota.user 文件保存用户级配额的内容，而 aquota.group 文件保留组群级配额的内容。对文件系统可以只采用用户级配额管理或组群级配额管理，也可以同时采用用户级和组群级配额管理。

根据配额特性的不同，可将配额分为硬配额和软配额。

- 硬配额是用户和组群可使用空间的最大值。用户在操作过程中一旦超出硬配额的界限，系统将发出警告信息，并立即结束写入操作。

- 软配额也定义用户和组群的可使用空间，但与硬配额不同的是，系统允许软配额在一段时期内被超过。这段时间称为过渡期，默认为 7 天。过渡期到后，如果用户所使用的空间仍超过软配额，那么用户就不能写入更多文件。通常硬配额大于软配额。

8.3.2 设置文件系统配额

超级用户必须首先编辑/etc/fstab 文件，指定实施配额管理的文件系统及其实施何种配额管理，其次应执行 quotacheck 命令检查进行配额管理的文件系统并创建配额管理文件，然后利用 edquota 命令编辑配额管理文件，最后启动配额管理即可。其中需要使用以下命令。

1．quotacheck 命令

功能：检查文件系统的配额限制，并可创建配额管理文件。

格式：

```
quotacheck [选项]
```

主要选项说明如下。

- -a (all)：检查/etc/fstab 文件中需要进行配额管理的分区。
- -g (group)：检查文件系统中文件和目录的数目，并可创建 quota.group 文件。
- -u (user)：检查文件系统中文件和目录的数目，并可创建 quota.user 文件。
- -v (verbose)：显示命令的执行过程。

2．edquota 命令

功能：编辑配额管理文件。

格式：

```
edquota    [选项]
```

主要选项说明如下。

- -用户名：设定指定用户的配额。
- -g (group) 组群名：设定指定组群的配额。
- -p　用户名 1 用户名 2：将用户 1 的配额设置复制给用户 2。

3．quotaon 命令

功能：启动配额管理，其主要选项与 quotacheck 命令相同。

格式：

```
quotaon   [选项]
```

8.3.3 配置步骤

1．检查 quota 软件包是否安装

```
[root@localhost   ~] # rpm –q quota
quota-3.13-1.2.5.el5
```

如果未安装，则先安装 quota 软件包。

插入 DVD 光盘：

```
[root@localhost  ~] # mount  /mnt/cdrom
[root@localhost  ~] # cd /mnt/cdrom/server
[root@localhost  ~] # rpm –ivh quota-3.13-1.2.5et5.i386.rpm
```

相关文件：

/sbin/quotacheck	生成配额文件
/sbin/quotaon	启动磁盘配额
/sbin/quotaoff	关闭磁盘配额
/usr/sbin/edquota	设定用户/组配额
/usr/bin/quota	显示用户/组的配额信息

2．修改 fstab 文件

给相应的磁盘分区设定配额信息，即在装载选项中加入 usrquota 或者 grpquota 参数。例如：

```
/dev/hda5  /abc  ext2   defaults,usrquota  0  1
```

3．使 fstab 更改生效

重新启动系统，使 fstab 更改生效。

4．在实行配额限制的磁盘分区的挂载点下创建空的配额信息文件

```
[root@localhost  ~] # cd /abc
[root@localhost  ~] # touch aquota.user
[root@localhost  ~] # touch aquota.group
```

5．生成标准的配额信息文件

使用的命令格式为：

```
# quotacheck [参数]  [挂载点]
```

参数说明如下。

- -a：所有实行配额的文件系统。
- -u：生成用户配额文件。
- -g：生成组群配额文件。
- -v：显示详细信息。

例如：

```
[root@localhost  ~] # quotacheck  -uv   /abc
```

6．设定用户或组群的配额限制

使用的命令格式为：

```
# edquota [参数] [用户名/组群名]
```

参数说明如下。

● -u：设置用户的 quota，这是预设的参数。
● -g：设置组群的 quota。

例如：

```
[root@localhost   ~] # edquota -u   user1
Filesystem     blocks    soft    hard     inodes    soft   hard
/dev/hda5         2      1024    1026        3        0      0
```

在上面的配额选项中，blocks 表示已有文件占磁盘空间大小，第 1 个 soft 表示大小软限制，第 1 个 hard 表示大小硬限制，inodes 表示已有文件数量，第 2 个 soft 表示数量软限制，第 2 个 hard 表示数量硬限制。

7．启用用户或组群配额限制

使用的命令格式为：

```
# quotaon   [参数]   [挂载点]
```

参数说明如下。

● -a：所有实行配额的文件系统。
● -u：生成用户配额文件。
● -g：生成组群配额文件。
● -v：显示详细信息。

例如：

```
[root@localhost   ~] # quotaon   -u   /abc
```

8．其他相关命令

可以使用 quotaoff 命令关闭磁盘配额限制，格式为：

```
# quotaoff   [参数]   [挂载点]
```

例如：

```
[root@localhost ~]#quotaoff –uv /home           //关闭磁盘配额限制，参数同 quotaon
```

查看指定用户或组的磁盘配额信息的命令为：

```
#quota <用户名/ -g   组名>
```

例如：

```
[root@localhost   ~] #quota u1                  //显示 U1 用户的使用情况
[root@localhost   ~] # quota                    //显示当前用户使用情况
```

例如，对文件系统实施用户级的配额管理，普通用户 tom 的软配额为 100MB，硬配额为 150MB。

1）使用文件编辑工具编辑/etc/fstab 文件，对所在行进行修改，增加命令选项 usrquota。此时 etc/fstab 文件内容如下：

```
LABEL=/             /            ext3     defaults userquota     1 1
LABEL=/boot         /boot        ext3     defaults               1 2
tmpfs               /dev/shm     tmpfs    defaults               0 0
```

```
devpts                  /dev/pts        devpts    gid=5,mode=620     0 0
sysfs                   /sys            sysfs     defaults           0 0
proc                    /proc           proc      defaults           0 0
LABEL=SWAP-sda3         swap            swap      defaults           0 0
```

2）重新启动系统，使计算机重新挂载，使用 reboot 命令，使修改的文件生效。

3）利用 quotacheck 命令创建 aquota.user 文件。

```
[root@localhost  ~] #quotacheck –avu
```

4）利用 edquota 命令编辑 aquota.user 文件，设置用户 tom 的配额。

```
[root@localhost  ~] #edquota tom
Disk quotas for user tom (uid 500)
Filesystem     blocks   soft   hard   inodes    soft   hard
/dev/sda1      100      0      0      11        0      0
```

由此可知，实施配额管理的文件系统的逻辑卷名是/dev/sad1，tom 用户已使用了 100KB 的磁盘空间，设置 tom 用户的软硬配额，默认单位为 KB，如下所示，最后保存修改并退出 vi。

```
Disk quotas for user tom (uid 500)
Filesystem     blocks    soft      hard     inodes   soft hard
/dev/sda1      100       102400    153600   11       0    0
```

5）启动配额管理。

```
[root@localhost  ~] # edquota –avu
/dev/sda1 [/]:user quotas turned on
```

6）测试用户配额。

以设置过用户配额管理的普通用户 tom 身份登录，然后复制文件。当中有超过软配额时，屏幕会出现提示信息，但文件仍然能够保存。

案例分解 1

1）把 hda5 分区挂载在/abc 下，对该分区做磁盘配额。

```
[root@localhost  ~] # mount  /dev/hda5   /abc
[root@localhost  ~] # vi  /etc/fstab
Label=/           /              ext3           defaults                  1 1
Label=/boot       /boot          ext3           defaults                  1 2
None              /dev/pts       devpts         gid=5,mod=620             0 0
None              /proc          proc           defaults                  0 0
None              /dev/shm       tmpfs          defaults                  0 0
/dev/sda3         swap           swap           defaults                  0 0
/dev/cdrom        /mnt/cdrom     udf,iso9660    noauto,owner,kudzu        0 0
/dev/fd0          /mnt/floppy    auto           noauto,owner,kudzu        0 0
/dev/hda5         /abc           ext3           defaults,usrquota         1 2
```

2）建立 ah 用户与 xh 用户。

```
[root@localhost  ~] # useradd ah
[root@localhost  ~] # useradd xh
```

3）设定 ah 用户在/abc 下只允许使用的空间为 5MB，使用的节点数为 5。

```
Disk quotas for user ah (uid 501)
Filesystem                         blocks   soft   hard   inodes  soft  hard
/dev/hda5                             100  512000    0       5     0     0
                  ...
```

4）设定 xh 用户在/abc 下只允许使用的空间为 10MB，使用的节点数为 4。

```
Disk quotas for user xh (uid 501)
Filesystem                         blocks   soft    hard   inodes  soft  hard
/dev/hda5                             100  1024000   0       4     0     0
```

5）分别用两个用户登录，来进行测试。

su ah 和 su xh 以两个用户身份登录，复制文件，测试磁盘空间使用情况。

又如，对文件系统实施组群级配额管理，staff 组群的软配额是 500MB，硬配额是 600MB。

1）使用文件编辑工具编辑/etc/fstab 文件，对所在行进行修改，增加命令选项 groupquota。此时 etc/fstab 文件内容如下：

```
LABEL=/             /           ext3     defaults,groupquota    1 1
LABEL=/boot         /boot       ext3     defaults               1 2
tmpfs               /dev/shm    tmpfs    defaults               0 0
devpts              /dev/pts    devpts   gid=5,mode=620         0 0
sysfs               /sys        sysfs    defaults               0 0
proc                /proc       proc     defaults               0 0
LABEL=SWAP-sda3     swap        swap     defaults               0 0
```

2）重新启动系统，计算机重新挂载，使用 reboot 命令，使修改的文件生效。

3）利用 quotacheck 命令创建 aquota.group 文件。此时查看目录可以发现系统已新建组群级配置管理文件 aquota.group。

4）利用 edquota 命令，为 staff 组群设置配额。

```
[root@localhost  root] # edquota –g staff
```

输入此命令后，系统进入 vi 编辑界面，编辑后部分内容如下：

```
Disk quotas for group staff (uid 500)
Filesystem                  blocks   soft    hard    inodes  soft hard
/dev/sda1                     100   512000  614400     11     0    0
```

5）最后执行“quotaon –avg”命令，启动组群级配额管理。staff 组群中所有用户在文件系统中可使用的空间总和最多为 600MB。

8.4 上机实训

1．在虚拟机中添加一块 8GB 的虚拟硬盘（IDE）。

2．把 hdb 分成一个主分区 hdb1，两个逻辑分区 hdb5 与 hdb6。

3．把 hdb1 分别挂载到/etc 与/boot 目录下，观察这两个目录中的内容有什么变化。然后卸载，再观察有什么变化。

4．把 hdb5 与 hdb6 分别挂载到/hard1 与/hard2 下。

5．新建一个 test 用户，设置 test 用户在/hard1 下只允许使用 5MB 空间，只允许建立 5 个节点。

6．设置 test 用户在/hard2 下只允许使用 10MB 空间，并只允许使用 5 个节点。

8.5 课后习题

1．光盘的文件系统是（　　）。

A．ext2　　B．ext3　　C．vfat　　D．iso9660

2．用户一般用（　　）工具来建立分区上的文件系统?

A．mknod　　B．fdisk　　C．format　　D．mkfs

3．在 shell 中，使用（　　）命令可显示磁盘空间。

A．df　　B．du　　C．dir　　D．tar

4．登录后希望重新加载 fstab 文件中的所有条目，用户可以以 root 身份执行（　　）命令。

A．mount -d　　B．mount -c　　C．mount -a　　D．mount -b

5．当一个目录作为一个挂载点被使用后，该目录上的原文件会（　　）。

A．被永久删除　　B．被隐藏，待挂载设备卸载后恢复

C．放入回收站　　D．被隐藏，待计算机重新启动后恢复

6．从当前文件系统中卸载一个已挂载的文件系统的命令是（　　）。

A．umount　　B．dismount

C．mount -u　　D．从 n/etc/fstab 文件中删除此文件系统项

7．quotacheck 的功能是（　　）。

A．检查启动了配额的文件系统，并可建立配额管理文件

B．创建启动了配额的文件系统，并可建立配额管理文件

C．修改启动了配额的文件系统，并可建立配额管理文件

D．删除启动了配额的文件系统，并可建立配额管理文件

8．强制用户使用组群软配额时，设置用户超过此数额的过渡期的命令是（　　）。

A．quotaon　　B．quota -u　　C．quota-l　　D．edquota-t

9．关于文件系统的挂载和卸载，下面描述正确的有（　　）。

A．启动时系统按照 fstab 文件描述的内容加载文件系统

B．挂载 U 盘时只能挂载到/media 目录

C．不管光驱中是否有光盘，系统都可以挂载光盘

D．mount –t iso9660/dev/cdrom/cdrom 中的 cdrom 目录会自动生成

10．/etc/fstab 文件中其中一行如下所示，在此文件中表示挂载点的是第（　　）列信息。

/dev/hda1　/ ext3　defaults　1　2

A．4　　B．5　　C．3　　D．2

第9章 网络基础

9.1 Linux 网络配置基础

TCP/IP 是 Internet 网络的标准协议，也是全球使用最广泛、最重要的一种网络通信协议。目前无论是 UNIX 系统还是 Windows 系统都全面支持 TCP/IP。因此，Linux 将 TCP/IP 作为网络基础，并通过 TCP/IP 与网络中其他计算机进行信息交换。

接入 TCP/IP 网络的计算机一般都需要进行网络配置，可能需要配置的参数包括主机名、IP 地址、子网掩码、网关地址和 DNS 服务器地址等。

9.1.1 TCP/IP 参考模型

TCP/IP 参考模型包括网络接口层、网络层、传输层和应用层。TCP/IP 参考模型如图 9-1 所示。

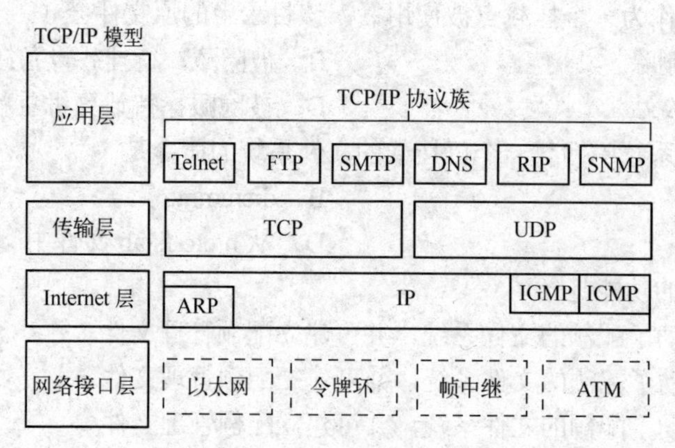

图 9-1 TCP/IP 参考模型

1．网络接口层

TCP/IP 参考模型最底层是网络接口层，它包括那些能使 TCP/IP 与物理网络进行通信的协议。TCP/IP 标准并没有定义具体的网络接口协议，而是旨在提供灵活性，以适应各种网络类型。网络类型通常有以太网、令牌环网、帧中继网和 ATM 网络。以太网是目前使用最广泛的局域网技术，属于基带总线局域网，核心技术是采用 CSMA/CD（Carrier Sense Multiple Access with Collision Detection）通信控制机制。CSMA/CD 是一种算法，主要用于传输及解码格式化的数据包，包括检测结点地址并监控传输错误。

2．网络层

网络层所执行的功能是消息寻址以及把逻辑地址和名称转换成物理地址。通过判定从源计算机到目标计算机的路由，该层还控制子网的操作。在网络层中，含有 4 个重要协议：互联网协议（Internet Protocol，IP）、互联网控制报文协议（Internet Control Message Protocol，

ICMP）、地址转换协议（Address Resolution Protocol，ARP）和反向地址转换协议（Reverse Address Resolution Protocol，RARP）。

- IP：负责通过网络交换数据包，同时也负责主机间数据包的路由和主机寻址。
- ICMP：传送各种信息，包括与包交付有关的错误报告。
- ARP：通过目标设备的 IP 地址，查询目标设备的硬件 MAC 地址。
- RARP：声明自己的 MAC 地址并且请求任何收到此请求的 RARP 服务器分配一个地址。

3．传输层

在 TCP/IP 模型中，传输层的主要功能是提供从一个应用程序到另一个应用程序的通信，常称为端对端通信。现在的操作系统都支持多用户和多任务操作，一台计算机可以运行多个应用程序，因此所谓端到端的通信实际上是指从源进程发出数据到目标进程的通信过程。传输层包含两个主要的协议：传输控制协议 TCP 和数据报协议 UDP，分别支持两种数据传送方式。

- 传输控制协议 TCP：面向对象连接的通信提供可靠的数据传送。用于大量数据的传输或主机之间的扩展对话，通常要求可靠的传送。
- 用户数据报协议 UDP：在发送数据前不要求建立连接，目的是提供高效的离散数据报传送，但是不能保证传送被完成。

4．应用层

应用层位于 TCP/IP 模型的最高层。最常用的协议包括：文件传输协议 FTP、远程登录 Telnet、域名服务 DNS、简单邮件传输 SMTP 和超文本传输协议 HTTP 等。

- FTP 用于实现主机之间的文件传输功能。
- HTTP 用于实现互联网中的 WWW 服务。
- SMTP 用于实现互联网中的电子邮件传送功能。
- DNS 用于实现主机名与 IP 地址之间的转换。
- SMB 用于实现 Windows 主机与 Linux 主机间的文件共享。
- Telnet 用于实现远程登录功能。
- DHCP 用于实现动态分配 IP 配置信息。

9.1.2 Linux 网络服务及对应端口

采用 TCP/IP 的服务可为客户端提供各种网络服务，如 WWW 服务，FTP 服务。为区别不同类型的网络连接，TCP/IP 利用端口号来进行区别。TCP/UDP 的端口范围为 0～65535，其中：0～255 称为“知名端口”，该类端口保留给常用服务程序使用（见表 9-1）；256～1024 是用于 UNIX/Linux 专用服务；1024 以上的端口为动态端口，动态端口不是预先分配的，必要时才将它们分配给进程。

表 9-1　常用的网络服务和端口

服务类型	默认端口	软件包名称	服务名称	含义
WWW	80（TCP）	Apache	httpd	WWW 服务
FTP-control	21（TCP）	Vsftpd	Vsftpd	FTP 服务
FTP-data	20（TCP）			

（续）

服务类型	默认端口	软件包名称	服务名称	含义
SMTP	25（TCP）	Sendmail	Sendmail	邮件发送服务
Telnet	23（TCP）	telnet	telnet	远程登录服务
DNS	53（UDP）	Bind	named	域名服务
POP3	110（110）	imap	ipop3d	邮件接收服务
DB		mysql	Mysqld	数据库
Samba		Samba	smb	文件共享服务
DHCP		Dhcp	dhcp	动态地址分配

9.2 案例：以太网的 TCP/IP 设置

【案例目的】学会 Linux 下以太网的配置。

【案例内容】

1）在字符界面下配置本系统的主机信息、IP 地址、DNS 等信息，配置后可以让该系统正常登录互联网。

2）对本机内的一个网卡 eth0 绑定一个 IP 地址。

3）在桌面环境下更改本机的 IP 地址，重新启动网络服务，让新设的 IP 地址生效。

【核心知识】网络配置步骤。

9.2.1 Linux 网络接口

Linux 内核中定义了不同的网络接口，如下所示。

1．lo 接口

Io 接口表示本地回送接口，用于网络测试以及本地主机各网络进程之间的通信。无论什么应用程序，只要使用回送地址（127.0.0.1）发送数据都不进行任何真实的网络传输。Linux 系统默认包含回送接口。

2．eth*接口

eth 接口表示网卡设备接口，并附加数字来反映物理网卡的序号。如第一块网卡称为 eth0，第二块网卡称为 eth1，并依此类推。

3．ppp 接口

ppp 接口表示 ppp 设备接口，并附加数字来反映 ppp 设备的序号。第一个 ppp 接口称为 ppp0，第二个 ppp 接口称为 ppp1，并依此类推。采用 ISDN 或 ADSL 等方式接入 Internet 时使用 ppp 接口。

9.2.2 Linux 网络相关配置文件

1．/etc/sysconfig/network-scripts 文件

/etc/sysconfig/network-scripts 目录中包含一系列与网络配置相关的文件和目录，如图 9-2 所示。

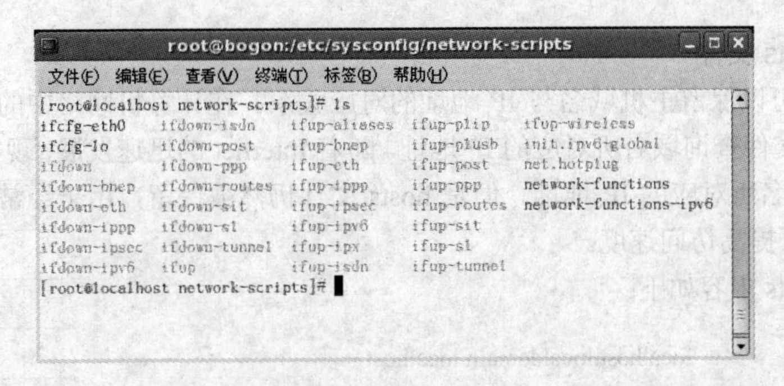

图 9-2 网络配置文件

- ifcfg-eth0:第一块网卡接口的配置文件。
- ifcfg-lo:本地回送接口的相关信息。

```
[root@localhost network-scripts]cat ifcfg-eth0
# Advanced Micro Devices [AMD] 79c970 [PCnet32 LANCE]
    DEVICE=eth0                    //设备名，默认 eth0
    BOOTPROTO=dhcp                 //采用的启动协议
    HWADDR=00:0c:29:b9:46:2d       //物理地址
    ONBOOT=yes                     //启动时是否激活
    TYPE=Ethernet                  //设定网络类型，默认 Ethernet
    USERCTL=no                     //是否允许非 root 用户控制该设备
    IPV6INIT=no                    //是否使用 ifcfg-100
    PEERDNS=yes                    //是否生效 DNS 配置信息（将自动修改/etc/resolv.conf 中
                                   //nameserver 的值,设为 no 则 DNS 由/etc/resolv.conf 中配置
                                   //的值来控制）
```

如需将网卡设置为固定IP地址，则在默认基础上进行修改，将BOOTPROTO设置为static，并增加 IP 地址、子网掩码和网关地址，如下所示：

```
BOOTPROTO=static
IPADDR=192.168.0.12            //设置 IP 地址
BROADCAST=192.168.0.255        //设置广播地址
NETMASK=255.255.255.0          //设置子网掩码
GATEWAY=192.168.0.1            //设置网关地址
DNS1=192.168.0.5               //设置第一个 DNS 服务器地址
```

2．/etc/sysconfig/network 文件

Network 包含主机名信息，如下所示：

```
NETWORKING:                    //是否配置网络参数，默认 yes，不需要修改
NETWORKING_IPV6                //是否设定 IPv6 网络参数，默认 no
HOSTNAME:                      //主机名，可设定为完全域名形式
[root@localhost network-scripts]# cat /etc/sysconfig/network
NETWORKING=yes
NETWORKING_IPV6=no
HOSTNAME=localhost.localdomain
```

3．/etc/hosts 文件

Hosts 文件可以保留主机域名与 IP 地址的对应关系。在计算机网络中的发展初期，系统可以利用 hosts 文件查询域名所对应的 IP 地址。随着 Internet 的迅速发展，现在一般通过 DNS 服务器来查找域名所对应的 IP 地址。但是 hosts 文件仍然被保留，用于经常访问的主机的域名和 IP 地址，可提高访问速度。

某个/etc/hosts 内容如下：

```
127.0.0.1       localhost.localdomain localhost
::1             localhost6.localdomain6 localhost6
192.168.0.10    localhost
```

4．/etc/resolv.conf

功能：列出客户端所使用的 DNS 服务器的相关信息。

```
[root@localhost network-scripts]# cat /etc/resolv.conf
# Generated by NetworkManager
  domain localdomain          //设定主机所在的网络域名，可以不设置
  search localdomain          //设定 DNS 服务器的域名搜索列表
  nameserver 192.168.0.1      //设定 DNS 服务器的 IP 地址
```

☞**注意：**

最多只能设置 3 个 DNS 服务器地址，并且每个 DNS 服务器的记录自成一行。当主机需要进行域名解析时，首选查询第一个 DNS 服务器，如果无法成功则向第二个 DNS 服务器查询。网络配置文件修改后必须重启才能生效。

案例分解 1

1）在字符界面中配置本系统的主机信息、IP 地址等信息，配置后可以让该系统正常登录互联网。

设置主机信息 /etc/sysconfig/network 文件：

```
NETWORKING= yes
HOSTNAME= abc.com
```

用 vi 编辑器打开/etc/sysconfig/network-scripts/ifcfg-eth0，并进行如下设置：

```
#vi /etc/sysconfig/network-scripts/ifcfg-eth0
ONBOOT= yes
DEVICE= eth0
BOOTPROTO= static
HWADDR=00:0c:29:b9:46:2d
IPADDR= 192.168.0.24
NETMASK= 255.255.255.0
BROADCAST= 192.168.0.255
NETWORK= 192.168.0.0
GATEWAY=192.168.0.1
TYPE=Ethernet
```

```
USERCTL=no
IPV6INIT=no
PEERDNS=yes
DNS1=192.168.0.1
```

设置 DNS 信息：

```
#vi /etc/resolv.conf
domain name     linux.com
serch    linux.com
nameserver     192.168.0.1
```

修改完后保存退出，重新启动网络配置即可。

```
#/etc/rc.d/init.d/network    restart
```

或者

```
#service    httpd    start /restart
```

例如，设定主机中存在 eth0 设备，它的 IP 地址是 192.168.3. 24，要求给 eth0 再绑定 IP 地址 192.168.3.44。

步骤如下。

1）输入以下命令：

```
#cd    /etc/sysconfig/network-scripts
#cp ifcfg-eth0    ifcfg-eth0:0    //取值从 0 开始
```

2）输入以下命令：

```
# vi    ifcfg-eth0:0
```

修改后的内容如下：

```
ONBOOT= yes                        //启动时是否激活网卡
BOOTPROTO=none                     //设定网卡启动协议
DEVICE= eth0:0                     //设置接口名称
IPADDR=192.168.3.44                //设定主机 IP 地址
NETMASK=255.255.255.0              //设定子网掩码
NETWORK=192.168.3.0                //设定网络号
BROADCAST=192.168.3.255            //设定广播码
GATEWAY=192.168.3.1                //设定网关
```

3）输入以下命令：

```
# vi    ifcfg-eth0:1
```

修改后的内容：

```
ONBOOT= yes
BOOTPROTO=none
```

```
DEVICE= eth0:1
IPADDR=192.168.3.24
NETMASK=255.255.255.0
NETWORK=192.168.3.0
BROADCAST=192.168.3.255
GATEWAY=192.168.3.1
```

5．服务的启动方式

（1）服务的分类

1）独立服务。每项服务只监听该服务指定的端口，服务的启动脚本存放在/etc/rc.d/init.d/。

2）超级服务。超级服务由 xinetd 管理，服务的配置文件存放在/etc/xinetd.d/目录中。

（2）服务的启动、关闭与重启

方法一：

```
#/etc/rc.d/init.d/脚本名   <start|restart|stop>
```

或

```
#/etc/init.d/脚本名   <start|restart|stop>.
```

其中/etc/rc.d/init.d/network 用法为：

```
/etc/rc.d/init.d/network < start|stop|restart|reload|status>
```

方法二：

```
# service  服务名  <start|restart|stop>
```

例如：

```
#service    network    start|stop
[root@localhost ~] #service network start
    弹出环回接口：                                 [    确定    ]
    弹出界面 eth0：
    正在决定 eth0 的 IP 信息...完成。              [    确定    ]
[root@localhost ~'] #service network stop
    正在关闭接口 eth0：                            [    确定    ]
    关闭环回接口：                                 [    确定    ]
```

案例分解 2

2）对本机内的一个网卡 eth0 再绑定一个 IP 地址。

根据一块网卡绑定两个 IP 地址的方法，修改 IP 地址，保存退出 vi 编辑器，然后重新启动网络服务使更改生效。

```
#/etc/rc.d/init.d/network   restart
```

或者

```
#service   network   start /restart
```

9.2.3 桌面环境下配置网络

主机可以通过两种途径获得配置参数：一种是由网络中的 DHCP 服务器动态分配后获得，另一种是通过手工设置。使用 ADSL 拨号上网接入 Internet 时，通常由 ISP 的 DHCP 服务器动态分配相关的网络参数，用户不需要进行设置。而利用网卡接入无 DHCP 服务器的局域网或 Internet 时，就需要用户对网卡进行一系列设置。

单击登录界面中的“系统”→“管理”→“网络”，如图 9-3 和图 9-4 所示。

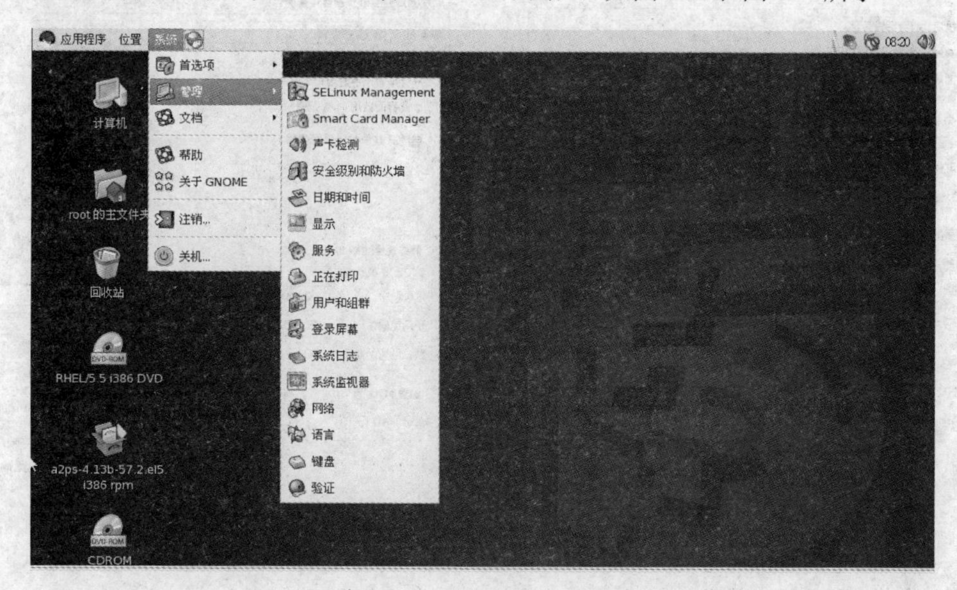

图 9-3 配置网络启动界面

单击“编辑”选项，出现以太网配置界面，如图 9-5 所示。在该界面中有通过 DHCP 自动获取 IP 地址项和静态设置 IP 地址项。其中通过 DHCP 自动获取选项表示网络适配器根据网络使用情况自动获取可以使用的 IP 地址。

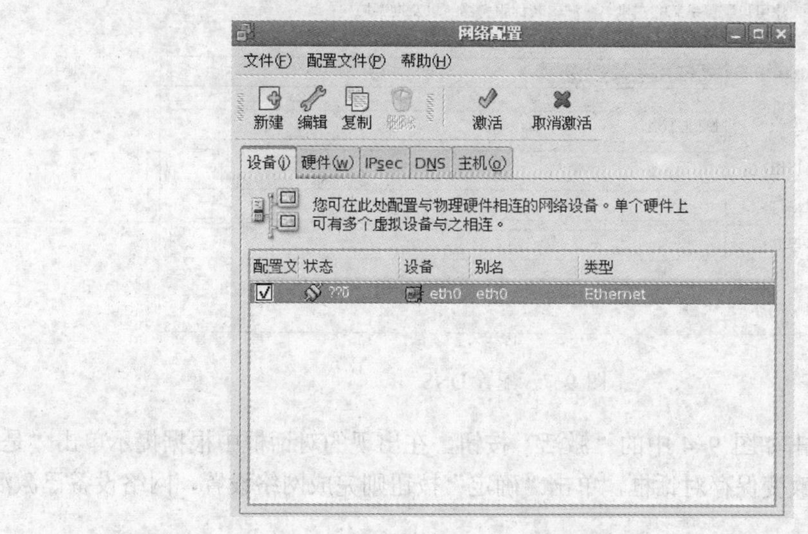

图 9-4 网络配置界面

静态 IP 设置指的是手工设置 IP 地址，根据机器所在位置的网络情况配置网络 IP 地址。如图 9-6 所示。配置完成后单击“确定”按钮，转到如图 9-4 所示界面。如果网络中有域名服务器则还需要对 DNS 进行配置，如图 9-7 所示。

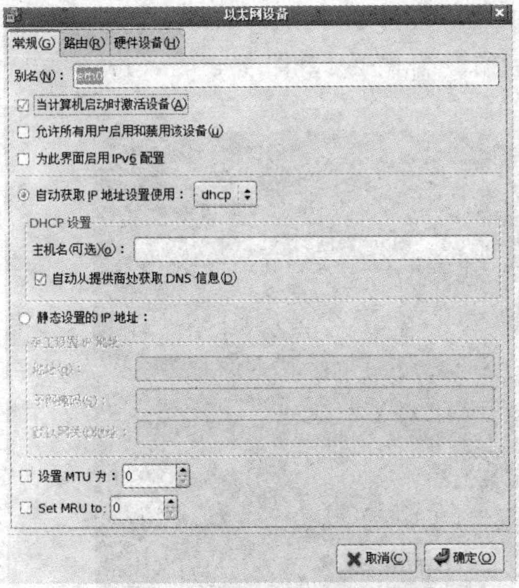

图 9-5　以太网参数配置界面

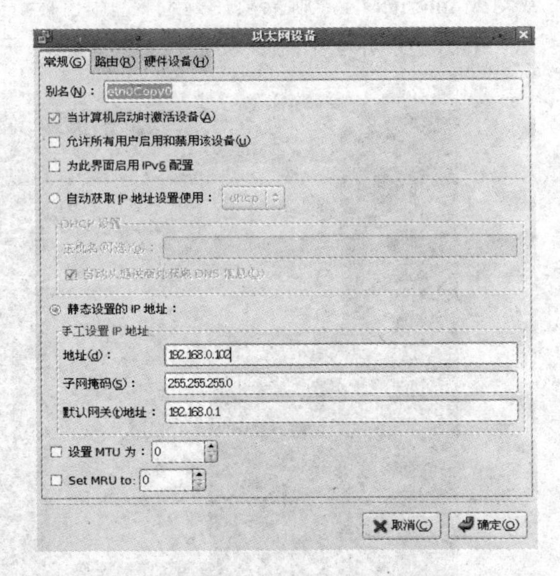

图 9-6　手工设置 IP 地址界面

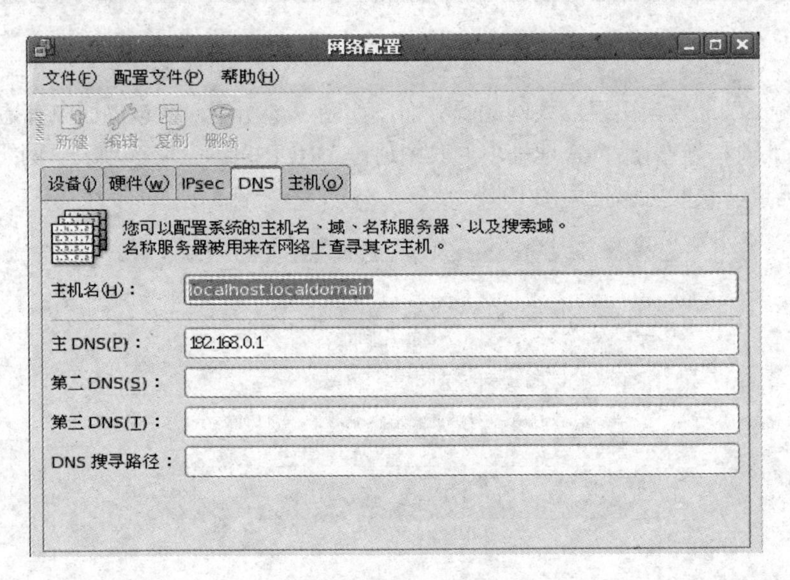

图 9-7　配置 DNS

配置完成后，单击如图 9-4 中的“激活”按钮，在出现的对话框中根据提示单击“是”按钮，出现网络配置改变保存对话框，单击“确定”按钮则完成网络设置，网络设备已激活，如图 9-8 所示。

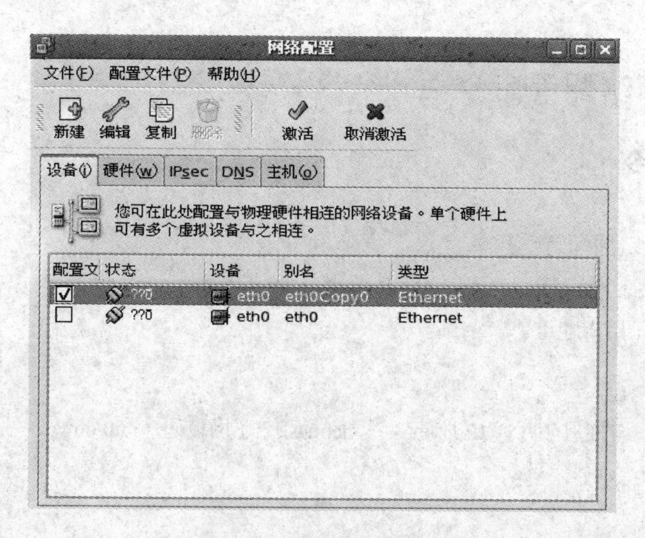

图 9-8　网络配置完成并激活

单击 Linux 中的网页浏览器按钮，输入要登录的网络域名即可实现 Linux 下的网络连接。Linux 下网页浏览窗口如图 9-9 所示。

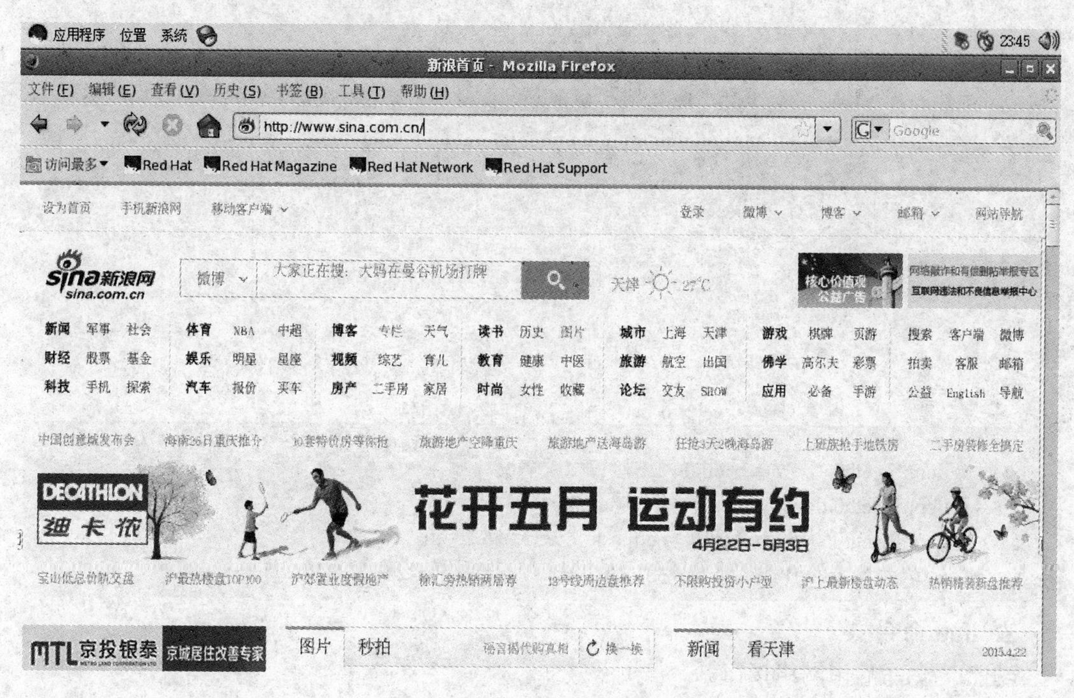

图 9-9　Linux 下网页浏览窗口

案例分解 3

3）在桌面环境下更改本机的 IP 地址，重新启动网络服务，让新设的 IP 地址生效。

按照桌面环境下配置网络的方法把本机最初的 IP 地址根据机房的网络配置信息进行手动设置，然后激活网络服务使更改生效。

9.3 常用的网络配置命令

1．ifconfig 命令

功能：

- 显示网络接口的配置信息。
- 激活/禁用某个网络接口。
- 配置网络接口 IP 地址。

格式：

ifconfig [接口名] IP 地址 netmask 子网掩码 <up/down>

例如：

ifconfig //查看当前网络接口配置情况，如图 9-10 所示

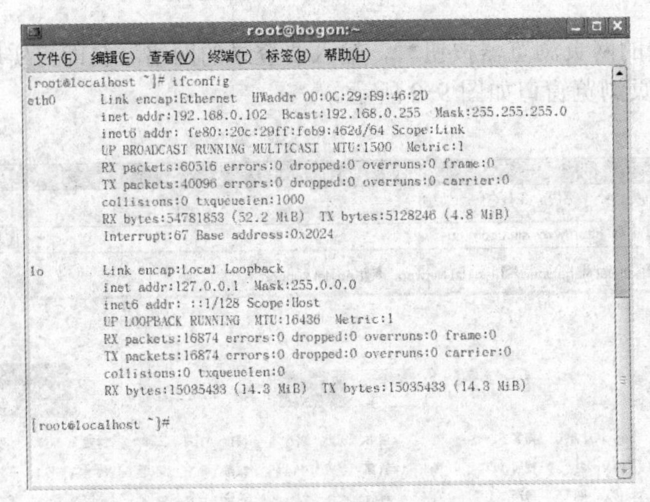

图 9-10 查看当前网络接口情况

ifconfig eth0 //查看 eth0 网络接口配置情况
ifconfig eth0 down //停用网卡 eth0
ifconfig eth0 192.168.0.10 netmask 255.255.255.0
// 将网卡的 IP 地址设置为 192.168.0.10，子网掩码设置为 255.255.255.0

2．Ifup 命令

功能：激活/启用网络接口。

格式：

ifup <设备名>

例如：

ifup eth0

3．ifdown 命令

功能：禁用/停用网络接口。

格式：

```
ifdown <设备名>
```

例如：

```
# ifdown    eth0
```

4．ping 命令

功能：向目标主机发送 ICMP 数据包，检测 IP 连通性。

格式：

```
ping    [参数]    IP 地址/主机名
```

例如：测试与 IP 地址为 192.168.0.1 的主机连通状况。

```
# ping 192.168.0.1
```

又如：测试与 IP 地址为 192.168.0.1 的计算机的连通状况，如图 9-11 所示。

```
# ping    –c    3    192.168.0.1
```

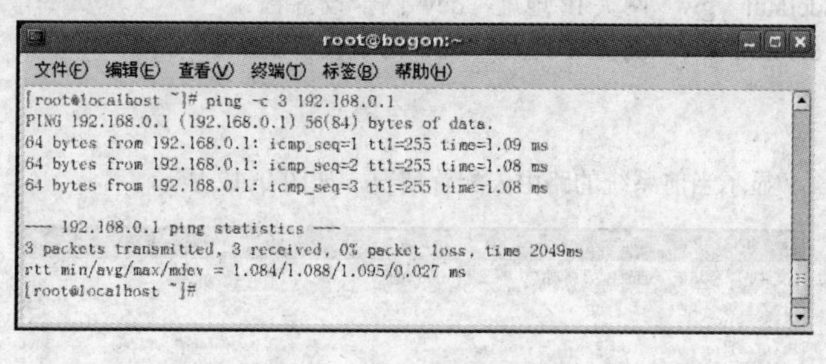

图 9-11   ping 命令的使用

5．hostname 命令

功能：显示或修改主机名。

格式：

```
#hostname    [主机名]
```

例如：

```
#hostname                              //显示主机名
#hostname      newname                 //更改主机名
```

这样只是临时更改了主机名。如果永久改变主机名，需要对配置文件进行配置。

例如：把主机名改为 localhost，则需要修改 linux 主机的配置文件/etc/sysconfig/network 和/etc/hosts。

1）修改/etc/sysconfig/network 里面的主机名字。

```
# vi /etc/sysconfig/network
NETWORKING=yes
HOSTNAME=localhost       //这里修改 hostname，主机名设为 localhost
GATEWAY=192.168.0.1
```

2）修改/etc/hosts 里面的名字。

```
# vi /etc/hosts
127.0.0.1               localhost.localdomain localhost
192.168.0.10   localhost    //192.168.1.10 视不同机器而定
```

3）让更改的名字在不重启机器的情况下下生效。

```
# hostname yourname
# su
```

6．route 命令

功能：显示路由表、添加路由、删除路由和添加/删除默认网关。

格式：

```
route
route add  -net  网络地址  netmask  子网掩码  dev 网卡设备名
route del  -net  网络地址  netmask  子网掩码
route add  default  gw  网关 IP 地址  dev 网卡设备名
route del  default  gw  网关 IP 地址  dev 网卡设备名
```

例如：

```
#route         //显示当前系统的路由表配置情况，如图 9-12 所示
```

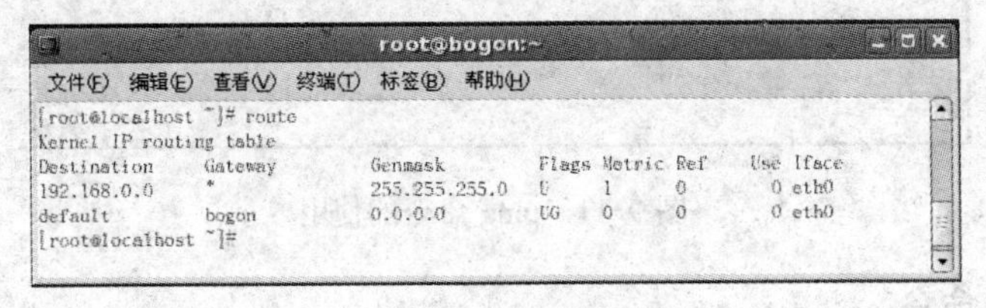

图 9-12　显示当前系统路由表配置

添加和删除路由、网关举例如下：

```
#route add  -net 192.168.0.0  netmask 255.255.255.0   dev  eth0
#route del  -net 192.168.0.0  netmask 255.255.255.0
#route add default  gw 192.168.0.1  dev eth0
```

9.4　网络服务

9.4.1　网络服务软件

Linux 具有稳定和安全等特点，加上适当的服务软件，即可满足绝大多数应用需求，目前，越来越多的企业基于 Linux 架设服务器，提供各种网络服务。网络服务启动后，通常守候进

程来实现网络服务功能，守候进程又被称为服务，它总在后台运行，时刻监听客户端的请求。常用的网络服务器软件及其服务名如表 9-2 所示。

表 9-2　网络服务器软件及其服务名

服 务 类 型	软件包名称	服务名（守候进程）	功 能 说 明
Web 服务	Apache	httpd	提供 WWW 服务
Ftp 服务	Vsftpd	Vsftpd	提供文件传输服务
邮件服务	Sendmail	sendmail	提供文件收发服务
远程登录服务	Telnet	telnet	提供远程登录服务
DNS 服务	Bind	named	提供域名解析服务
数据库服务	Mysql	mysqld	提供数据库服务
Samba 服务	Samba	smb	提供 Samba 文件共享服务
DHCP 服务	Dhcp	dhcp	提供 DHCP 动态分配网址服务

9.4.2　管理服务的 shell 命令

格式：

```
service 服务名 start/restart/stop
```

功能：启动、重新启动和终止服务。

例如，启动 FTP 服务：

```
[root@localhost ~ ] service vsftpd   start
  为 vsftpd 启动 vsftpd:                                    [确定]
  停止 apache 服务
[root@localhost ~ ] service httpd   stop
  停止 httpd:                                               [确定]
重新启动 samba 服务
[root@localhost ~ ] service smb   restart
  关闭 SMB 服务:                                            [确定]
  关闭 NMB 服务:                                            [确定]
  启动 SMB 服务:                                            [确定]
  启动 NMB 服务:                                            [确定]
```

9.4.3　桌面环境下的管理服务

超级用户在桌面环境下依次选择“系统”→“管理”→“服务”，打开“服务配置”窗口，如图 9-13 所示。窗口左侧显示当前系统能够提供的所有服务，右侧显示当前选中的服务的功能信息及运行状态，系统默认运行状态为 5 级。

选中某项服务后，打击工具栏中的“开始”“停止”或“重启”按钮，可改变本次运行的服务状态。还可以选择菜单栏中的“行动”菜单添加、删除服务。“添加服务”对话框如图 9-14

所示。还可以选择菜单栏中的“编辑服务运行级别”菜单定制服务运行级别，如图 9-15 所示。

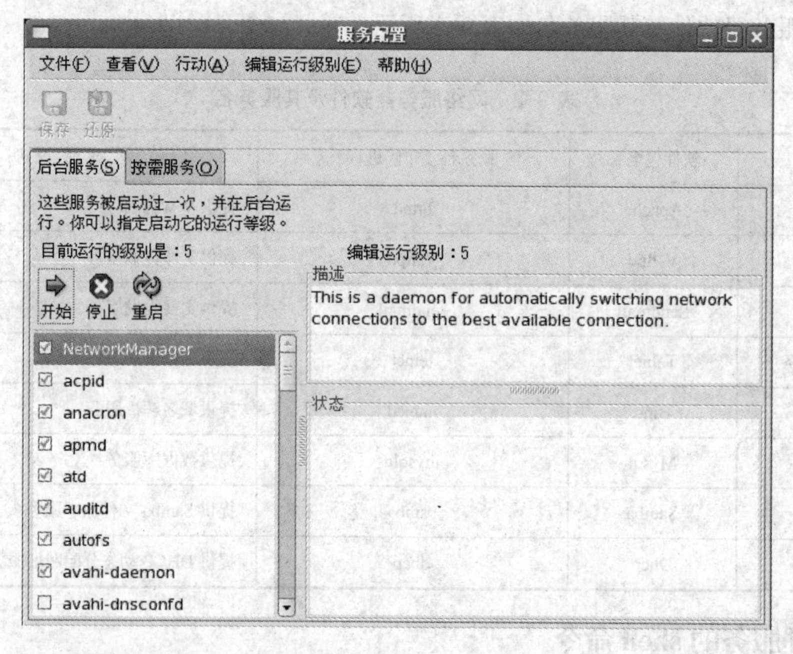

图 9-13 “服务配置”窗口

图 9-14 “添加服务”对话框

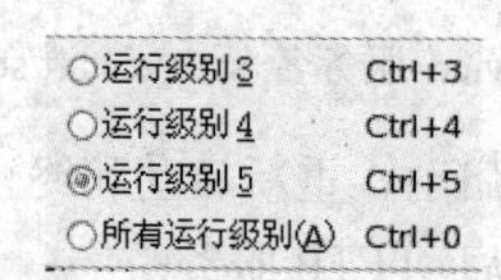

图 9-15 编辑服务运行级别

9.5 网络安全

9.5.1 防火墙

Linux 为增加系统安全性提供了防火墙保护。防火墙存在于用户计算机和网络之间，用来判定网络中的远程用户有权访问该计算机上的哪些资源。一个正确配置的防火墙可以极大地增加用户的系统安全性。

Linux 防火墙其实是操作系统本身所自带的一个功能模块。通过安装特定的防火墙内核，Linux 操作系统会对接收到的数据包按一定的策略进行处理。而用户所要做的，就是使用特定的配置软件（如 iptables）去定制适合自己的“数据包处理策略”。按照防火墙的防范方式和侧重点的不同，可将防火墙分为两类：包过滤防火墙和代理服务型防火墙。

1. 包过滤型防火墙

对数据包进行过滤可以说是任何防火墙所具备的最基本的功能，而 Linux 防火墙本身也可以说是一种“包过滤防火墙”。在 Linux 防火墙中，操作系统内核对到来的每一个数据包进行检查，从它们的包头中提取出所需要的信息，如源IP地址、目的IP地址、源端口号、目的端口号等，再与已建立的防火规则逐条进行比较，并执行所匹配规则的策略或执行默认策略。通过在防火墙外部接口处对进来的数据包进行过滤，可以有效地阻止绝大多数有意或无意的网络攻击，同时，对发出的数据包进行限制，可以明确地指定内部网中哪些主机可以访问互联网，哪些主机只能享用哪些服务，或登录哪些站点，从而实现对内部主机的管理。可以说，在对一些小型内部局域网进行安全保护和网络管理时，包过滤确实是一种简单而有效的手段。

2．代理性防火墙

Linux 防火墙的代理功能是通过安装相应的代理软件实现的。它使那些不具备公共IP的内部主机也能访问互联网，并且很好地屏蔽了内部网，从而有效保障了内部主机的安全。

9.5.2 管理防火墙的 shell 命令

管理防火墙的 shell 命令最常用的是 iptables 命令。

格式：

```
iptables 命令选项
```

功能：管理 iptables 包过滤防火墙。

1．清除所有的规则

1）清除预设表 filter 中所有规则链中的规则：

```
[root@localhost ~ ]# iptables –F
```

2）清除预设表 filter 中使用者自定链中的规则：

```
[root@localhost ~ ]#iptables –X
[root@localhost ~ ]#iptables –Z
```

2．设置链的默认策略

一般有两种方法。

1）首先允许所有的包，然后再禁止有危险的包通过防火墙。

```
[root@localhost ~ ]#iptables -P INPUT ACCEPT
[root@localhost ~ ]#iptables -P OUTPUT ACCEPT
[root@localhost ~ ]#iptables -P FORWARD ACCEPT
```

2）首先禁止所有的包，然后根据需要的服务允许特定的包通过防火墙。

```
[root@localhost ~ ]#iptables -P INPUT DROP
[root@localhost ~ ]#iptables -P OUTPUT DROP
[root@localhost ~ ]#iptables -P FORWARD DROP
```

3．向链中添加规则

telnet 使用 23 端口：

```
[root@localhost ~ ]# iptables –A INPUT -p tcp --dport 23 -j ACCEPT
```

4．列出表/链中的所有规则

默认只列出 filter 表。

```
[root@localhost ~ ]#iptables – L
Chain INPUT (policy ACCEPT)
target        prot opt source               destination
RH-Firewall-1-INPUT   all  --  anywhere             anywhere
Chain FORWARD (policy ACCEPT)
target        prot opt source               destination
RH-Firewall-1-INPUT   all  --  anywhere             anywhere
Chain OUTPUT (policy ACCEPT)
target        prot opt source               destination
Chain RH-Firewall-1-INPUT (2 references)
target        prot opt source               destination
ACCEPT        all  --  anywhere             anywhere
ACCEPT        icmp --  anywhere             anywhere            icmp any
ACCEPT        esp  --  anywhere             anywhere
ACCEPT        ah   --  anywhere             anywhere
ACCEPT        udp  --  anywhere             224.0.0.251         udp dpt:mdns
ACCEPT        udp  --  anywhere             anywhere            udp dpt:ipp
ACCEPT        tcp  --  anywhere             anywhere            tcp dpt:ipp
ACCEPT        all --   anywhere    anywhere    state RELATED,ESTABLISHED
ACCEPT        tcp  --  anywhere    anywhere        state NEW tcp dpt:ssh
REJECT        all  --  anywhere    anywhere    reject-with icmp-host-prohibited
```

5．查看所有 INPUT 数据链信息

```
[root@localhost ~ ]# iptables –L INPUT
Chain INPUT (policy ACCEPT)
target                    prot opt source               destination
RH-Firewall-1-INPUT   all  --  anywhere             anywhere
```

9.5.3 桌面环境下管理防火墙

为保证给客户提供良好的网络服务，还需要设置网络的安全级别。超级用户在桌面环境下依次单击“系统”→“管理”→“安全级别和防火墙”菜单，弹出“安全级别设置”对话框，在此设置防火墙启用，如图 9-16 所示。

在“防火墙”选项卡中单击“其他端口”项，将显示出端口列表，如图 9-17 所示。系统将允许来自端口列表中的所有端口的访问，而不受防火墙规则的限制。通过列表还可以添加允许访问的端口以及所使用的协议。安全级别设置后单击“确定”按钮，将弹出警告对话框，单击“是”按钮，系统将保存改变，并启用或禁用防火墙。如果启用，选定的选项就会写入 /etc/sysconfig/iptables 文件，并启动 iptables 服务；如果禁用防火墙，则/etc/sysconfig/iptables 会被删除，iptables 立即停止。

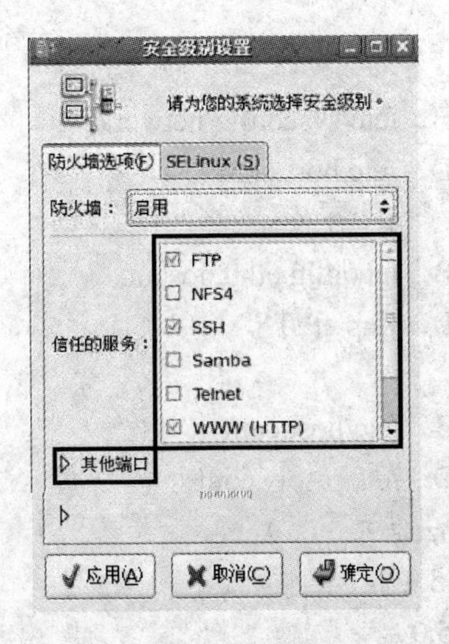

图 9-16 “安全级别设置”对话框

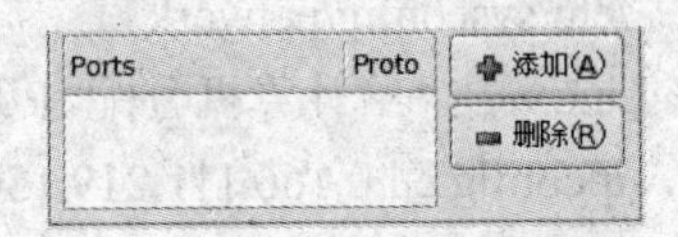

图 9-17 端口列表

9.5.4 SELinux

SELinux 的全称是 Security Enhanced Linux，是由美国国家安全部领导开发的 GPL 项目，是一个灵活而强制性的访问控制结构。SELinux 是一种非常强大的安全机制，旨在提高 Linux 系统的安全性。

在“安全级别设置”对话框中选中“SELinux”选项卡，显示 SELinux 工作状态。RHEL5.5 默认强制启用 SELinux，也可以选择禁用或者允许使用 SELinux。

9.6 上机实训

1）把本机的以太网络接口关闭。

2）把本机加到 202.168.42.8 子网中，进行 IP 地址、子网掩码、网关的设置。

3）再重新启用该网络设置，查看本系统的网络设置。

4）在 Windows 中添加一块虚拟的网卡，把该网卡加入到与 Linux 同一个子网中，来进行测试。

5）在 Linux 系统中，在级别 3、5 中停用 network 服务，再重新启用网络服务，观察有什么情况发生。

9.7 课后习题

1. Linux 中/etc/sysconfig/network 文件中 hostname 是指（　　）。

A. DNS 名　　B. netbios 名　　C. IP　　D. A 和 B 都可以

2. route 命令中-net 是指（　　）。

A. 目标是一个网段　　B. 目标是一个主机

C. 目标是所有网段　　D. 目标是所有主机

3．存放 Linux 主机名的文件是（　　）。

A．/etc/hosts　　B．/etc/sysconfig/network

C．/etc/hostname　　D．/etc/host.conf

4．快速启动网卡“eth0”的命令是（　　）。

A．ifconfig eth0 noshut　　B．ipconfig eth0 noshut

C．ifnoshut eth0　　D．ifup eth0

5．指定系统主机名的配置文件是（　　）。

A．/etc/hosts　　B．/etc/host.conf

C．/etc/sysconfig/network　　D．/etc/resolv.conf

6．在 Linux 中，给计算机分配 IP 地址正确的方法是（　　）。

A．ipconfig eth0 166.111.219.150　255.255.255.0

B．ifconfig eth0 166.111.219.150　255.255.255.0

C．ifconfig eth0 166.111.219.150 netmask 255.255.255.0

D．在 Linux 窗口配置中配置

7．RHEL 5 下可以设置每个运行级别启动服务的工具有（　　）。

A．xinetd　　B．chkconfig　　C．ntsysv　　D．jobs

8．配置主机网卡 IP 地址的配置文件是（　　）。

A．/etc/sysconfig/network-scripts/ifcfg-eth0　　B．resolv.conf

B．/etc/sysconfig/network　　D．/etc/host.conf

9．以下配置行需要写在 ifcfg-eth0 文件中的有（　　）。

A．IPADDP=192.168.0.1　　B．BOOTPROTO=DHCP

C．NAMESERVER=192.168.0.1　　D．DEVICE=eth0

10．RHEL 5 中，显示内核路由表的命令是（　　）。

A．route　　B．ifconfig　　C．netstat　　D．ifup

11．某主机的 IP 地址为 202.120.90.13，那么其默认的子网掩码是（　　）。

A．255.255.0.0　　B．255.0.0.0

C．255.255.255.255　　D．255.255.255.0

12．TCP/IP 给临时端口分配的端口号为（　　）。

A．1024 以上　　B．0—1024　　C．256—1024　　D．0—128

13．eth1 表示的设备为（　　）。

A．显卡　　B．网卡　　C．声卡　　D．视频压缩卡

14．与“ifup eth0”命令功能相同的命令是（　　）。

A．ifdown eth0 up　　B．ipconfig up eth0

C．ifconfig up eth0　　D．ifconfig eth0 up

15．欲发送 10 个分组报文测试于主机 abc.edu.cn 的连通性，应使用的命令是（　　）。

A．ping -a 10 abc.edu.cn　　B．ping -c 10 abc.edu.cn

C．ifconfig -a 10 abc.edu.cn　　D．rout -10 abc.edu.cn

第 10 章　Samba 服务器

当局域网中存在多种操作系统，例如，既有安装 Windows 的计算机，又有安装 Linux 的计算机，怎样才能实现他们之间的互访呢？架设 Samba 服务器可以解决这一问题。Samba 服务器可使 Windows 用户通过网上邻居等方式直接访问 Linux 的共享资源，而 Linux 用户也可以通过 SMB 客户端程序轻松访问 Windows 的共享资源。Samba 服务器可实现不同类型计算机之间文件和打印机的共享。

10.1　Samba 简介

SMB（Server Message Block，服务信息块）协议是一个高层协议，它提供了在网络上的不同计算机之间共享文件、打印机和通信资料的手段，是实现网络上不同类型计算机之间文件和打印机共享服务的协议。

Samba 是一组使 Linux 支持 SMB 协议的软件，基于 GPL 原则发行，源代码完全公开。Samba 的核心是两个守候进程 smbd 和 nmbd。smbd 守候进程负责建立对话、验证用户、提供文件和打印机共享服务等。nmbd 守候进程负责实现网络浏览。为了将 Linux 作为客户端集成到 Windows 环境中，Samba 提供了两个工具：nmblookup 工具用于 NetBIOS 名称解析和测试，smbclient 工具提供对 SMB 文件和打印服务的访问。

Samba 服务器可以让 Windows 操作系统用户访问局域网中的 Linux 主机，就像网上邻居一样方便。如图 10-1 所示。

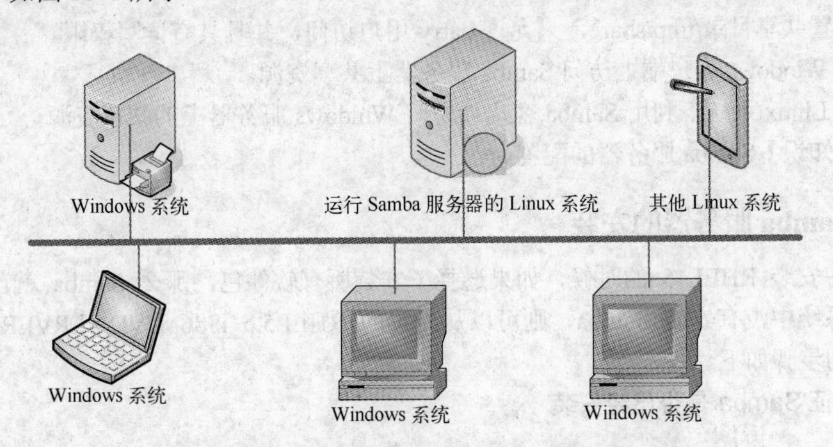

图 10-1　由 Samba 提供文件和打印服务的局域网

10.1.1　Samba 的工作原理

Samba 的工作原理是让 Windows 操作系统网上邻居的通信协议——NETBIOS（Network Basic Input/Output System）和 SMB 这两个协议在 TCP/IP 通信协议上运行，并且使用

Windows 上的 NETBEUI 协议让 Linux 可以在网上邻居中被 Windows 看到。其中最主要的是 SMB 协议，在所有的诸如 Windows Server 2008、Windows 7 等 Windows 系列操作系统中应用广泛。Samba 就是 SMB 服务器在类 UNIX 系统上的实现。

10.1.2 Samba 服务器的功能

文件共享和打印是 Samba 服务器最主要的功能。Samba 为了方便文件共享和打印共享，还实现了相关控制和管理功能，具体来说，Samba 完成的功能如下。

- 共享目录：在局域网共享某些文件和目录，使得同一个网络内的 Windows 用户可以在网上邻居里访问该目录，如同访问网上邻居里的其他 Windows 机器一样。
- 目录权限：决定每一个目录可以由哪些人访问，具有哪些访问权限，Samba 可以设置一个目录允许一个人、某些人、组或所有人访问。
- 共享打印机：在局域网上共享打印机，使得局域网和其他用户可以使用 Linux 操作系统下的打印机。
- 打印机使用权限：决定哪些用户可以使用打印机。

安装和配置好 Samba 服务器后，Linux 就可以向局域网中的 Windows 用户提供文件和打印服务。

10.2 案例：Samba 服务器的安装和配置

【案例目的】 利用 Samba 软件包架设一台资源共享服务器。

【案例内容】

1）设置 Samba 服务器所在工作组为 workgroup。

2）设置 Samba 服务器为用户级访问。

3）设置共享目录/tmp/share，只允许 harry 用户访问，并且具有读写权限。

4）在 Windows 客户端上访问 Samba 服务器上共享资源。

5）在 Linux 系统下利用 Samba 客户端访问 Windows 服务器上的共享资源。

【核心知识】 Samba 服务器的配置。

10.2.1 Samba 服务器的安装

用户在安装 RHEL 5 的时候，如果选择了安装所有软件包，那么 Samba 就已经安装上了。如果系统中没有安装 Samba，则可以从光盘的 RHEL5.5_i386 DVD/SERVER 目录下安装。安装的步骤如下。

1. 验证 Samba 是否已经安装

```
[root@localhost ~t]# rpm –qa | grep samba
```

如果系统出现类似如下的信息，则表明 Samba 已经安装：

```
samba-swat-3.0.33-3.28.el5
samba-common-3.0.33-3.28.el5
samba-3.0.33-3.28.el5
```

```
samba-client-3.0.33-3.28.el5
```

如果没有出现以上类似信息，则表明系统尚未安装Samba，用户可以进行安装。

2．安装 Samba

Samba 的安装过程比较简单，在 RHEL DVD 安装光盘里的 RHEL5.5_i386 DVD/SERVER 目录下就包括 Samba 的安装程序，有四个文件，文件名分别为：Samba-common-3.0.33-3.28.el5、Samba-swat-3.0.33-3.28.els、Samba-client-3.0.33-3.28.el5 和 Samba-3.0.33-3.28.el5。可以用光盘安装也可以从网上下载这四个文件放在硬盘的某个目录下进行安装，安装过程非常相似。

把光盘放在光驱中，一般系统会自动安装光驱，不需用户手动安装光驱，输入如下命令：

```
[root@localhost ~]# cd /mnt/cdrom/server
// 改变当前目录为 Samba 软件包所在的目录
[root@localhost root]# rpm –ivh samba-common-3.0.33-3.28.el5
// 安装 Samba 的公用软件包
[root@localhost~]# rpm –ivh samba-client-3.0.33-3.28.el5
// 安装 Samba 的客户端程序
[root@localhost ~]# rpm –ivh samba-3.0.33-3.28.el5
// 安装 Samba 的服务器程序
[root@localhost ~]# rpm –ivh samba-swat-3.0.33-3.28.el5
// 安装 Samba 的网络相关程序
```

和 Samba 服务相关的文件有：Samba 的核心配置文件/etc/samba/smb.conf、Samba 的启动脚本/etc/rc.d/init.d/smb、存放 Samba 用户口令的文件/etc/samba/smdpasswd 和添加 Samba 用户的配置文件/usr/bin/smbadduser。

10.2.2 Samba 服务器的配置

将 Samba 相关软件包安装完成后，Linux 服务器与 Windows 客户端之间还不能正常互联。要让 Samba 服务器发挥作用，还必须正确配置 Samba 服务器。另外，还要正确设置防火墙。默认情况下防火墙不允许 Windows 客户端访问 Samba 服务器，必须打开相应的服务。

1．smb.conf 文件

Samba 服务器全部配置信息均保存在/ctc/samba/smb.conf 文件中。smb.conf 文件采用分节的结构，一般由三个标准节和若干个用户自定义的共享节组成。利用文本编辑器可以编辑和查看 smb.conf 文件。

（1）基本全局参数

基本全局参数在文件中对应的内容有：

```
netbios name = ?          //设置 Samba 的 NetBIOS 名字
workgroup = ?             //设置 Samba 要加入的工作组
hosts allow = ?<192.168.5.     /192.168.5.164>
hosts deny = ? <192.168.5.     /192.168.5.164>       //允许/禁止访问的子网或主机
dead time=                //指定在客户端无操作多少分钟后服务器自动中断连接，如 dead time=10
```

max open files=　　　//定义同一客户机最多能打开的文件数目，如 max open files=100

（2）共享资源参数

共享资源参数在文件中对应的内容有：

```
comment = ?                    //指定对共享的描述
path = ?                       //指定共享服务的路径
```

（3）访问控制参数

访问控制参数在文件中对应的内容有：

```
writable = yes                 //指定共享的路径是否可写
browsable =yes                 //指定共享的路径是否可浏览（默认可以）
available = yes                //指定共享资源是否可用
read only = yes                //指定共享的路径是否为只读
read list =user，@ group       //设置只读访问用户列表
write list = user，@group      //设置读写访问用户列表
valid users = user，@group     //指定允许使用服务的用户列表
Invalid users   = user , @group  //指定不允许使用服务的用户列表
public=yes/no                  //设置共享资源是否允许所有用户访问，除 guest 用户以外
guest ok =yes/no               //设置是否允许 guest 用户访问共享资源
guest only=yes/no              //设置共享目录只允许 guest 用户访问
```

smb.conf 文件的默认设定值如下：

```
[ global]
  Workgroup =mygroup
  Serverstring =Samba server
  security=user
  passdb.backend=tdbsam
  load printers=yes
  cups.options=raw
[homes]
  Comment =Home Directory
  Browserable =no
  Writable=yes
[printers]
  Commemt =All printers
  path=/var/spool/samba
  Browserable =no
  Guest ok=no
  Writable=on
  Printable=yes
```

（4）Samba 的安全等级

Samba 安全等级按制参数在文件中对应的选项为：

```
security = ?
```

其中可选择的等级参数如下。

● 共享级访问（Share）：当客户端连接到 Samba 服务器后，不需要输入 Samba 用户名和口令就可以访问 Samba 中的共享资源。这种方式方便但不安全。
● 用户级（User）：这是 Samba 服务器默认的安全级别。Samba 服务器负责检查 Samba 用户名和口令，验证成功后才能访问相应的共享目录。
● 域（Domain）：Samba 服务器本身不验证 Samba 用户名和口令，而由 Windows 域控制服务器负责。此时必须指定域控制服务器的 Netbios 名称。
● 服务器（Server）：Samba 服务器不验证 Samba 用户名和口令，而将输入的用户名和口令传给另一个 Samba 服务器来验证。此时必须指定负责验证的那个 Samba 服务器的名称。

2．启动 samba 服务

（1）检查配置文件正确性

```
[root@localhost ~]# testparm
```

（2）启动服务

```
[root@localhost ~]# service    smb    start/restart
```

3．建立 samba 用户

当 Samba 服务器的安全级别为用户时，用户访问 Samba 服务器时必须提供其 Samba 用户名和口令。只有 Linux 系统本身的用户才能成为 Samba 用户，并需要设置其 Samba 口令。Samba 用户账号信息默认保存于/etc/samba/smbpasswd 文件。

（1）smbpasswd 命令

格式：smbpasswd   [选项]   [用户名]

功能：将 Linux 用户设置为 Samba 用户。

主要选项说明如下。

-a　用户名：增加 Samba 用户。

-d　用户名：暂时锁定指定的 Samba 用户。

-e　用户名：解锁指定的 Samba 用户。

-n　用户名：设置指定的 Samba 用户无密码。

-x　用户名：删除 Samba 用户。

例如，将名为“jerry”的 Linux 用户设置为 Samba 用户：

```
[root@localhost ~]# smbpasswd –a    jerry
 New SMB password:
 Retype new SMB passwd:
 Added user jerry
```

超级用户在 shell 命令提示符后输入“smbpasswd –a 用户名”格式的命令后，必须根据屏幕提示两次输入指定 Samba 用户的口令。系统将指定 Samba 用户的账号信息保存于/etc/samba/smbpasswd 文件。smbpasswd 文件默认并不存在，首次执行 smbpasswd 命令将自动创建此文件。

又如，修改 Samba 用户 jerry 的口令：

```
[root@localhost ~]# smbpasswd jerry
 New SMB password:
 Retype new SMB passwd:
```

（2）pdbedit 命令

格式：pdbedit [选项]　[用户名]

功能：将 Linux 用户设置为 Samba 用户，无参数时，修改 Samba 用户的密码。

主要选项说明如下。

-a　用户名：增加 Samba 用户。

-r　用户名：修改 Samba 用户

-v　用户名：查看 Samba 用户信息。

-x　用户名：删除 Samba 用户。

-L：显示所有用户

例如，将名为 jerry 的 Linux 用户设置为 Samba 用户：

```
[root@localhost ~]# pdbedit –a    jerry
     new password:
     retype new password:
```

又如，查看 Samba 用户信息：

```
[root@localhost ~]# pdbedit –v    jerry
   Unix username:             jerry
   NT username:
   Account Flags:             [U              ]
   User SID:                  S-1-5-21-2340404854-1195674037-4200339220-1005
   Primary Group SID:         S-1-5-21-2340404854-1195674037-4200339220-513
   Full Name:
   Home Directory:            \\myserver\jerry
   HomeDir Drive:
   Logon Script:
   Profile Path:              \\myserver\jerry\profile
   Domain:                    MYSERVER
   Account desc:
   Workstations:
   Munged dial:
   Logon time:                0
   Logoff time:               never
   Kickoff time:              never
   Password last set:      一, 18    5 月  2015 05:01:26 PDT
   Password can change:   一, 18    5 月  2015 05:01:26 PDT
   Password must change: never
   Last bad password     : 0
   Bad password count    : 0
```

```
Logon hours              : FFFFFFFFFFFFFFFFFFFFFFFFFFFFFFFFFFFFFFFFFF
```

例如，显示所有 Samba 用户信息：

```
[root@localhost ~]# pbedit   –L
helen:102:
jerry:103:
harry:101:
```

【例 10-1】 架设共享级别的 Samba 服务器，所有 Windows 计算机用户均可读/tmp/share 目录，当前工作组为 workgroup，netbios name 为 myserver，进行 Samba 服务器测试。配置步骤如下：

1）修改 Linux 配置文件。利用文本编辑工具对/etc/samba/smb.conf 进行编辑。

```
[root@localhost ~]# vi /etc/samba/smb.conf
[global]
 workgroup=workgroup                          //设置工作组
netbios name=myserver                         //设置服务器名称
 security=share                               //设置安全级别为共享
[share]
 path=/tmp/share                              //共享/tmp/share 下的文件
 public=yes                                   //设置目录允许所有人公用
 writable=yes                                 //目录可写入
 guest ok=ok                                  //guest 用户可以访问
```

☞注意：

guest ok=ok 一定要加上，否则会出现访问不通情况。

2）利用 testparm 命令测试文件配置的正确性。

```
[root@localhost ~]# testparm                  //测试配置文件的正确性
Loading smb config files from /etc/samba/smb.cont
Processing section "[homes]"
Processing section "[printers]"
Processing section "[share]"
Loaded sercices file OK
Server role: ROLE_STANDALONE
Press enter to see a dump of your server definition
```

testparm 命令执行后如果显示“loaded services file OK”信息，那么说明 Samba 服务器的配置文件完全正确，否则将提示出错信息，此时如果按〈Enter〉键将显示详细的配置内容，如下：

```
[global]
 workgroup=workgroup
 security=share
[share]
```

```
path=/tmp/share
public=yes
read only=no
guest ok=ok
```

☞提示：

testparm 命令显示的配置内容跟 smb.conf 文件不一定完全相同，但是功能一定相同。

3）重新启动服务器。

```
[root@localhost ~]# service smb restart
 启动 SMB 服务                                    [确定]
 启动 NMB 服务                                    [确定]
```

此时所有用户不需要口令，都可以访问/tmp/share 目录，并具有读写权限。

【例 10-2】 架设用户级别的 Samba 服务器，其中 tom 用户可以访问其个人目录文件，当前工作组为 workgroup，netbios name 为 myserver。

1）把 tom 用户设置为 Samba 用户，并输入口令。

```
[root@localhost ~]#smbpasswd -a tom
```

2）利用文本编辑器修改 smb.conf 文件。

```
[root@localhost ~]# vi /etc/samba/smb.conf
 [global]
 workgroup=workgroup                            //设置工作组
netbios name=myserver                           //设置服务器名称
 security=user                                  //设置安全级别为共享
[homes]
 Comment=Home Directory
 Browseable=no
 writable=yes                                   //目录可写入
```

3）利用 testparm 命令测试文件配置的正确性。

```
[root@localhost ~]# testparm                    //测试配置文件的正确性
```

4）重新启动服务器。

```
[root@localhost ~]# service smb restart
 关闭 SMB 服务                                    [确定]
 关闭 NMB 服务                                    [确定]
 启动 SMB 服务                                    [确定]
 启动 NMB 服务                                    [确定]
```

只有 Samba 用户，通过验证才能访问其用户主目录，并且对于其用户主目录具有完全的控制权。

【例 10-3】 架设用户级别的 Samba 服务器，其中 Jack 和 Helen 用户可访问其个人主目录和/var/samba/tmp 目录，而其他的普通用户只能访问其个人主目录。

1）假设工作组为 workgroup。利用 smbpasswd 命令将 Linux 系统中所有普通用户都设置为 Samba 用户。

2）利用文本编辑器修改 smb.conf 文件：

```
[root@localhost ~]# vi /etc/samba/smb.conf
[global]
 workgroup=workgroup                        //设置工作组
netbios name=myserver                       //设置服务器名称
 security=user                              //设置安全级别为共享
[homes]
 Comment=Home Directory
 Browseable=no
 writable=yes                               //目录可写入
[tmp]
 path=/var/samba/tmp                        //共享/tmp 下的文件
 writable=yes
 valid users=Helen, Jack
```

3）利用 testparm 命令测试配置文件是否正确：

```
[root@localhost ~]# testparm
 [global]
        netbios name = MYSERVER
        server string = Samba Server Version %v
        passdb backend = tdbsam
        cups options = raw
[homes]
        comment = Home Directories
        read only = No
        browseable = No
[printers]
        comment = All Printers
        path = /var/spool/samba
        printable = Yes
        browseable = No
[tmp]
        path = /var/samba/tmp
        read only = No
```

4）重新启动 Samba 服务器。

案例分解 1

1）设置 Samba 服务器所在工作组为 workgroup，netbios name 为 myserver，Samba 服务器为用户级访问。根据题意对 Samba 服务器进行配置，配置内容及界面如图 10-2 所示。

```
root@bogon:~
文件(F) 编辑(E) 查看(V) 终端(T) 标签(B) 帮助(H)
[global]

# ------------------------- Network Related Options -------------------------
#
# workgroup = NT-Domain-Name or Workgroup-Name, eg: MIDEARTH
#
# server string is the equivalent of the NT Description field
#
# netbios name can be used to specify a server name not tied to the hostname
#
# Interfaces lets you configure Samba to use multiple interfaces
# If you have multiple network interfaces then you can list the ones
# you want to listen on (never omit localhost)
#
# Hosts Allow/Hosts Deny lets you restrict who can connect, and you can
# specifiy it as a per share option as well
#
        workgroup = WORKGROUP
        server string = Samba Server Version %v
        netbios name = MYSERVER
        security=user

;       interfaces = lo eth0 192.168.12.2/24 192.168.13.2/24
```

图 10-2　用户级访问配置

10.2.3　与 Samba 服务器相关的 shell 命令

Linux 中与 Samba 服务器有关的 shell 命令除了前面介绍的 testparm 命令和 smbpasswd 命令外，还包括 smbclient、smbstatus 命令等。

1．smbclient 命令

功能：查看或访问 Samba 共享资源。

格式：

```
smbclient [-L   IP 地址]   [共享资源路径]   [-U  用户名]
```

例如，某 Samba 服务器的 IP 地址为 192.168.0.102，查看其提供的共享资源：

```
[root@localhost ~]# smbclient –L //192.168.0.102
Password:
Anonymous login successful
Domain =[WORGROUP] OS =[Unix]    server =[Samba 3.0.33-3.28.el5]
Sharename        Type        Comment
----------        ----------        ----------
Tmp               Disk
Helen-harry        Disk
IPC$               IPC           IPC Service（samba Server Uersion 3.0.33-3.28el5）
SnagIt_7:2       Printer     SnagIt 7
Microsoft_XPS_Document_Writer:3 Printer     Microsoft XPS Document Writer
Fax:4                 Printer     Fax
```

```
Canon_iP1188_series_(_1):5 Printer      Canon iP1188 series ( 1)
Canon_iP1188_series:6 Printer     Canon iP1188 series
Adobe_PDF:7         Printer     Adobe PDF
_OneNote_2010:1 Printer       OneNote 2010
Anonymous login successful
Domain=[WORKGROUP] OS=[Unix] Server=[Samba 3.0.33-3.28.el5]
Server              Comment
---------           -------
MICROSO-BT6KDOS
MYSERVER            Samba Server Version 3.0.33-3.28.el5

Workgroup           Master
---------           -------
WORKGROUP           MICROSO-BT6KDOS
```

输入“# smbclient –L 192.168.0.102”命令后要求输入口令，超级用户可以直接按〈Enter〉键而不输入口令。接着屏幕显示一系列 Samba 服务的相关信息，其中包括当前计算机提供的两个共享目录。

又如访问 IP 地址为 192.168.0.102 的计算机提供的共享目录/share。

```
[root@rh ~]# smbclient //192.168.0.102/share
 Password:（未输入任何密码）
 Anonymous login successful
 tree connect failed: NT_STATUS_ACCESS_DENIED
访问 share 共享（启用 guest 账户）
 [root@localhost root]# smbclient    //192.168.0.102/share
Password: （未输入任何密码）
Anonymous login successful
Domain=[WORKGROUP] OS=[Unix] Server=[Samba 3.0.33-3.28.el5]
smb: \>
```

执行“#smbclient   //192.168.0.102/share”命令后，需要输入口令，验证成功后进入 smbclient 环境，出现“Smb：\>”提示符等待输入命令。输入“？”将显示所有可使用的命令。在 Samba 交互界面下的操作命令有如下几个。

- !：执行本地路径。
- ls：显示文件列表。
- get：下载单个文件。
- put：上传单个文件。
- mget：批量下载文件（支持通配符）。
- mput：批量上传文件（支持通配符）。
- mkdir：建立目录。
- rmdir：删除目录。
- rm：删除文件。

例如：

```
smb：\>?
  ?              altname        archive        blocksize      cancel
case_sensitive   cd             chmod          chown          close
del              dir            du             exit           get
getfacl          hardlink       help           history        lcd
link             lock           lowercase      ls             mask
md               mget           mkdir          more           mput
newer            open           posix          posix_open     posix_mkdir
posix_rmdir      posix_unlink   print          prompt         put
pwd              q              queue          quit           rd
recurse          reget          rename         reput          rm
rmdir            showacls       setmode        stat           symlink
tar              tarmode        translate      unlock         volume
vuid             wdel           logon          listconnect    showconnect
!
```

又如：

```
smb：\>ls
.                                  D      0   Mon May 18 00:01:34 2015
..                                 D      0   Mon May 18 04:45:40 2015
pp                                        0   Sun May 17 23:59:34 2015
pyh.txt                                  36   Mon May 18 00:01:34 2015
```

又如：

```
smb: \> get pyh.txt
getting file \pyh.txt of size 36 as pyh.txt (0.3 kb/s) (average 0.3 kb/s)
smb: \>
```

又如：

```
Smb：\>quit
```

2．smbstatus 命令

功能：查看 Samba 共享资源的使用情况。

格式：

```
smbstatus
```

例如：

```
[root@localhost ~]# smbstatus
Unknown parameter encountered: "valid user"
Ignoring unknown parameter "valid user"

Samba version 3.0.33-3.28.el5
PID     Username       Group          Machine
-------------------------------------------------------------------
```

```
Service         pid         machine         Connected at
-------------------------------------------------------------------

No locked files
```

屏幕显示“No locked files”信息，说明用户未对共享目录的文件进行编辑，否则将显示正被编辑文件的名称。

案例分解 2

2）建立 Linux 用户和 Samba 用户，建立过程如图 10-3 所示。

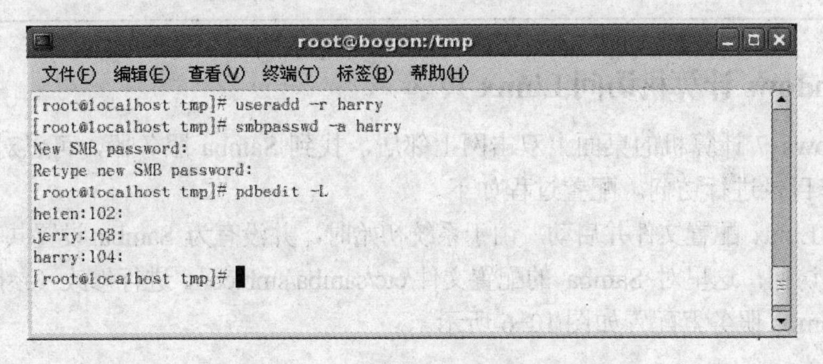

图 10-3　Samba 用户设置过程

用 useradd 命令添加 harry 用户为系统用户，用 passwd 命令设置用户口令，用 pdbedit 命令或 smbpasswd 命令将 harry 用户添加为 Samba 用户，并设置口令。

3）设置共享目录/tmp/docs，并且具有读写权限。

```
[root @localhost ~ ]# mkdir –p   /tmp/docs       //建立共享文件夹 docs
[root @localhost ~ ]# cd /tmp/docs               //进入 docs 目录
[root @localhost docs ]# vi hello.txt            //编辑文件 hello.txt
```

Hello.txt 文本文件如图 10-4 所示，docs 共享文件夹配置如图 10-5 所示。

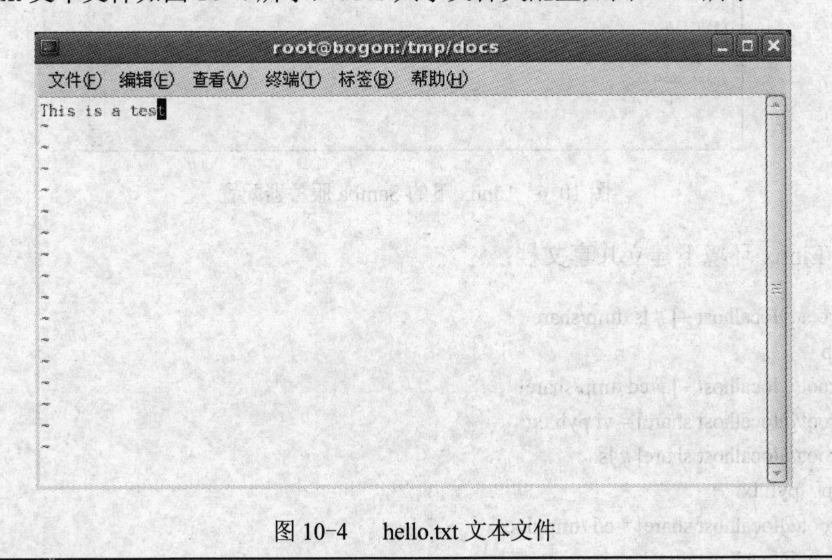

图 10-4　hello.txt 文本文件

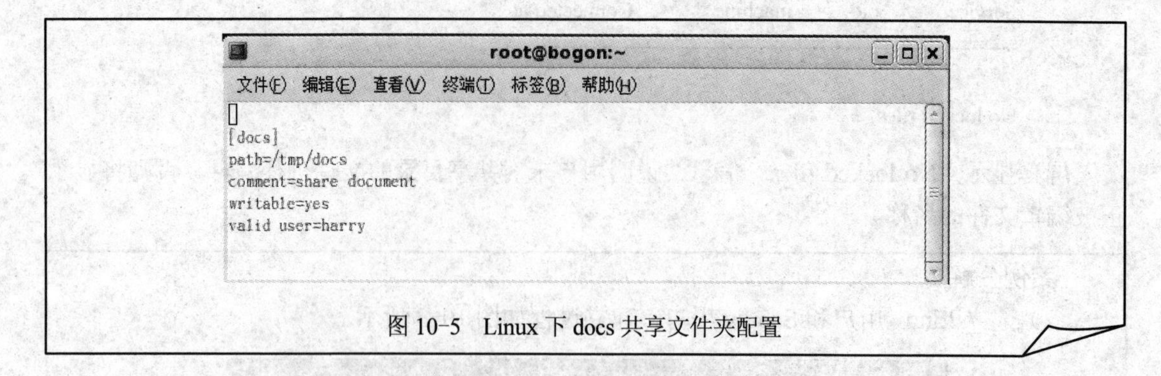

图 10-5　Linux 下 docs 共享文件夹配置

10.2.4　Windows 计算机访问 Linux 共享

在 Windows 7 计算机的桌面上双击网上邻居，找到 Samba 服务器，可以对 Samba 服务器提供的共享目录进行访问。配置过程如下。

1）修改 Linux 配置文件并启动。由于系统初始时，并没有为 Samba 设置共享目录，因而无法对其进行访问，这里对 Samba 的配置文件/etc/samba/smb.conf 进行修改（参照例 10-1）。Linux 下的 Samba 服务器配置如图 10-6 所示。

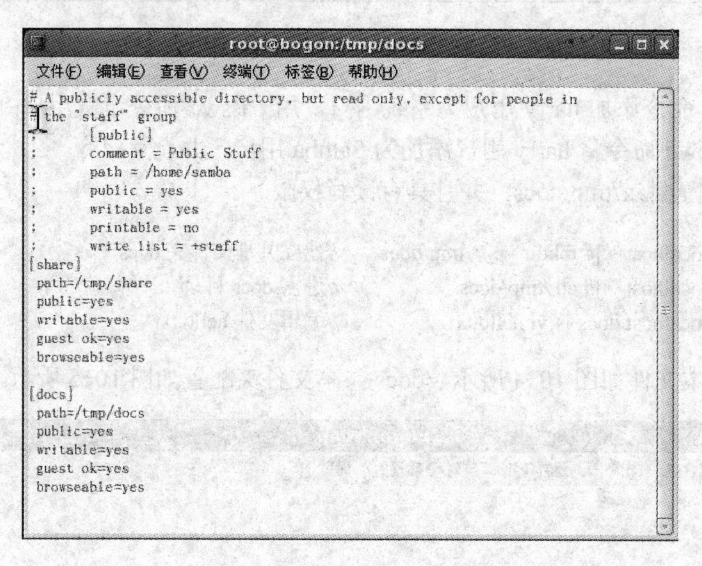

图 10-6　Linux 下的 Samba 服务器配置

2）在 Linux 环境下建立共享文档：

```
[root@localhost ~] # ls /tmp/share
pp
[root@localhost ~] # cd /tmp/share
[root@localhost share] # vi pyh.txt
[root@localhost share] # ls
pp    pyh.txt
[root@localhost share] # cd /tmp/docs
[root@localhost docs] # vi peng.txt
```

用 vi 编辑器对文本文件 pyh.txt 进行编辑，内容如图 10-7 所示。

图 10-7　编辑文档内容

3）在 Windows 7 下打开网络，在同一网络下属于同一个工作组 workgroup 的计算机显示出来。显示内容如图 10-8 所示。

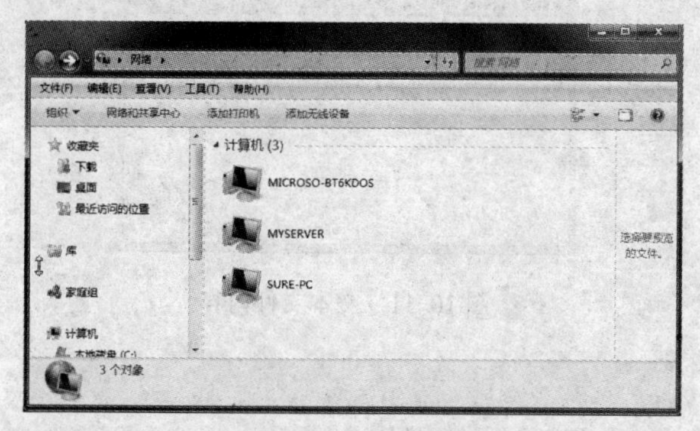

图 10-8　打开网络

4）选中 Linux Samba 主机名 MYSERVER，双击显示出其中的共享文件夹，如图 10-9 所示。其中 docs、share 都是共享的不同的文件夹。打印机也默认共享。

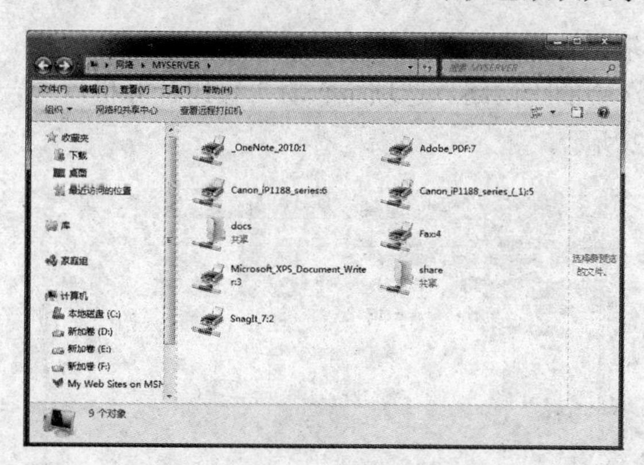

图 10-9　Linux 主机上的共享文件夹

5）单击 share 文件夹，文件夹中有两个文件，其中 pyh.txt 就是前面编辑的文件，如图 10-10 所示。

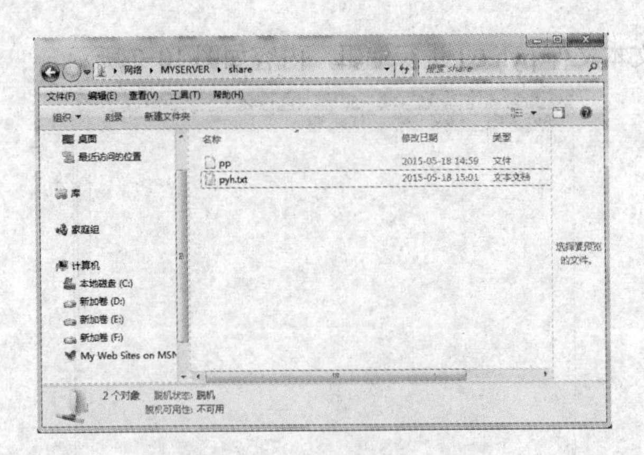

图 10-10　docs 文件夹下的内容

6）打开文件 pyh.txt 显示其内容如图 10-11 所示。

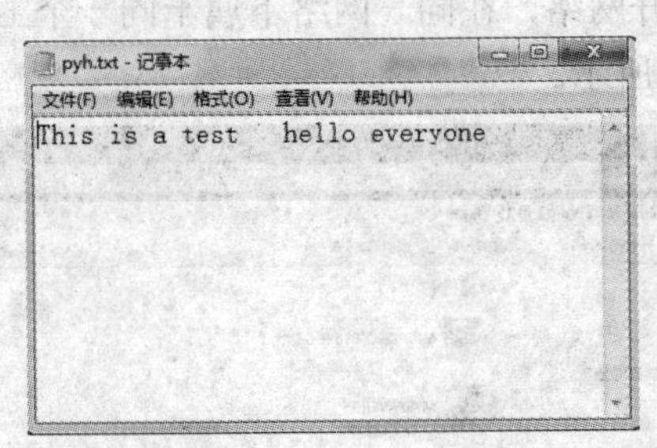

图 10-11　文本文件内容

☞提示：

在 Windows 和 Linux 操作系统间相互访问时，要把防火墙禁用，同时 SELinux 允许或禁用才能正常进行。

案例分解 3

在 Windows 客户端上访问 Samba 服务器上共享资源。

4）通过 Window 7 中的“网络”选项组查看工作组计算机，同一工作组中的计算机都显示出来，如图 10-12 所示。

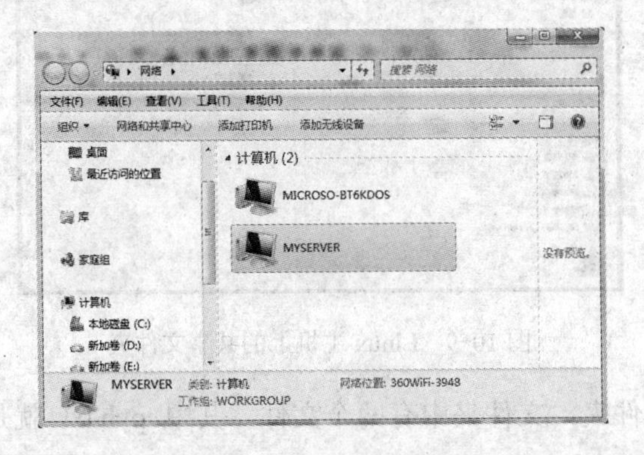

图 10-12　workgroup 工作组计算机

5）双击 MYSERVER 图标，弹出“输入网络密码”对话框，输入 Samba 用户名和口令。如图 10-13 所示。

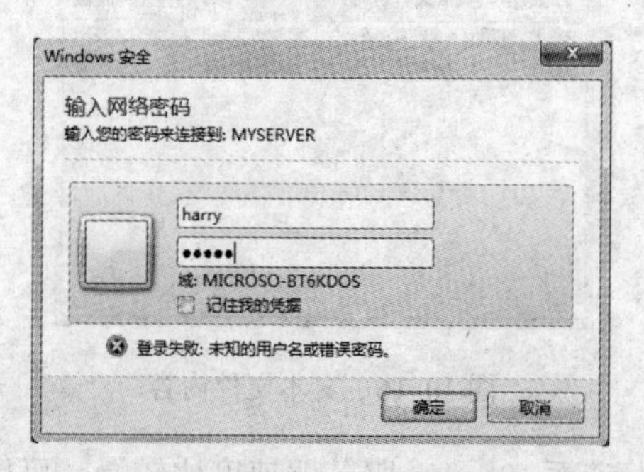

图 10-13 “输入网络密码”对话框

6）单击“确定”按钮，验证通过，由于 Linux 上的共享文件夹为 docs，显示 Samba 服务器提供的共享目录，用户在 Windows 计算机上可以对 Samba 共享目录进行多种文件操作，如图 10-14 所示。

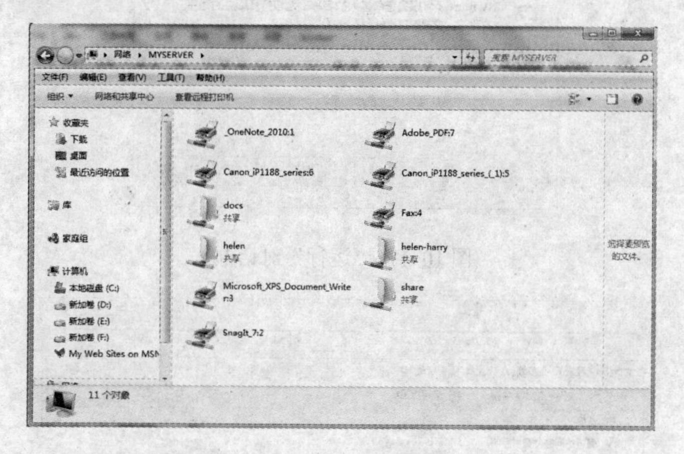

图 10-14 Linux 下的共享文件 docs

7）双击共享文件夹 docs，出现下一级目录，如图 10-15 所示。

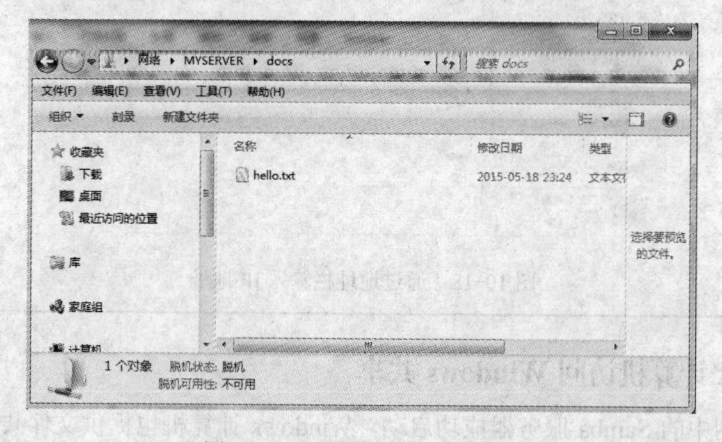

图 10-15 docs 文件夹下的内容

8）打开文本文件 hello.txt 文件，出现文件的内容，如图 10-16 所示。

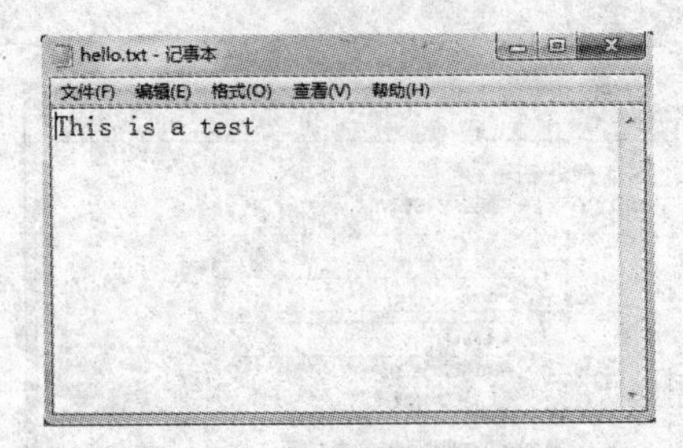

图 10-16　文本文件内容

有时双击“网络”图标查看 Samba 服务器速度比较慢，可以在 Windows 系统的“开始”菜单中单击“运行”菜单项，弹出“运行”对话框（如图 10-17 所示），或者直接在 IE 的地址栏输入“\\IP 地址或主机名”后按〈Enter〉键即可（如图 10-18 所示）。

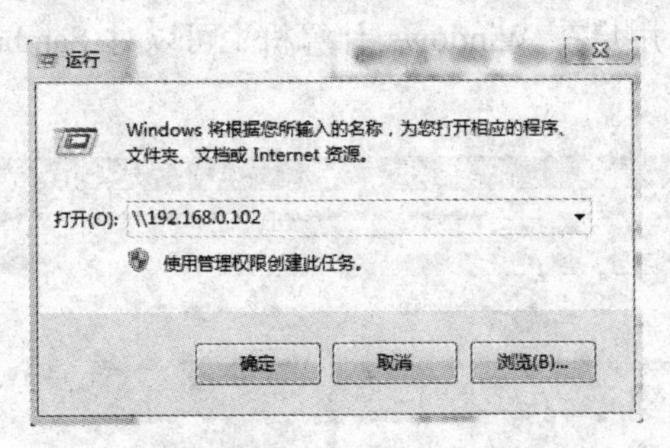

图 10-17　“运行”对话框

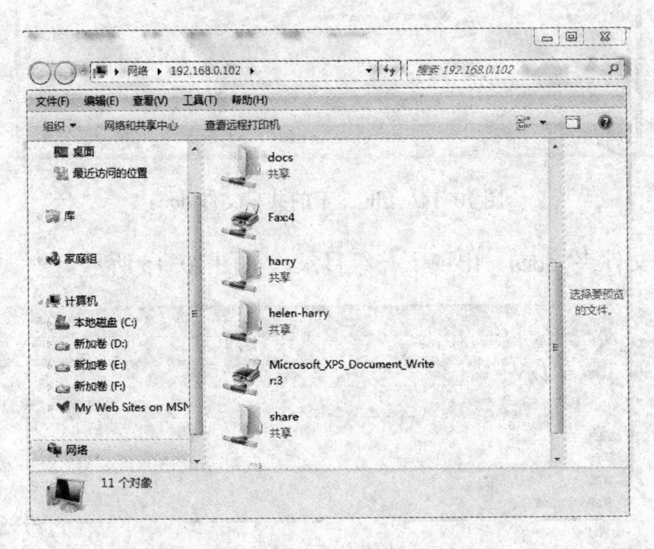

图 10-18　通过地址栏输入 IP 地址

10.2.5　Linux 计算机访问 Windows 共享

如果局域网中的 Samba 服务器成功启动，Windows 计算机也提供文件共享，那么 Linux

计算机就可以访问 Windows 计算机中的共享资源了。

如果 Windows 计算机要向 Linux 提供文件共享，那么在 Windows 计算机上首先要有共享的文件夹。在 Windows 7 下，打开“网络和共享中心”→“高级共享设置”，选中“启用网络发现”和“启用文件和打印网络共享”，如图 10-19 所示。然后保存。

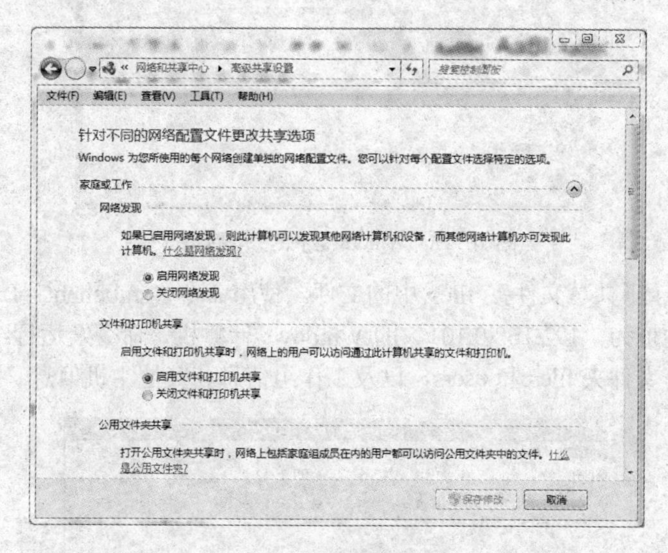

图 10-19　高级共享设置

选中要共享的文件夹 files，单击鼠标右键，从快捷菜单中选择“属性”，在“共享”选项卡设置其为共享的文件夹，如图 10-20 所示。

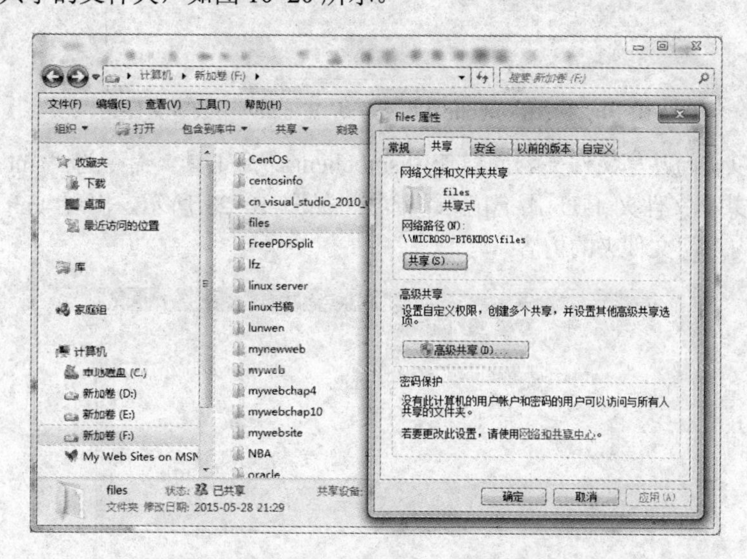

图 10-20　设置文件夹 files 为共享文件夹

设置好共享文件夹后，可以通过“网络”→“计算机名”查看共享文件夹，如图 10-21 所示。

使用 smbclient 工具访问局域网上 Windows 系统的 SMB 共享文件。smbclient 提供一个类似 FTP 的界面，允许与另一个运行 SMB 服务器的网络共享的计算机进行文件传输。

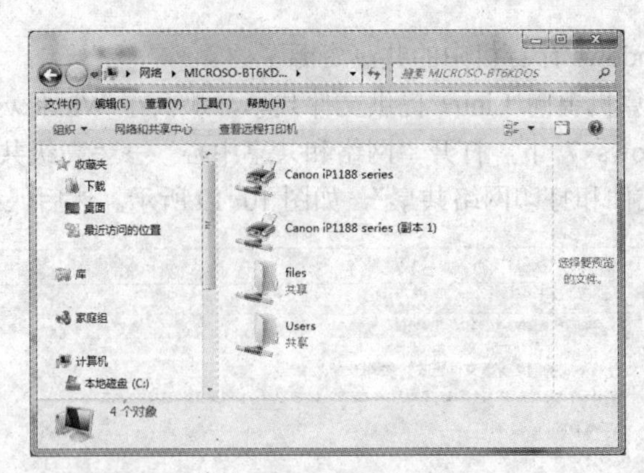

图 10-21　Windows 下的共享文件夹

查看 Windows 下共享文件夹 files 中的文件。使用命令“smbclient –L　//IP 地址或主机名”，如访问 IP 地址为“192.168.0.101”的 Windows 计算机。命令及运行结果如图 10-22 所示。可以看到共享文件夹 files 和 users，以及工作组信息和其他主机信息。

```
root@bogon:~
文件(F) 编辑(E) 查看(V) 终端(T) 标签(B) 帮助(H)
[root@localhost ~]# smbclient -L //192.168.0.101
Password:
Domain=[MICROSO-BT6KDOS] OS=[Windows 7 Ultimate 7601 Service Pack 1] Server=[Windows 7 Ultimate 6.1]

        Sharename       Type      Comment
        ---------       ----      -------
        Canon iP1188 series Printer   Canon iP1188 series
        Canon iP1188 series (副本 1) Printer   Canon iP1188 series (副本 1)
        files           Disk
        C$              Disk      默认共享
        IPC$            IPC       远程 IPC
        print$          Disk      打印机驱动程序
        Users           Disk
session request to 192.168.0.101 failed (Called name not present)
session request to 192 failed (Called name not present)
session request to *SMBSERVER failed (Called name not present)
NetBIOS over TCP disabled -- no workgroup available
[root@localhost ~]#
```

图 10-22　用 smbclient 命令查看 Window 下共享文件夹

用户还可以访问共享文件夹。同样使用 smbclient 命令工具，命令为“smbclient –L　//IP 地址或主机名/共享文件夹 [–U 用户]”，访问结果如图 10-23 所示。出现 smb 提示符后，即可在权限范围内访问文件夹的内容。

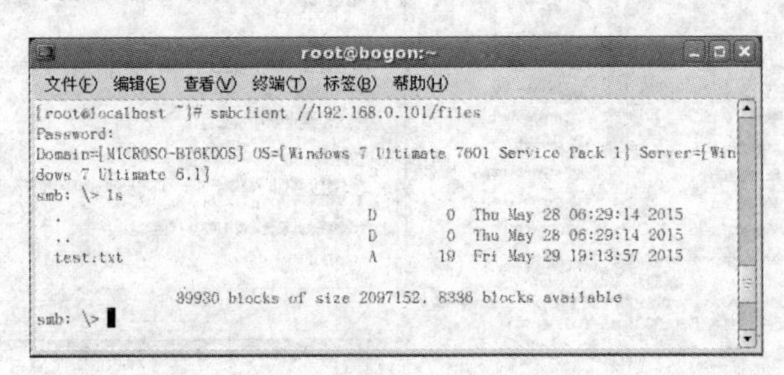

图 10-23　访问 Windows 共享文件夹

☞提示：

在 Linux 访问 Windows 7 共享文件夹时，要开启 Window 7 的 guest 账户，在本地安全策略中的用户权限分配中取消拒绝 guest 用户从网络访问这台计算机。

> **案例分解 4**
> 9）在 Linux 系统下利用 Samba 客户端访问 Windows 服务器上的共享资源。

10.2.6　桌面环境下配置 Samba 服务器

除了在文本模式配置 Samba 服务器外，RHEL 5 还提供了图形用户界面方式配置 Samba 服务器。

对于图形用户界面运行程序，系统默认不安装。如果没有安装，则要安装程序 system-config-samba 程序。安装成功后就可以使用了。

单击“系统”→“服务器设置”→“Samba”，如图 10-24 所示。启动后显示 Samba 服务器配置界面，如图 10-25 所示。可以看到已有的共享文件夹，如/var/samba/henlen-harry。选中后单击“属性”可以编辑 Samba 共享，如图 10-26 所示。

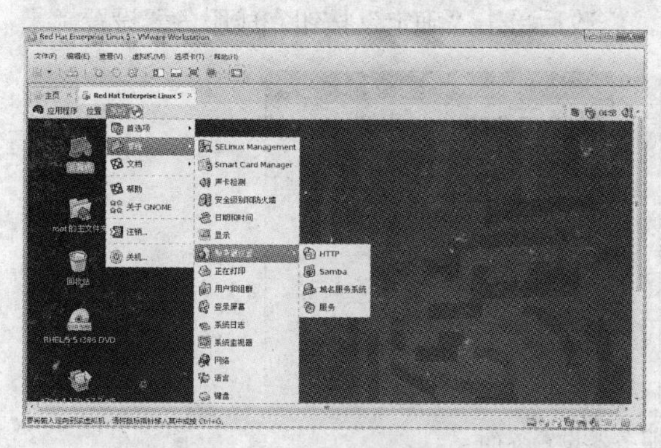

图 10-24　Samba 服务器配置启动界面

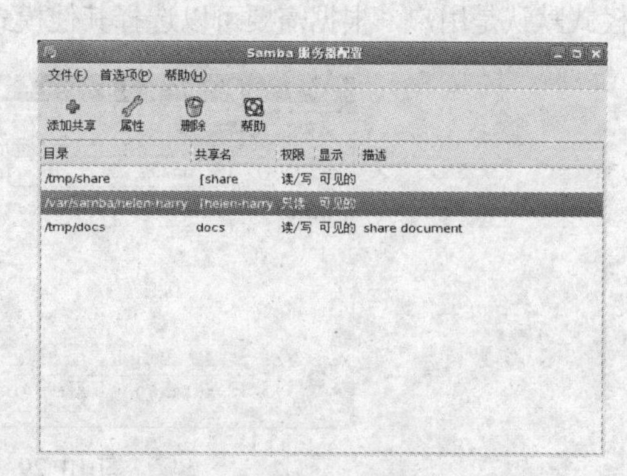

图 10-25　Samba 服务器配置界面

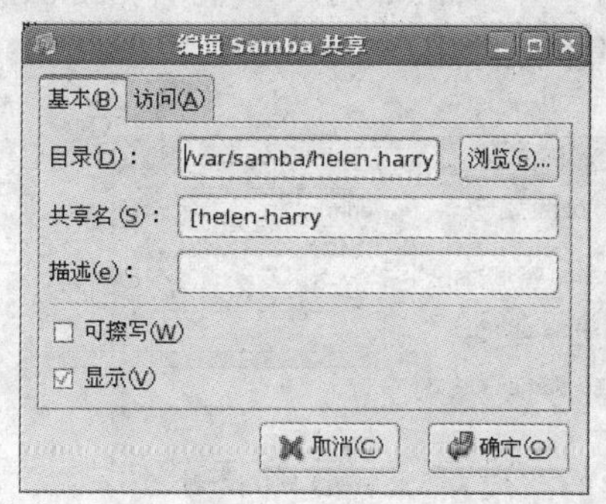

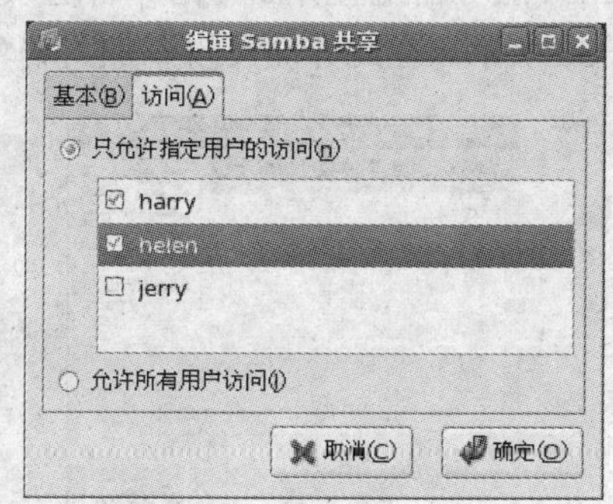

图 10-26　Samba 共享编辑界面

在 Samba 共享编辑界面可以修改 samba 共享的基本属性，如目录、共享名、描述以及访问控制等信息，在访问页面可以设置访问的用户。

在 Samba 服务器配置界面，选中共享文件夹，单击“删除”按钮，即可删除共享文件夹，如图 10-27 所示。

单击 Samba 服务器配置界面中的“添加共享”按钮，可以添加共享文件夹，如图 10-28 所示。在此界面可以设置目录、共享名、访问控制等信息，然后单击“确定”按钮就会添加一共享文件夹。

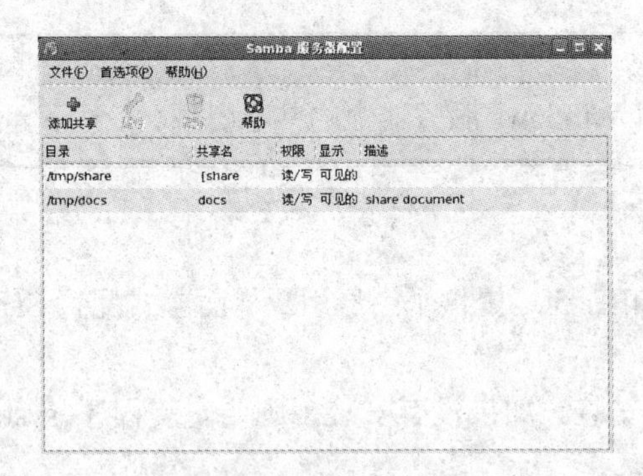

图 10-27　删除共享文件夹

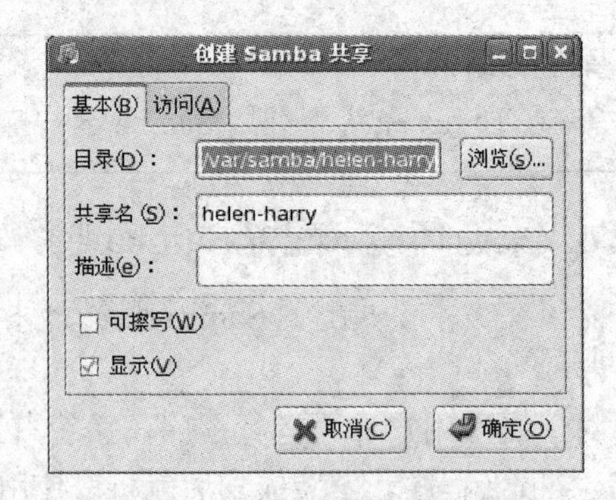

图 10-28　创建 Samba 共享

单击 Samba 服务器配置界面中的“首选项”→“服务器设置”，打开服务器设置界面，如图 10-29 所示。在此位置可以设置工作组、服务名描述、安全性，“安全性”选项卡中验证模式默认是用户，根据需要可以选择其他模式，修改后单击“确定”按钮完成服务器设置。

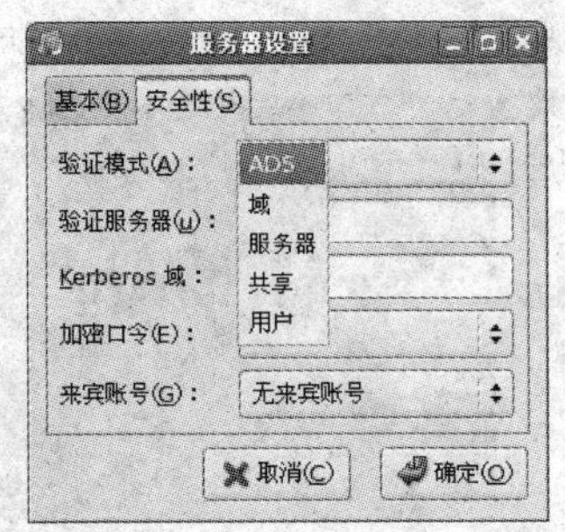

图 10-29　服务器设置界面

单击 Samba 服务器配置界面中的“首选项”→“Samba 用户”，打开 Samba 用户设置界面，如图 10-30 所示。在此界面可以添加、编辑和删除用户。

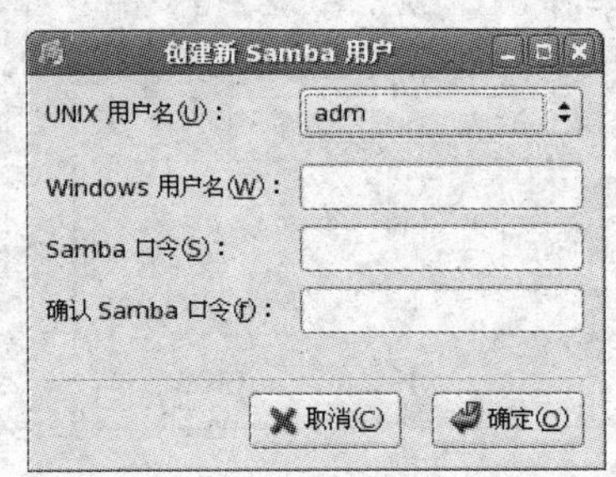

图 10-30　Samba 用户设置界面

10.3　上机实训

设置 Samba 服务器所在工作组为 mygroup，netbios 名为 mysamba；设置 Samba 服务器为共享级访问；设置共享目录/var/share/myshare，允许所有用户访问，并且具有只读权限；Windows 客户端访问 Samba 服务器上共享资源；Linux 系统下利用 Samba 客户端访问 Windows 服务器（XpServer）上的共享资源。

（提示：需配置的项包括 browseable=；read list=； write list=; valid users=； writable=; read only=; write only=;等。）

10.4 课后习题

一、选择题

1．Samba 中要让 Windows 主机在网上邻居中看到，则配置文件中要有（　　）。

A．security=　　B．valid users=
C．read only =　　D．netbios name=

2．重启 Samba 的命令是（　　）。

A．/etc/rc.d/init.d/samba restart　　B．/etc/rc.d/init.d/smb restart
C．/etc/rd/init.d/named restart　　D．/etc/rc.d/init.d/smb start

3．Linux 中实现与 Windows 主机之间的文件及打印共享使用（　　）。

A．网络邻居　　B．NFS　　C．Samba　　D．NIS

4．在 smb.conf 中设置 Linux 主机的 netbios 名称选项是（　　）。

A．netbios　name　　B．netbios
C．hostname　　D．name

5．Samba 服务器的默认安全级别是（　　）。

A．share　　B．user　　C．server　　D．domain

6．一个完整的 smb.conf 一般由（　　）组成。

A．消息头　　B．参数　　C．全局参数　　D．共享设置

7．Samba 服务器的进程由（　　）两个部分组成。

A．named 和 sendmail　　B．snbd 和 nmbd
C．bootp 和 dhcpd　　D．httpd 和 squid

8．RHEL 5 中，Samba 服务管理脚本是（　　）。

A．nmbd　　B．smbd　　C．smb　　D．nmb

9．添加 Samba 账户的命令是（　　）。

A．useradd　　B．smbuseradd
C．smbadduser　　D．addsmbuser

10．通过设置（　　）来控制访问 Samba 共享服务的合法 IP 地址。

A．allowed　　B．host valid
C．host allow　　D．public

二、问答题

设置 Samba 服务器所在工作组为 mygroup，netbios 名为 mysamba；设置 Samba 服务器为用户级访问；Marry 和 Kate 用户可访问其主目录；设置共享目录/var/share/myshare，允许 Marry、Kate 及同组用户访问，并且具有只读权限；Windows 客户端访问 Samba 服务器上共享资源；Linux 系统下利用 Samba 客户端访问 Windows 服务器（XpServer）上的共享资源。按要求写出配置过程。

第 11 章　FTP 服务器

FTP 是互联网中一种应用非常广泛的服务，用户可以通过其服务器获取需要的文档、资料、音频和视频等。从互联网出现的开始，它一直就是用户使用频率最高的应用服务器之一。

11.1　FTP 服务简介

虽然用户可以采用多种方式来传送文件，但是 FTP 凭借其简单高效的特性，仍然是跨平台直接传送文件的主要方式。FTP 是 TCP/IP 的一种具体应用，其工作在 OSI 模型的第七层，TCP 模型的第四层上，即应用层。FTP 使用 TCP 传输而不是 UDP 传输，这样客户端在和服务器建立连接前就要经过一个广为熟知的“三次握手过程”，它的意义在于客户端与服务器之间的连接是可靠的，而且是面向连接，为数据传送提供了可靠的保证，使用户不必担心数据传输的可靠性。

FTP 主要有如下作用。

- 从客户端向服务器发送一个文件。
- 从服务器向客户端发送一个文件。
- 从服务器向客户端发送文件或目录列表。

与大多数 Internet 服务一样，FTP 也采用客户端/服务器模式。用户利用 FTP 客户端程序连接到远程主机上的 FTP 服务器程序，然后向服务器程序发送命令，服务器程序执行用户所发出的命令，并将执行结果返回到客户端，如图 11-1 所示。

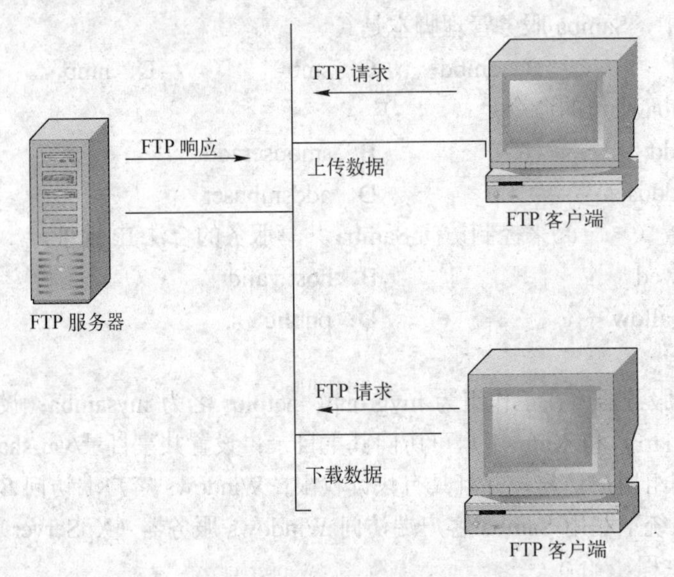

图 11-1　FTP 服务器工作模式

在此过程中，FTP 服务器与 FTP 客户端之间建立两个连接：控制连接和数据连接。控制连接用于传送 FTP 命令以及响应结果，而数据连接负责传送文件。通常 FTP 服务器的守候进程总是监听 21 端口，等待控制连接建立请求。控制连接建立之后，FTP 服务器通过一定的方式验证用户的身份，然后才会建立数据连接。

目前 Linux 系统中常用的 FTP 服务器有两种：vsftpd 和 wu-ftpd。它们都基于 GPL 协议开发的，功能基本相似。

11.2 vsftpd 服务器

vsftpd 是一个基于 GPL 发布的类 UNIX 操作系统上运行的服务器，是 RHEL 5 提供的默认的 FTP 服务器。该服务器支持很多其他传统 FTP 服务器不支持的特征，具有如下特点。

- 非常高的安全性。
- 带宽限制功能。
- 良好的扩展性。
- 支持创建虚拟用户。
- 支持 IPv6。
- 支持虚拟 IP。
- 高速、稳定。

11.2.1 安装 vsftpd

vsftpd 守候程序的安装相当简单，在每个主要发行版中都能找到 vsftpd 的 RPM 包，可以进行 RPM 包安装，也可以进行源代码安装。

1. 源代码安装

可以在网站 http://download.chinaunix.net 上下载，下载后执行手工安装。目前最新版本为 3.0.2，源程序文件名为 vsftpd-3.0.2.tar.gz。下面是进行手工安装的步骤：

```
[root@localhost ~]#tar -xzvf vsftpd-3.0.2.tar.gz
[root@localhost ~]#cd vsftpd-3.0.2
[root@localhost vsftpd-3.0.2]#make
[root@localhost vsftpd-3.0.2]# ls –l vsftpd
```

查看用户“nobody”和目录“/usr/share/empty”是否存在，如果不存在的话就新建这个用户和目录。如果允许用户匿名访问，用户“ftp”和目录“var/ftp”也需要创建，使用如下两个命令完成：

```
[root@localhost vsftpd-3.0.2]# make   /webserver/ftp
[root@localhost vsftpd-3.0.2]# useradd –d /var/ftp ftp
```

由于安全原因，目录/var/ftp 不应该属于用户 FTP，也不应该有写权限。如果用户已经存在的话，用下面两个命令可以改变目录的所有者并去掉其他用户的写权限：

```
[root@localhost vsftpd-3.0.2]# chown root.root / webserver /ftp
[root@localhost vsftpd-3.0.2]# chmod og-w /var/ftp
```

具备了所有的先决条件之后执行以下命令：

```
[root@localhost vsftpd-3.0.2]#make intall
```

这样，即完成了 vsftpd 的安装。安装后执行以下命令：

```
[root@localhost vsftpd-3.0.2]# cp vsftpd.conf /etc/
 //复制配置文件到/etc 目录中
[root@localhost vsftpd-3.0.2]# cp RedHat/vsftpd.pam /etc/pam.d/vsftpd
//复制 pam 验证文件，允许本地用户登录 vsftpd
```

2. RPM 包安装

在 RHEL 5 中自带了 vsftpd，下面是使用 RPM 包安装的步骤：

```
// 首先查看是否安装了 vsftpd，如果已经安装，则可以直接使用
[root@localhost ~]# rpm –q|grep vsftpd
//如果没有安装的话，使用 RPM 包进行安装
[root@localhost ~]# rpm –ivh vsftpd-2.0.5-16.el5_4.1.rpm
```

通过以上两步，就能顺利地完成装过程。

3. 桌面安装

超级用户在桌面环境下选择“应用程序”→“添加/删除软件”，弹出“软件包管理者”窗口，如图 11-2 所示。在“软件包管理者”窗口中选择“服务器”→“FTP 服务器”，单击“应用”按钮，即可安装 FTP 软件包。

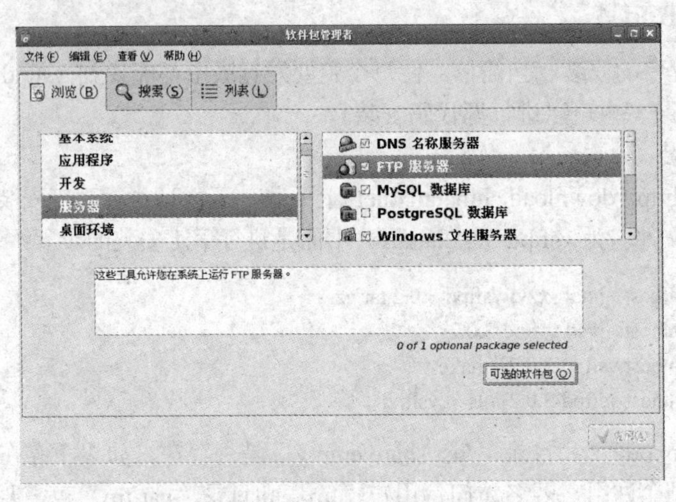

图 11-2 “软件包管理者”窗口

11.2.2 启动和关闭 vsftpd

1. 启动和关闭服务

在 RHEL5 中，FTP 服务是单独启动或停止的，可采用如下命令。

（1）启动 vsftped 服务器

```
[root@localhost ~]service vsftpd start
```

为 vsftpd 启动 vsftpd：   [确定]

（2）重新启动 FTP 服务器

```
[root@localhost ~]service vsftpd Restart
关闭 vsftpd：                                                        [确定]
为 vsftpd 启动 vsftpd：                                              [确定]
```

（3）关闭 FTP 服务器

```
[root@localhost ~]service vsftpd stop
关闭 vsftpd：                                                        [确定]
```

2．简单测试 FTP 服务器

在成功安装和配置之后，将对该服务器进行简单的测试，示例如图 11-3 所示。

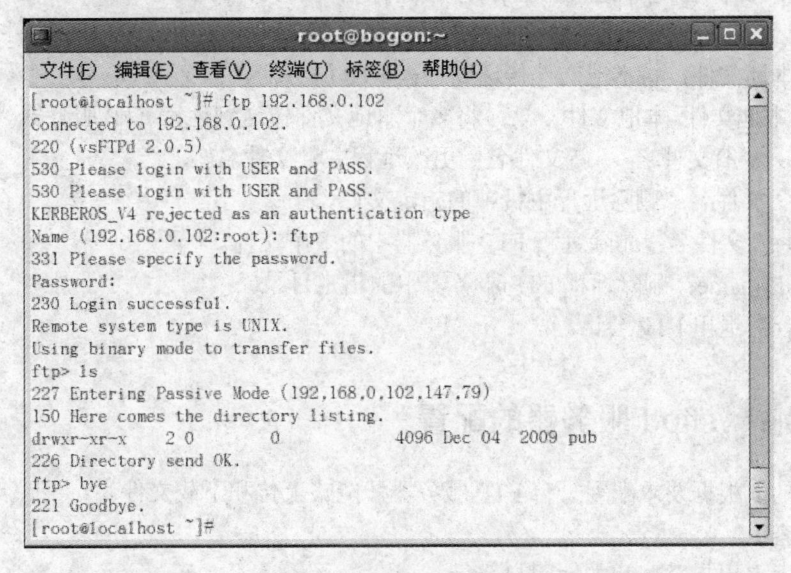

图 11-3　FTP 服务器测试

图 11-3 测试了 FTP 服务器成功运行，登录 IP 地址为 192.168.0.102 的 FTP 服务器，输入用户名（匿名用户名 ftp 或 anonymous）和密码，超级用户直接按〈Enter〉键即可，就能实现成功登录，使用 bye 命令可退出 FTP 服务器。

如果为使 FTP 服务器不随系统启动而启动，则可以使用“setup”命令，在“系统服务”选项中，取消选中的 vsftpd 守候进程。

11.2.3　FTP 客户端的操作

FTP 客户端使用如下命令来连接 FTP 服务器：

```
#ftp　服务器 IP 地址/名称
```

连接服务器成功后，使用下述命令格式来进行 FTP 操作：

```
ftp>ftp 子命令
```

常用的 FTP 子命令有以下几种。

- ?|help：显示 ftp 内部命令的帮助信息。
- ![命令]：在本机中执行 shell 命令后回到 ftp 环境中。
- lcd [dir]：将本地工作目录切到 dir。
- close：中断与远程服务器的 FTP 会话。
- asc：使用 ascii 类型传输方式。
- bin：使用二进制文件传输方式。
- cd dir-name：进入远程主机目录。
- pwd：显示远程主机的当前工作目录。
- mkdir dir-name：在远程主机中建立目录。
- ls [dir-name/file-name]：显示远程目录中的内容。
- get 远程文件名 [本地文件名]：下载远程主机的文件。
- mget 文件名 文件名 …（或者是目录名）：下载远程主机上的多个文件。
- put 本地文件：将本地文件传送到远程 FTP 服务器。
- mput 本地文件 本地文件……：将多个本地文件传送到远程 FTP 服务器。
- rename 旧文件名 新文件名：更改远程主机文件名。
- delete 文件名：删除远程主机中的指定文件。
- mdelete 文件名：删除远程 FTP 服务器中的多个文件。
- rmdir dir-name：删除远程 FTP 服务器中的指定目录。
- quit/bye：退出 FTP 会话。

11.3 案例：vsftpd 服务器的配置

【案例目的】根据要求配置一台 FTP 服务器，能够上传和下载文件。

【案例内容】

1）允许匿名用户登录和本地用户登录。

2）禁止匿名用户上传。

3）允许本地用户上传和下载。

4）进行一定的设置，能以本地用户 user 登录 FTP 服务器，并能上传与下载文件。

5）在 Windows 系统中进行登录，并进行上传与下载，熟悉子命令的应用。

【核心知识】FTP 服务器的配置方法；Windows 中访问 Linux 的 FTP 服务器的方法。

11.3.1 FTP 服务的相关文件及其配置

1. 安装的相关文件

与 FTP 服务相关的文件有如下几个：

```
/etc/vsftpd/vsftpd.conf      //主配置文件
/etc/vsftpd/ftpusers         //指定哪些用户不能访问 FTP 服务器
/etc/vsftpd/user_list        //文件中指定的用户是否可以访问 FTP 服务器，由 vsftpd.conf 文件中的
                             //userlist_deny 的取值来决定。(userlist_deny=yes 时不能访问 FTP 服
```

```
                              //务器；userlist_deny=no 时，仅仅允许/etc/vsftpd.user_list 中指定的用
                              //户访问 FTP 服务器)
/etc/rc.d/initd/vsftpd        //启动脚本
/etc/pam.d/vsftpd             //PAM 认证文件
/etc/vsftpd/ftpusers          //设置不允许登录的用户名单
/etc/vsftpd/user_list         //设置方法同于/etc/vsftpd.ftpusers，根据 vsftpd.conf 中 userlist_deny 的
                              //值决定这个文件的意义
```

2．配置 ftpusers 文件

/etc/vsftpd/ftpusers 文件用来确定哪些用户不能使用 FTP 服务器。用户可根据实际情况添加或删除其中某些用户，默认情况下该文件的内容如图 11-4 所示。

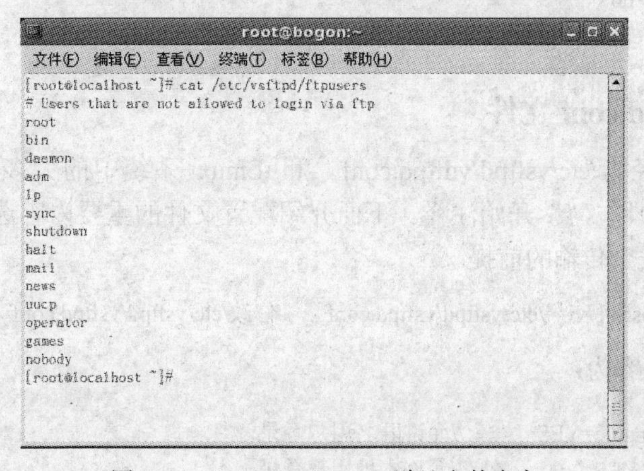

图 11-4 /etc/vsftpd/ftpuser 默认文件内容

3．配置 user_list 文件

该文件中指定的用户在默认情况下是不能访问 FTP 服务器的，因为在/etc/vsftpd.conf 主配置文件中设置了"userlist_deny=yes"。而如果配置文件/etc/vsftpd.conf 中的配置为"userlist_deny=no"，那么就仅仅允许/etc/vsftpd/user_list 文件中的用户访问 FTP 服务器，所以该文件的两个用处刚好恰恰相反，用户在使用的过程中要仔细，否则将会出现完全相反的结果。系统中该默认的配置文件内容如图 11-5 所示。

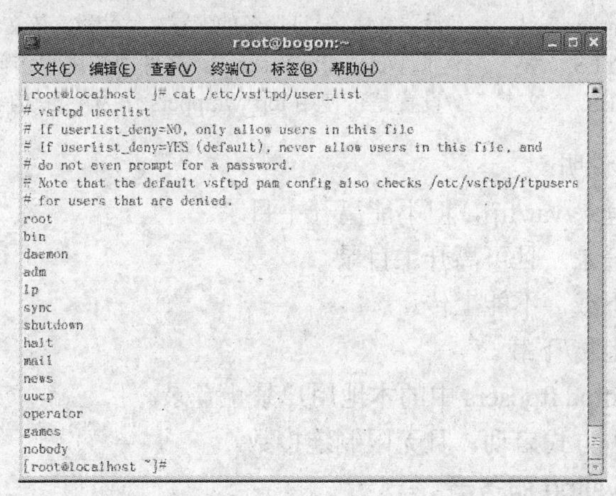

图 11-5 /etc/vsftpd/user_list 文件内容

根据该文件的格式和使用方法，如果需要限制指定的本地用户不能访问 FTP 服务器，则按照以下方法修改/etc/vsftpd/vsftpd.conf 主配置文件中的相关信息：

```
Userlist_enable=yes
Userlist_deny=yes
Userlist_file=/etc/vsftpd/user_list
```

同样地，如果需要限制指定的本地用户可以访问，而其他的本地用户不可以访问，那么可以参照如下设置来修改主配置文件：

```
Userlist_enable=yes
Userlist_deny=no
Userlist_file=/etc/vsftpd/user_list
```

11.3.2 配置 vsftpd.conf 文件

配置文件的路径为/etc/vsftpd/vdftpd.conf。和 Linux 系统中的大多数配置文件一样，vdftpd 的配置文件中以“#”开始注释。下面介绍配置文件的重要内容选项，合理地使用配置文件是保证 FTP 安全传输的前提。

```
[root@localhost ~]#vi  /etc/vsftpd/vsftpd.conf    //修改/etc/vsftpd/vsftpd.conf
```

默认配置文件内容为：

```
anonymous_enable=YES        //允许匿名用户登录
local_enable= YES           //允许本地用户登录
write_enable= YES           //允许本地用户上传
local_mask=022              //设置本地用户的文件生成掩码为 022，默认值为 077
dirmessage_enable= YES      //设置切换到目录时显示.message 隐含文件的内容
xferlog_enable= YES         //激活上传和下载日志
connect_from_port_20= YES   //设置是否允许启用 FTP 数据端口 20 建立连接
xferlog_std_format=Yes      //传输日志文件将以标准 xferlog 的格式书写，该格式的日志文件默
                            //认为/var/log/xferlog
listen= YES                 //设置工作模式是否使用独占启动方式
pam_service_name=vsftpd     //设置 PAM 认证服务的配置文件名称，该文件存放在/etc/pam.d 目录下
userlist_enable= YES        //允许/etc/vsftpd/user_list 文件中的用户访问服务器
tcp_wrappers= YES           //设置是否使用 tcp_wrappers 作为主机访问控制方式
```

默认配置文件功能说明：

1）允许匿名用户登录/var/ftp，但不能离开主目录。

2）允许本地用户登录，且可离开主目录。

3）匿名用户只能下载，不能上传。

4）本地用户允许上传/下载。

5）写在文件/etc/vsftpd.ftpusers 中的本地用户禁止登录。

6）服务器使用独占方式启动，且无限制连接数。

1. 匿名用户使用 vsftpd 服务器

根据 vsftpd 服务器的默认设置，匿名用户可下载/var/ftp/目录中的所有文件，但不能上传

文件。在 vsftp.conf 文件中的“write_enable=yes”设置语句存在的前提下，取消以下命令行前的“#”可增加匿名用户权限：

```
Anon_upload_enable=yes            //允许匿名用户上传文件
Anon_mkdir_write_enable=yes       //允许匿名用户创建文件
```

【例 11-1】 配置 vsftpd 服务器，要求只允许匿名用户登录，本地用户不允许登录。匿名用户可在/var/ftp/pub 目录中新建目录、上传和下载文件。

1）编辑 vsftpd.conf 文件，修改其中的配置选项如下：

```
anonymous_enable=yes
lacal_enable= no
write_enable= yes
anon_upload_enable= yes
anon_mkdir_write_enable= yes
connect_ from_ port_ 20= yes
listen =yes
tcp_wrappers =yes
```

2）修改/var/ftp/pub 目录权限，允许属主、同组及其他用户写入文件。

```
[root@localhost ~]# cd /var/ftp
[root@localhost ftp]# ls –l
[root@localhost ftp]# chmod 777 pub
[root@localhost ftp]# ls –l
```

3）重新启动 vsftpd 服务器。

```
[root@localhost ~]# services vsftpd restart
```

上述整个配置过程如图 11-6 所示。测试中，以匿名用户登录，输入密码为空，匿名用户可在/var/ftp/pub 目录中新建目录、上传和下载文件。在之前一定要修改用户权限。

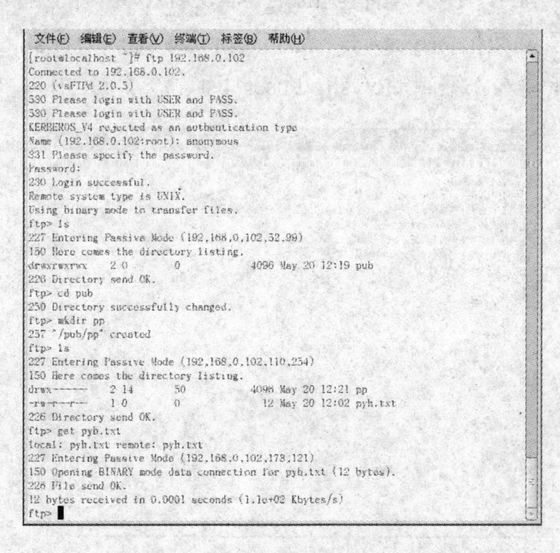

图 11-6　匿名用户配置过程

2. 限定本地用户

vsftpd 服务器提供多种方式来限制某些本地用户登录服务器。

1）直接编辑 ftpusers 文件，将禁止登录的用户名写入 ftpusers 文件。

2）直接编辑 user_list 文件，将禁止登录的用户名写入 user_list 文件，此时 vsftpd.conf 文件应设置“userlist_enable=yes”和“userlist_deny=yes”语句，则 user_list 文件指定的用户不能访问 FTP 服务器。

3）直接编辑 user_list 文件，将允许登录的用户名写入 user_list 文件，此时 vsftpd.conf 文件应设置“userlist_enable=yes”和“userlist_deny=no”语句，则只允许 user_list 文件中指定的用户访问 FTP 服务器。

☞提示：

> 如果某用户同时出现在 user_list 文件和 ftpusers 文件中，那么该用户将不允许登录。这是因为 vsftpd 总是先执行 user_list 文件，再执行 ftpusers 文件。

【例 11-2】 配置 vsftpd 服务器，要求只允许 xh 本地用户登录。

1）编辑 vsftpd.conf 文件，修改配置文件选项如下：

```
anonymous_enable=no
local_enable= yes
write_enable= yes
connect_ from_ port_ 20= yes
userlist_enable= yes
userlist_deny= no
listen =yes
tcp_wrappers =yes
```

2）编辑 user_list 文件，使其一定包含用户 xh。

user_list 文件中保留用户列表，其是否生效取决于 vsftpd.conf 文件中的“userlist_enable”参数。当“userlist_deny= no”，表示只有在 user_list 文件中存在的用户才有权访问 vsftpd 服务器；如果“userlist_deny”参数值为 yes 时，表示 user_list 文件中存在的用户无权访问 vsftpd 服务器，甚至连密码都不能输入。编辑/etc/vsftpd/user_list，添加 xh 用户，如图 11-7 所示。

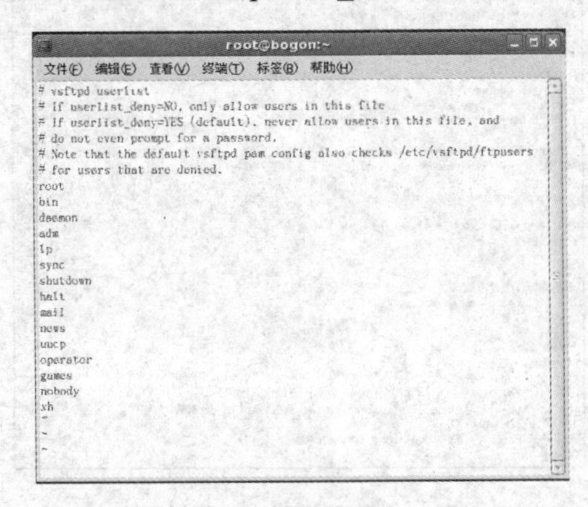

图 11-7　编辑 user_list 文件

vsftpd.conf 文件中默认“userlist_deny= yes”。

```
[root@localhost ~]#vi  /etc/vsftpd/user_list
```

3）重新启动 vsftpd 服务。

```
[root@localhost ~]# services vsftpd restart
```

4）连接 FTP 服务器并测试。

格式：

```
ftp  ip 地址/服务名
```

例如，向 ip 地址为 192.168.0.102 的 FTP 服务器发送连接请求：

```
[root@localhost ~] ftp 192.168.0.102
```

以匿名用户 ftp 登录，则登录失败，如图 11-8 所示。以 xh 用户的身份登录，用户登录成功后直接进入其主目录，在主目录中能够创建目录、上传和下载文件，如图 11-9 所示。

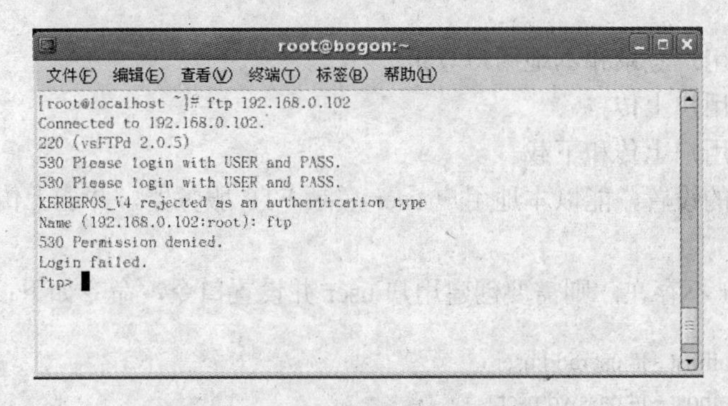

图 11-8 测试 ftp 登录的 FTP 服务器

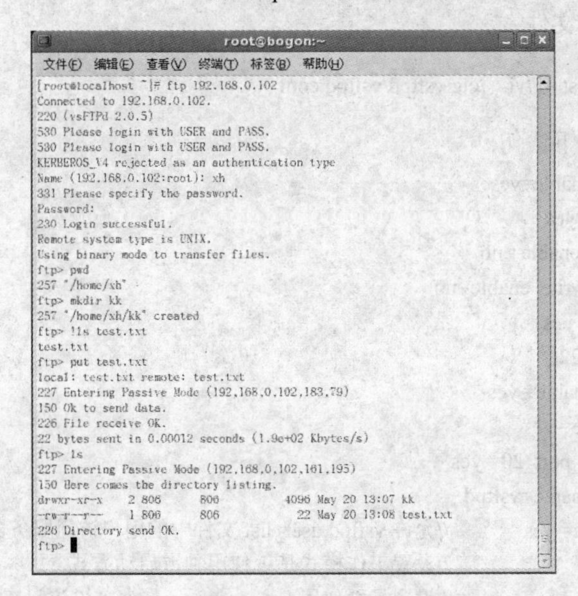

图 11-9 测试 xh 登录的 FTP 服务器

3. 禁止切换到其他目录

根据 vsftpd 服务器的默认设置，本地用户可以浏览其主目录之外的其他目录，并在权限许可的范围内允许上传和下载。这样的默认设置不太安全，通过设置 chroot 相关参数，可禁止用户切换到主目录以外的其他目录。

1）设置所有的本地用户都不可切换到主目录之外的其他目录。只需向 vsftpd.conf 文件添加“chroot_local_user=yes”配置语句。

2）设置指定的本地用户都不可切换到主目录之外的其他目录。

编辑 vsftpd.conf 文件，取消以下配置语句前的“#”符号，指定/etc/vsftpd/chroot_list 文件中的用户不能切换到主目录之外的目录：

```
chroot_list_enable=yes
chroot_list_file=/etc/vsftpd/chroot_list
```

并且检查 vsftpd.conf 文件中是否存在“chroot_local_user=yes”配置语句，如果存在那么就要将其修改为“chroot_local_user=no”或者在此配置语句前添加“#”符号。

案例分解

1）允许匿名用户登录和本地用户登录。

2）禁止匿名用户上传。

3）允许本地用户上传和下载。

4）进行一定的设置，能以本地用户 user 登录 FTP 服务器，并能上传与下载文件，熟悉子命令的应用。

如果用户 user 不存在，则需要创建用户 user 并设置口令，命令如下：

```
[root@localhost ~]# useradd user
[root@localhost ~]# passwd user
```

编辑 vsftpd.conf 文件：

```
[root@localhost ~]#vi   /etc/vsftpd/vsftpd.conf
```

使其一定包含以下语句：

```
anonymous_enable=yes
local_enable= yes
anon_upload_enable= no
anon_mkdir_write_enable=no
write_enable= yes
local_mask=022
dirmessage_enable= yes
xferlog_enable= yes
connect_from_port_20= yes
pam_service_name=vsftpd
userlist_enable= yes        //允许 vsftpd.user_list 文件中的用户访问服务器
listen= yes                 //设置工作模式是否使用独占启动方式
tcp_wrappers= yes           //设置是否使用 tcp_wrappers 作为主机访问控制方式
```

vsftpd.conf 文件中默认 user list_deny=yes。

重新启动 FTP 服务器：

```
[root@localhost ~]# service vsftpd restart
```

5）在 Windows 操作系统中登录，把 Linux 下的文件下载在 Windows 文件夹中，同时把 Windows 文件夹中的文件上传到 Linux 相应的目录中。FTP 服务器地址为：192.168.0.102。

☞提示：

在 Windows 和 Linux 相互访问时要把防火墙关闭才能正常进行。

user 用户登录服务器，需输入用户名和密码。登录成功后的目录将显示 tt.txt 和 yy.txt 两个文件。执行 get 命令下载 tt.txt，如图 11-10 所示。

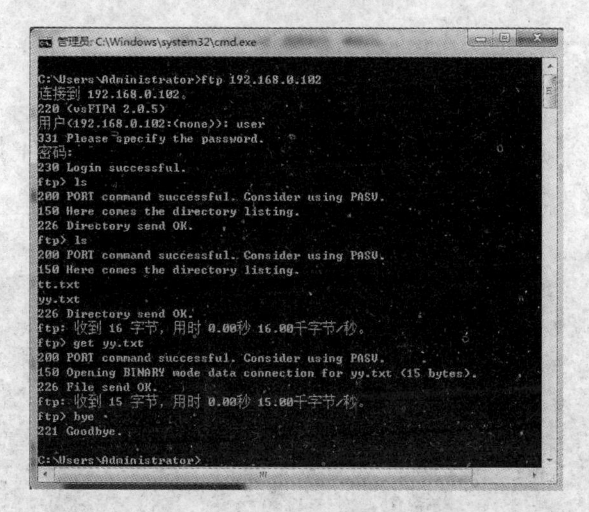

图 11-10　user 用户在 Windows 系统登录的 FTP 服务器

下载成功后，在 Windows 目录中看到了 tt.txt 文件，如图 11-11 所示。

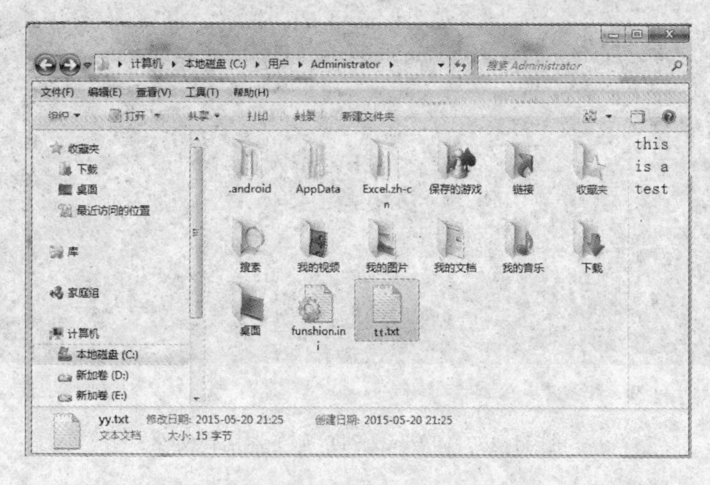

图 11-11　显示 Windows 文件夹内容（1）

在 Windows 文件夹中新建一文件 new.txt，如图 11-12 所示。

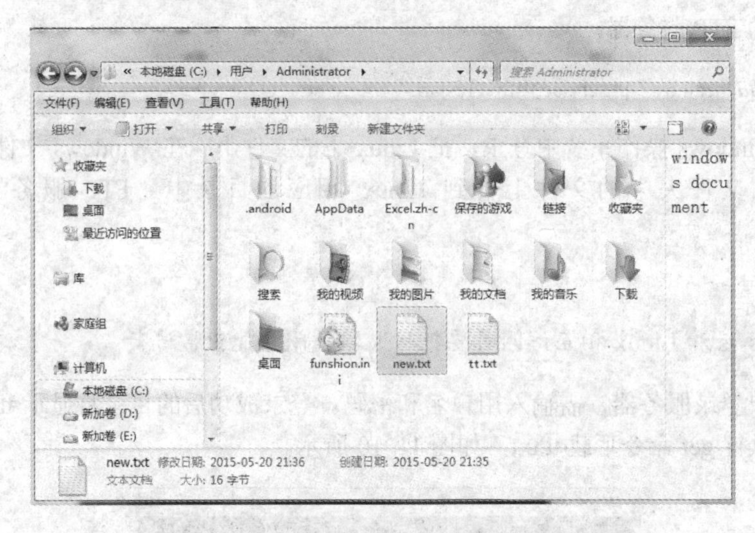

图 11-12 显示 Windows 文件夹内容（2）

在 Windows 命令窗口中执行文件上传命令 put，把 new.txt 文件上传。在 Linux 远端文件夹中显示上传成功后的内容，如图 11-13 所示。

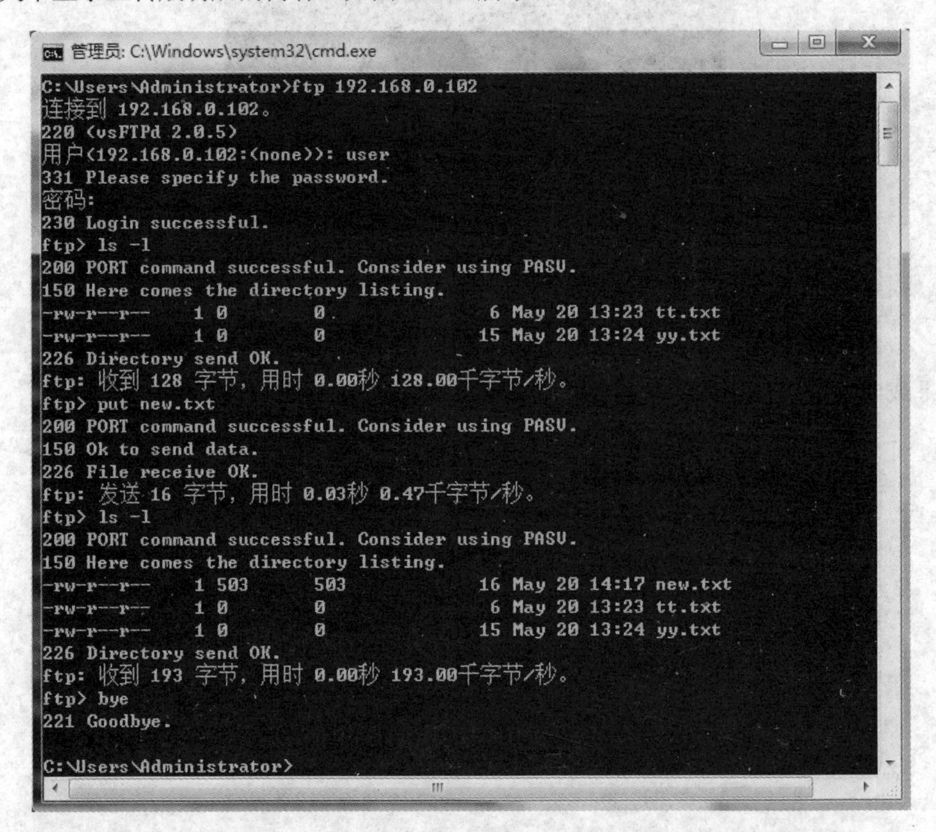

图 11-13 向 Linux FTP 服务器上传文件

11.4 vsftpd 高级配置

1．启用 ASCII 传输方式（把两项前的#号去掉即可）

在配置文件中使用以下语句即可启用 ASCII 传输方式：

```
ascii_upload_enble=yes
ascii_download_enble=yes
```

2．设置连接服务器后的欢迎信息

在配置文件中使用以下语句可以设置连接服务器后的欢迎信息：

```
ftpd_banner=welcome to ftp service.
banner_file=/var/vsftpd_banner_file
```

3．配置基本的性能和安全选项

在配置文件中，还可以使用以语句来配置基本的性能和安全选项：

```
idle_session_timeout=60              //设置用户会话的空闲中断时间（秒）
data_connection_timeout=120          //设置空闲的数据连接的中断时间
accept_timeout=60
connect_timeout=60                   //设置客户端空闲时自动中断和激活连接时间
max_clients=200                      //指明服务器总的客户并发连接数为 200
max_per_ip=3                         //指明每个客户端的最大连接数为 3
local_max_rate=50000（50kbytes/sec）
anon_max_rate=30000                  //设置本地用户和匿名用户的最大传输速率限制
pasv_min_port=50000
pasv_max_port=60000                  //设置客户端连接时的端口范围，默认为 0
```

4．设置本地用户能否 chroot

设置用户登录后能否切换到个人目录以外的目录。

1）设置所有的本地用户可以 chroot。

```
chroot_local_user=YES
```

2）设置指定用户能够 chroot。

```
chroot_local_user=NO
chroot_list_enable=YES
chroot_list_file=/etc/vsftpd.chroot_list   //只有/etc/vsftpd.chroot_list 中的指定的用户才能执行
```

5．配置基于本地用户的访问控制

1）限制指定的本地用户不能访问，其他本地用户可访问。

```
userlist_enable=NO
userlist_deny=YES
userlist_file=/etc/vsftpd.user_list    //使文件/etc/vsftpd.user_list 中指定的本地用户不能访问，而其他
                                       //的本地用户可以访问
```

2）限制指定的本地用户可以访问，其他本地用户不能访问。

```
userlist_enable=YES
userlist_deny=NO
userlist_file=/etc/vsftpd.user_list
```

6. 配置基于主机的访问控制

设置 hosts.allow 文件：

```
[root@localhost root]#vi    /etc/hosts.allow
vsftpd:192.168.5.128:DENY
```

vsftpd 在独占启动方式下支持 tcp_wrappers 主机访问控制方式，tcp_wrappers 的主要配置文件是/etc/hosts.allow（允许）和/etc/hosts.deny（不允许），它们的格式都是：

```
守护进程名:主机表:ALLOW / DENY
```

或

```
守护进程名:主机表
```

如果只允许指定的主机访问服务器，可以使用下面的命令：

```
only_from <主机表>
```

例如：

```
only_from    192.168.6.0    //只允许该网段内的主机访问
```

如果要指定不能访问的主机，则可以使用命令：

```
no_access    <主机表>
```

7. 配置访问时间限制

```
[root@localhost ~] #cp /usr/share/doc/vsftpd-2.0.5/vsftpd.xinetd    /etc/xinetd.d/vsftpd
[root@localhost ~]#vi /etc/xinetd.d/vsftpd
```

修改为“disable=no”。

添加配置访问的时间限制（与 vsftpd.conf 中 listen=NO 相对应）：

```
access_time = hour:min-hour:min
```

例如：

```
access_times = 8:30-11:30    13:00-18:00    //表示只在这两个时间段才能访问
```

8. 限制文件的传输速度

编辑 vsftpd.conf 文件可设置不同类型用户传输文件时的最大速度，单位为字节/秒（B/s）。

（1）anon_max_rate 参数

向 vsftpd.conf 文件中添加“anon_max_rate=20000”配置语句，那么匿名用户所能使用的最大传输速度约为 20KB/s。

（2）local_max_rate 参数

向 vsftpd.conf 文件中添加“local_max_rate=50000”配置语句，那么本地用户所能使用的最大传输速度约为 50KB/s。

11.5 上机实训

配置 vsftpd 服务器，达到如下要求：

1）本地用户和匿名用户都可以登录。

2）本地用户默认进入其主目录，并可切换到其他有权限访问的目录，还可以上传和下载文件。

3）匿名用户只能下载/var/ftp/目录下的文件。

11.6 课后习题

一、选择题

1．匿名 FTP 站点的主目录是（　　）。

A．/ftp　　B．/var/ftp　　C．/home　　D．/etc

2．vsftpd 服务器为匿名服务器时可从（　　）目录下载文件。

A．/var/ftp　　B．/etc/vsftpd　　C．/var/vsftp　　D．/etc/ftp

3．暂时退出 FTP 命令回到 shell 中时应键入（　　）命令。

A．exit　　B．close　　C．!　　D．quit

4．在 TCP/IP 模型中，应用层包含了所有的高层协议，在下列的一些应用协议中，（　　）能够实现本地与远程主机之间的文件传输工作。

A．Telnet　　B．FTP　　C．SNMP　　D．NFS

5．vsftpd 在默认情况下监听（　　）号端口。

A．80　　B．21　　C．23　　D．25

6．RHEL 5 中默认的 FTP 服务器是（　　）。

A．wu-ftp　　B．Proftp　　C．vsftpd　　D．pure-ftp

7．vsftpd 服务的启动脚本是（　　）。

A．ftp　　B．vsftp　　C．vtpd　　D．vsftpd

8．某个 vsftpd 服务器配置文件的部分内容如下，哪个说法是正确的（　　）？

```
Anonymous_enable=no
Lacal_anable= yes
userlist_enable= YES
userlist_deny= no
user_file=/etc/vsftpd/user_list
```

A．此 vsftpd 服务器不仅为 Linux 用户提供服务，也为匿名用户提供服务。

B．/etc/vsftpd/ user_list 文件中指定的用户才能访问 vsftpd 服务器。

C．只有/etc/vsftpd/ user_list 文件中指定的用户才能访问 vsftpd 服务器。

D．所有 RHEL 5 用户可上传文件，而匿名用户只能下载文件。

9．以下属于 FTP 客户端命令的有（　　）。

A．ls　　B．get　　C．put　　D．bye

10．vsftpd 除了安全、高速、稳定之外，还具有（　　）特性。

A．支持虚拟用户

B．支持 PAM 或 xinetd/tcp_wrappers 认证方式

C．支持两种运行方式：独立的和 xinetd

D．支持带宽限制等

二、问答题

配置 vsftpd 服务器，要求允许匿名用户登录，本地用户只允许 myname 用户登录，且可离开主目录。匿名用户可在/var/ftp/pub 目录中新建目录、上传和下载文件。本地用户可上传和下载。服务器使用独占方式启动。请写出能够实现本功能的配置选项和相应的权限设置，并登录 FTP 服务器（假设 FTP 服务器 IP 地址为 192.168.0.10）实现文件的上传和下载（假设文件名 file1.txt 存在）。按要求写出配置过程。

第 12 章　DNS 服务器

Linux 是一个强大的操作系统，以 Linux 环境搭建的各种服务器一直受到广大用户的好评。域名服务系统（Domain Name System，DNS）在因特网发展过程中起到了重大推动作用，因此 Linux 是建立 DNS 服务器的优秀平台。本章介绍一下 Linux DNS 服务器相关的技术知识。

12.1　域名解析基本概念

在用 TCP/IP 协议族架设的网络中，每一个节点都有一个唯一的 IP 地址，用来作为它们唯一的标志。然而，如果让使用者来记住这些毫无记忆规律的 IP 地址是很困难的。所以就需要一种有记忆规律的字符串作为唯一标识来标记节点的名字。

虽然符号名对于人来说是极为方便的，但是在计算机上实现却不是那么方便。为了解决这个需求，域名服务系统 DNS 应运而生，它运行在 TCP 之上，负责将字符名——域名转换成实际相对应的 IP 地址。这个过程就是域名解析，负责域名解析的机器就叫域名服务器。

DNS 进行域名解析的过程如图 12-1 所示。

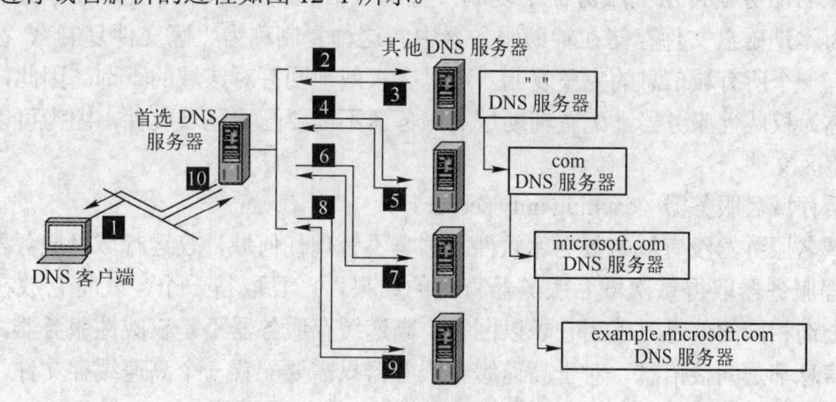

图 12-1　DNS 域名解析过程

1）用户提出域名解析请求，并将该请求发送给本地的域名服务器。

2）当本地的域名服务器收到请求后，就先查询本地的缓存，如果有该记录项，则本地的域名服务器就直接把查询的结果返回。

3）如果本地的缓存中没有该记录，则本地域名服务器就直接把请求发给根域名服务器，然后根域名服务器再返回给本地域名服务器一个所查询域（根的子域，如 CN）的主域名服务器的地址。

4）本地服务器再向上一步骤中所返回的域名服务器发送请求，收到该请求的服务器查询其缓存，返回与此请求所对应的记录或相关的下级的域名服务器的地址。本地域名服务器将返回的结果保存到缓存。

5）重复第 4 步，直到找到正确的记录。

6）本地域名服务器把返回的结果保存到缓存，以备下一次使用，同时还将结果返回给客户端。

12.2 DNS 服务器及其安装

12.2.1 DNS 服务器类型

目前 Linux 系统使用的 DNS 服务器软件是 BIND，运行其守候进程可完成网络中域名解析任务。利用 BIND 软件，可以建立如下几种 DNS 服务器。

（1）主域名服务器（master server）

主域名服务器从域管理员构造的本地磁盘文件中加载域信息，是特定域所有信息的权威性信息源。该文件（区文件）包含着该服务器具有管理权的一部分域结构的最精确信息。主服务器是一种权威性服务器，因为它以绝对的权威去回答对其管辖域的任何查询。主域名服务需要一整套配置文件，其中包括主配置文件 named.conf，正向区域文件、反向区域文件、根服务器信息文件 named.ca。一个域中只能有一个主域名服务器，也可以创建一个或多个辅助域名服务器。

（2）辅助域名服务器（slave server）

辅助域名服务器可从主服务器中复制一整套域信息。区文件是从主服务器中复制出来的，并作为本地磁盘文件存储在辅助服务器中。这种复制称为“区文件复制”。在辅助域名服务器中有一个所有域信息的完整复制，可以有权威地回答对该域的查询。因此，辅助域名服务器也称为权威性服务器。配置辅助域名服务器不需要配置区域文件，因为可以从主服务器中下载该区文件。

（3）缓存域名服务器（caching only server）

缓存域名服务器没有域名数据库软件，本身不管理任何域，仅运行域名服务器软件，它从某个远程服务器取得每次域名服务器查询的结果，一旦取得一个，就将它放在高速缓存中，以后查询相同的信息时就用它予以回答。高速缓存服务器不是权威性服务器，因为它提供的所有信息都是间接信息。对于高速缓存服务器只需要配置一个高速缓存文件，但最常见的配置还包括一个回送文件，这或许是最常见的域名服务器配置。

12.2.2 DNS 服务器的安装

在 Linux 及 UNIX 系统中常用 BIND（Berkele Internet Name Domain）来实现域名解析，它是 DNS 实现中最流行的一个域名系统。

- BIND 的客户端为解析器，用来产生发往服务器的域名信息的查询。
- BIND 的服务器端为 named 守护进程。

在配置 BIND 服务器之前，用户需要首先检查当前计算机是否安装了 BIND 软件包组件。

BIND 所需包如下：

- bind-9.3.6-4.p1.el5_4.2.i386　　　　DNS 服务器软件

- bind-chroot-9.3.6-4.p1.el5_4.2.i386　　　chroot 软件
- bind-libs-9.3.6-4.p1.el5_4.2.i386　　　DNS 服务器类库工具
- bind-utils-9.3.6-4.p1.el5_4.2.i386　　　DNS 服务器查询工具

其命令如图 12-2 所示（如果没有安装 BIND 软件包组件，则在 DVD 安装盘“server”中查找并安装）。

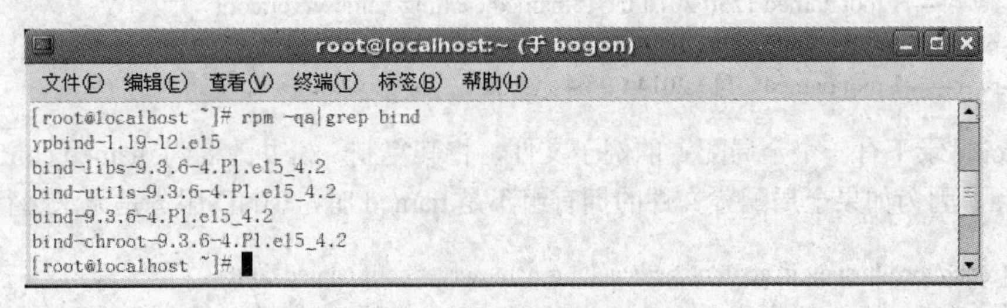

图 12-2　配置前查询 BIND 的命令

chroot 是 BIND 的一种安装机制，使用 chroot 后，它会为 BIND 虚拟出“/”以及“/etc”等 BIND 需要使用的目录。这个虚拟的目录可通过/etc/sysconfig/named 文件修改，但一般直接使用默认的虚拟目录即可。

执行 [root@localhost ~]# vi /etc/sysconfig/named

在图 12-3 中可以看到，由于设置了 ROOTDIR=/var/named/chroot, 配置文件实际路径由原来的/var/named 变为/var/named/chroot/var/named，从而使安装路径更安全。

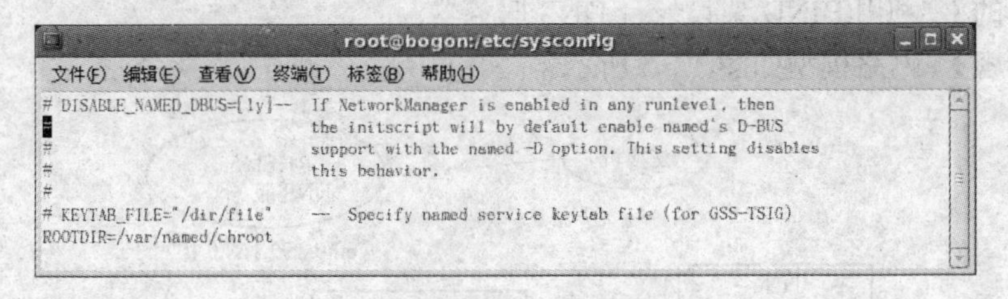

图 12-3　chroot 安全机制

由于 RHEL 5 没有提供 named.conf 配置文件，需要安装模板文件 caching-nameserver 才能使用。把文件复制到某一目录下，使用如下命令安装（如图 12-4 所示）：

[root@localhost ~] # rpm –ivh caching-nameserver-9.3.6-4.P1.el5_4.2.i386.rpm

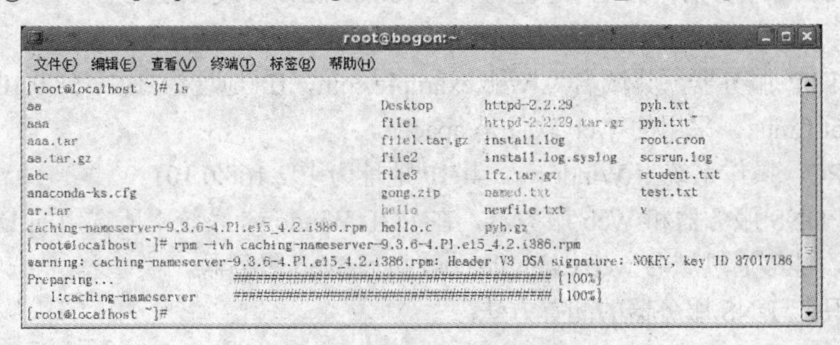

图 12-4　DNS 服务器安装

```
[root@localhost ~] #cd /var/named/chroot/etc
[root@localhost etc]# ls -l
总计 40
-rw-r--r-- 1 root root    2819 2014-09-03 localtime
-rw-r----- 1 root named 1230 2010-01-18 named.caching-nameserver.conf
-rw-r----- 1 root named    955 2010-01-18 named.rfc1912.zones
-rw-r----- 1 root named    113 2014-09-04 rndc.key
```

在 etc 目录下有一个全局配置的例子文件，将其复制一份并改名为 named.conf。复制时一定要加-a，因为如果全局配置文件的拥有组不是 named 时，BIND 服务是无法运行的。

```
[root@localhost etc]# cp -a named.caching-nameserver.conf named.conf
[root@localhost etc]#ls -l
-rw-r--r-- 1 root root    2819 2014-09-03 localtime
-rw-r----- 1 root named 1230 2010-01-18 named.caching-nameserver.conf
-rw-r----- 1 root named 1230 2010-01-18 named.conf
-rw-r----- 1 root named    955 2010-01-18 named.rfc1912.zones
-rw-r----- 1 root named    113 2014-09-04 rndc.key
```

12.3 案例：DNS 服务器配置

【案例目的】 利用 BIND 架设一台 DNS 服务器。

【案例内容】 网络模型如图 12-5 所示。

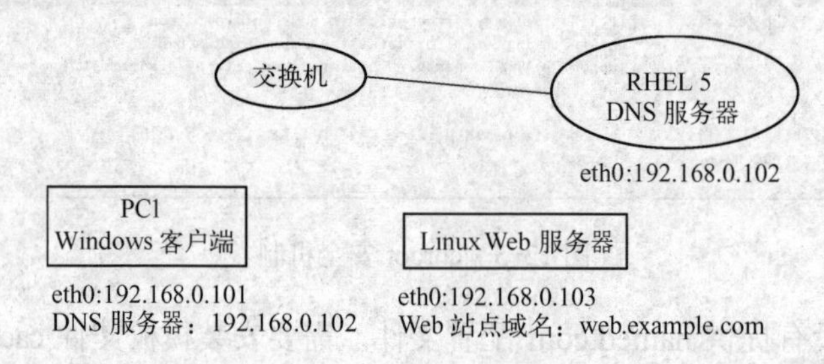

图 12-5 网络模型

1）一台 DNS 服务器，其 IP 地址为 192.168.0.102，安装 RHEL 5，作为 DNS 服务器使用。

2）一台 FTP 服务器，其域名为 web.example.com，IP 地址为 192.168.0.103，安装操作系统为 Red Hat Linux，采用的 Web 软件是 apache。

3）一台 PC，操作系统为 Windows，其 IP 地址为 192.168.0.101。

要求配置 DNS 服务器和 Web 服务器，在 PC1 Windows 系统下所选用的 DNS 服务器为 192.168.0.102，能够通过域名 web.example.com 访问 Web 服务器。

【核心知识】 DNS 服务器的配置方法。

12.3.1 文本模式下 DNS 服务器的配置

打开配置文件：

```
[root@localhost etc]#vi named.conf
```

以文本形式输入以下文本内容：

```
options {
      listen-on port 53 { 127.0.0.1; };
      listen-on-v6 port 53 { ::1; };
      directory     "/var/named";
      dump-file     "/var/named/data/cache_dump.db";
      statistics-file     "/var/named/data/named_stats.txt";
      memstatistics-file     "/var/named/data/named_mem_stats.txt";
      query-source        port 53;
      query-source-v6     port 53;
      allow-query { any;};
      allow-query-cache { localhost; };
};
logging {
      channel default_debug {
                  file "data/named.run";
                  severity dynamic; };
};
view localhost_resolver {
      match-clients { localhost; };
      match-destinations { localhost; };
      recursion yes;
      include "/etc/named.rfc1912.zones";
};
```

（1）option 语句

option 语句定义服务器的全局配置选项，一个 named.conf 文件中只能有一个 option 语句，其基本格式：

```
options{
      配置子句；};
```

最常用的配置子句如下。

- directory“目录名”：定义区域文件的保存路径，默认为“/var/named”。
- forwaders IP 地址：定义将域名查询请求转发给其他 DNS 服务器。

options 选项配置如下。

- listen-on port 53 { 127.0.0.1; }：DNS 侦听本机的端口及 IP。这里表示只侦听 127.0.0.1 这个地址。如不定义此选项表示侦听所有网络。

- directory "/var/named"：指定主配置文件路径，这个路径也是相对路径，它的绝对路径为“/var/named/chroot/var/named”。
- query-source port 53：客户端在进行 DNS 查询时必须使用 53 作为源端口。
- allow-query { localhost; }：允许提交查询的客户端，如不定义此选项，表示允许所有查询。
- allow-recursion {192.168.0.0/24;192.168.0.1/24}：允许提交递归查询的客户端，如不定义此选项，表示允许所有。
- allow-transfer {192.168.0.254;}：允许区域传输的 DNS 服务器（辅助 DNS），如不定义此选项，表示允许所有。
- forwarders {192.168.0.9;}：转发器。
- forward only|first：only 表示如果在指定的转发器找不到，不会去向根查询；first 表示快速转发（默认）。

（2）定义区域文件 localhost_resolver

可定义多个区域文件，但 localhost_resolver 名称不能重复。

- match-clients { localhost; }：客户端的源 IP。
- match-destinations { localhost; }：解析出的目标 IP。
- recursion yes：如果客户端提交的 FQDN（Fully Qualified Domain Name，全称域名）本服务器没有，那么服务器会帮助客户端去查询。
- include "/etc/named.rfc1912.zones"：指定主配置文件。

以上参数中，指定地址范围时，都可以有多个写法，如下所示。

- 单个 IP：192.168.0.1。
- 网段：192.168.0.0/24。
- 指定多个 IP：192.168.0.1;192.168.0.2。
- 网段：192.168.0.。

还可以使用“!”表示不包括。

- none：不匹配所有。
- any：匹配所有。
- localhost：DNS 主机。
- localnet：与 DNS 主机同网段。

例如，配置 named.conf：

```
[root@localhost etc]vi named.conf
options {
        // listen-on port 53 { 127.0.0.1; any; };
        // listen-on-v6 port 53 { ::1; };
         directory "/var/named";
         dump-file "/var/named/data/cache_dump.db";
         statistics-file "/var/named/data/named_stats.txt";
         memstatistics-file "/var/named/data/named_mem_stats.txt";
         // Those options should be used carefully because they disable port
```

```
        // randomization
        query-source port 53;
        // query-source-v6 port 53;
        allow-query {    any;};
        // allow-query-cache { localhost; };
    };
    logging {
        channel default_debug {
        file "data/named.run";
        severity dynamic;
    };
    view localhost_resolver {
        match-clients { localhost; };
        match-destinations { localhost; };
        recursion yes;
        include "/etc/named.rfc1912.zones";
     };
    view example0 {
      // match-clients { any; };
      match-destinations { localhost; };
      recursion yes;
      include "/etc/example0.com";
  };
```

在 etc 目录下有一个主配置的例子文件，将其复制一份改名为 example0.com。复制时一定要加-a，因为如果主配置文件的拥有组不是 named 时，BIND 服务是无法运行的。

```
[root@localhost etc]# cp –a    named.rfc1912.zones    example0.com
[root@localhost etc]#vi example0.com
// named.rfc1912.zones://
// Provided by Red Hat caching-nameserver package
// ISC BIND named zone configuration for zones recommended by
// RFC 1912 section 4.1 : localhost TLDs and address zones
// See /usr/share/doc/bind*/sample/ for example named configuration files.
zone "." IN {
        type hint;
        file "named.ca";
  };
  zone "example.com" IN {
        type master;
        file "example.com.zone";
        allow-update { none; };
      };
  zone "1.168.192.in-addr.arpa" IN {
        type master;
        file "zone.example.com";
```

```
        allow-update { none; };
    };
```

1）根服务信息文件。

DNS 服务器总是采用递归查询，当本地区域文件无法进行域名解析时，将转向根 DNS 服务器查询。因此在主配置区域必须配置根区域，并指定根区域信息文件：

```
zone "."IN{
    type hint;
    file named.ca;};
```

根服务信息文件是用户定义的，通常将其命名为 named.ca，其中包含了 Internet 的顶层域名服务器。RHEL 5 默认不提供 named.ca 文件，可以从 ftp.rs.internic.net/domain/named.root 下载。下载完成后将其更名为 named.ca，并保存在/var/named/chroot/var.named 中。下载 named.root 的命令如图 12-6 所示。

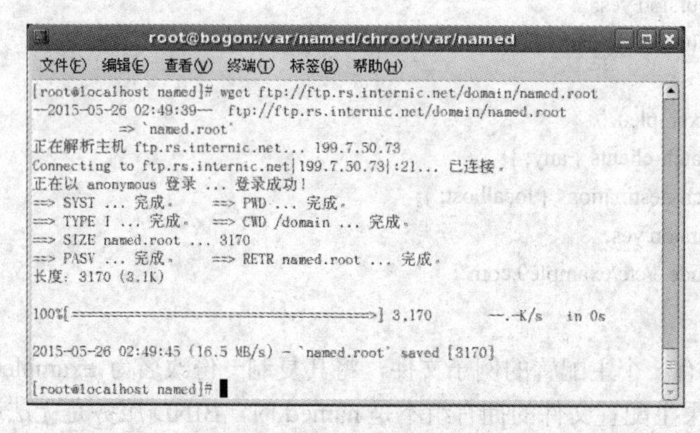

图 12-6 下载根服务信息文件 named.ca

2）zone 语句。

DNS 服务器要发挥作用，除了主配置和根配置文件外，还必须有相应的区域文件，即正向区域文件和反向区域文件。

正向区域文件实现区域内从域名到 IP 地址的解析，主要由若干个资源记录组成。

zone 语句用于定义区域，其中必须说明域名、DNS 服务器类型和区域文件名等信息，其基本格式为：

```
zone "域名"{
    type 子句;
    file 子句;};
```

其中，type 子句用来说明 DNS 服务器类型，如果参数是 master，则表示此 DNS 服务器为主域名服务器；如果参数为 slave，则表示服务器为辅助域名服务器；如果区域为根区域，则 type 子句的参数为 hint。file 子句指定区域文件名称，文件名用双引号引起来。

根据/etc/named.conf 文件中的定义，在/var/named 目录下建立文件 localhost.zone（名称可以自己设置修改，但需与 named.conf 文件中指定的文件名字一致），并执行下列操作（-a

参数不可少，否则 bind 无法运行）：

```
[root@localhost named]# cp –a    localhost.zone    example.com.zone
[root@localhost named]# cp –a    named.local    zone.example.com
[root@localhost named]#vi example.com.zone
$TTL 86400
@        IN      SOA      rhel.example.com      root.rhel.example.com.(
                                            2010090101        :serial
                                            3H                 :refresh
                                            15M               :retry
                                            1W                :expiry
                                            1D                :minimum)
                              IN   NS        rhel.linux.com
                              IN   A         192.168.1.99
         dns                  IN   A         192.168.1.99
         ftp                  IN   A        192.168.1.98
         mail                 IN   A         192.168.1.96
```

配置参数含义如下。

① $TTL 86400 是默认的记录存活时间，通常将它放在文件的第 1 行。

② SOA 授权初始状态是主服务器设定文件中必须设定的命令。

- 最前面的符号“@”代表目前所管辖的域。
- “IN”代表地址类别 Internet，这里固定使用“IN”。
- 括号内选项包括如下几个。

文件序列号：当修改该文件内容时，也要修改其版本序列号。以此来区分是否有更新。

更新时间：指定二级服务器向主服务器复制数据的更新时间周期。

重试时间：指定二级服务器在更新出现通信故障时的重试时间。

终止时间：指定二级服务器重新执行更新动作后仍然无法完成更新任务而终止更新的时间。

生存时间：指定当域名服务器询问某个域名和其 IP 地址后，在域名服务器上放置的时间。

二级服务器所设定的域名服务器是主服务器的备份主机。

③ NS 命令用来指定这个域的域名服务器。

④ A 命令用来指定域名与 IP 地址的对应关系。这里，将 Web 服务器的域名 dns.example.com 与其 IP 地址 192.168.1.99 对应起来；将 FTP 服务器的域名 ftp.example.com 与其 IP 地址 192.168.1.98 对应起来。

反向区域文件的结构和格式和正向区域文件类似，其主要实现从 IP 地址到域名的反向解析。根据/etc/named.conf 文件中的定义，在/var/named 目录下建立文件反向域名转换数据文件 1.168.192.in-addr.arpa.zone（可以自己定义，应与定义的名字保持一致，这里只是给出一个例子，名字可以是不同的）：

```
[root@localhost named]#vi zone.example.com
$TTL 86400
```

```
@       IN    SOA    rhel.linux.com      root.rhel.linux.com.(
                                          2009090101       :serial
                                          3H                :refresh
                                          15M              :retry
                                          1W               :expiry
                                          1D              :minimum)
                          IN   NS    rhel.linux.com
          99              IN   PTR   dns. linux.com
          98              IN   PTR   ftp. linux.com
          96              IN   PTR   mail. linux.com
```

PTR 命令用来让配置文件中的主机通过 IP 地址来知道所对应的域名。例如，最前面的 98 代表 192.168.1.98，对应的域名就是 ftp.linux.com。

除此之外，BIND 能够正常工作，还需要以下配置文件。

- /var/named/named.hosts：正向域名转换数据文件，用来指定域内主机域名同 IP 地址的映射。
- /etc/resolv.conf 和/etc/hosts.conf 文件。

/etc/resolv.conf 文件中内容如图 12-7 所示。

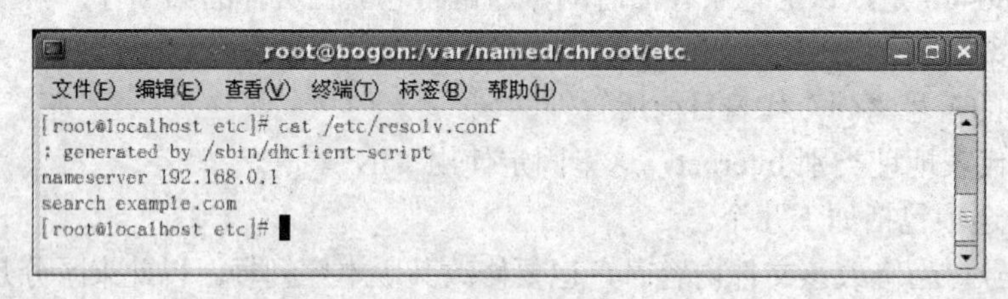

图 12-7　resolv.conf 的内容

其中第 1 项指出了在哪个地址可以找到需要的域名服务器，第 2 项指出对于任何希望连到它上面的主机应该搜寻的域。

/etc/hosts.conf 的内容如图 12-8 所示。

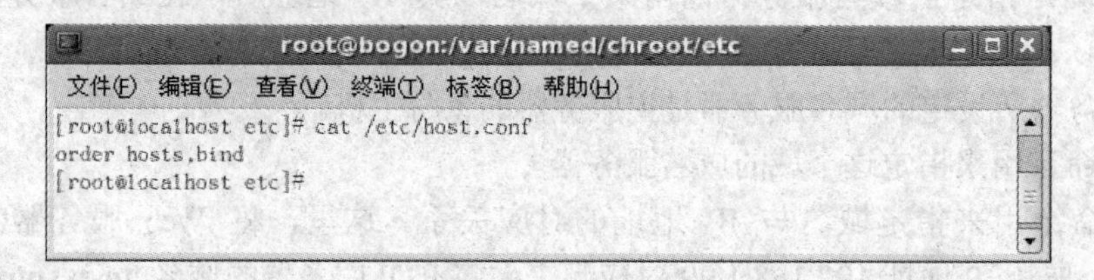

图 12-8　host.conf 的内容

该配置参数告诉主机名称先在/etc/hosts 文件中搜索，然后再查询域名服务器。

案例分解 1

1. 修改/etc/named.conf 文件

文件/etc/named.conf named 是 DNS 主要配置文件。文件部分内容已经默认添加，用户只需查看本书添加的注释行内容即可知晓在实际配置中自己需要做的工作，如图 12-9 和图 12-10 所示。

```
root@bogon:/var/named/chroot/etc
文件(F) 编辑(E) 查看(V) 终端(T) 标签(B) 帮助(H)
options {
//      listen-on port 53 { 127.0.0.1; any; };
//      listen-on-v6 port 53 { ::1; };
        directory       "/var/named";
        dump-file       "/var/named/data/cache_dump.db";
        statistics-file "/var/named/data/named_stats.txt";
        memstatistics-file "/var/named/data/named_mem_stats.txt";
         query-source    port 53;
//       query-source-v6 port 53;

        allow-query     {  any;};
//      allow-query-cache { localhost; };
};
logging {
        channel default_debug {
                file "data/named.run";
                severity dynamic;
        };
};
view example0 {
    //   match-clients       { any; };
        match-destinations { localhost; };
        recursion yes;
        include "/etc/example0.com";
};
```

图 12-9 修改/etc/name.conf 文件（1）

```
root@bogon:/var/named/chroot/etc
文件(F) 编辑(E) 查看(V) 终端(T) 标签(B) 帮助(H)
// named.rfc1912.zones:
//
// Provided by Red Hat caching-nameserver package
//
// ISC BIND named zone configuration for zones recommended by
// RFC 1912 section 4.1 : localhost TLDs and address zones
//
// See /usr/share/doc/bind*/sample/ for example named configuration files.
//
zone "." IN {
        type hint;
        file "named.ca";
};

zone "example.com" IN {
        type master;
        file "example.com.zone";
        allow-update { none; };
     };
zone "0.168.192.in-addr.arpa" IN {
        type master;
        file "zone.example.com";
        allow-update { none; };
};
```

图 12-10 修改/etc/name.conf 文件（2）

2．建立正向域名转换数据文件 example.com.zone

根据/etc/named.conf 文件中的定义，在/var/named 目录下建立文件 example.com.zone，如图 12-11 所示。

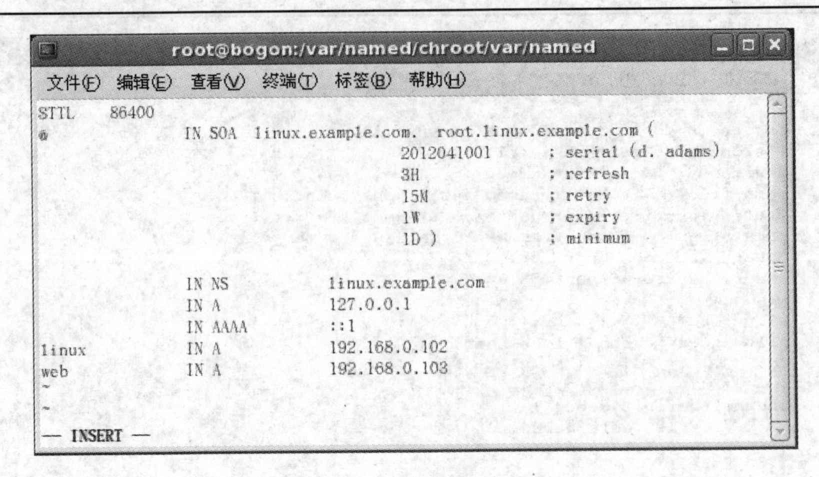

图 12-11 建立正向域名转换数据文件

3. 建立反向域名转换数据文件 0.168.192.in-addr.arpa.zone

根据/etc/named.conf 文件中的定义，在/var/named 目录下建立文件反向域名转换数据文件 0.168.192.in-addr.arpa.zone，如图 12-12 所示。

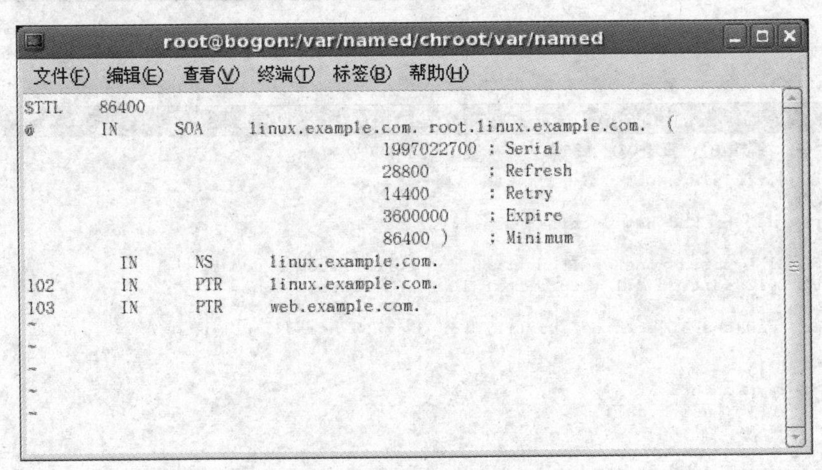

图 12-12 建立反向域名转换数据文件

4. 重启服务

```
[root@localhost named]# /etc/rc.d/init.d/named start
```

12.3.2 桌面环境下 DNS 服务器的配置

下面详细介绍在主机 192.168.1.99 上使用图形化界面配置 DNS 服务器的过程。注意，此处作为 DNS 服务器的主机 IP 地址为 192.168.1.99，在配置用户自己的 DNS 服务器时，需要根据情况做适当修改。

查看是否已安装 DNS 图形化配置界面软件包组件，查看命令如下：

```
[root@localhost named]# rpm –qa | grep system-config-bind
```

system-config-bind-1.9.0-11　　　　　//图形化配置软件包

如果没有安装，则用以下命令：

[root@localhost named]# yum install system-config-bind

如图 12-13 所示。

```
root@bogon:/var/named/chroot/etc
文件(F) 编辑(E) 查看(V) 终端(T) 标签(B) 帮助(H)
[root@localhost etc]# yum install system-config-bind
Loaded plugins: fastestmirror, rhnplugin, security
This system is not registered with RHN.
RHN support will be disabled.
Loading mirror speeds from cached hostfile
Setting up Install Process
Resolving Dependencies
--> Running transaction check
---> Package system-config-bind.noarch 0:4.0.3-6.el5.centos set to be updated
--> Finished Dependency Resolution

Dependencies Resolved

==========================================================================
 Package               Arch         Version                 Repository   Size
==========================================================================
Installing:
 system-config-bind    noarch       4.0.3-6.el5.centos      base        5.3 M

Transaction Summary
==========================================================================
Install      1 Package(s)
Upgrade      0 Package(s)

Total download size: 5.3 M
Is this ok [y/N]: y
Downloading Packages:
system-config-bind-4.0.3-6.el5 79% [===============-   ] 7.7 kB/s | 4.2 MB    02:23 ETA
```

图 12-13　安装界面

在命令行下输入“system-config-bind”命令，启动如图 12-14 所示的图形化配置界面。

[root@localhost named]# system-config-bind

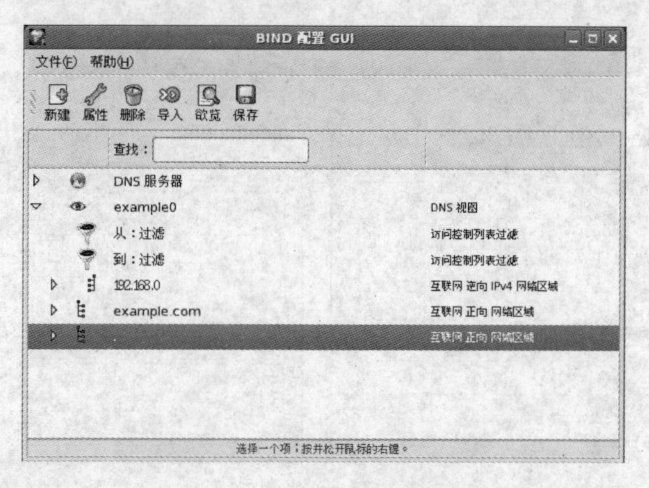

图 12-14　DNS 配置图形化界面

1．正向解析域配置

正向解析域的配置过程如下：

1）在如图 12-14 所示的 DNS 图形化配置界面中，单击“新建”→“网络区域”，打开如图 12-15a 所示的“新网络区域”对话框，在“Class”下拉列表中选择“IN 互联网”，在“来源类型”下拉列表中选择当前域的类型（如正向），分别单击“确定”按钮；在“网络区域类型”下拉列表中选择类型区域（如 master）。最后单击“确定”按钮。

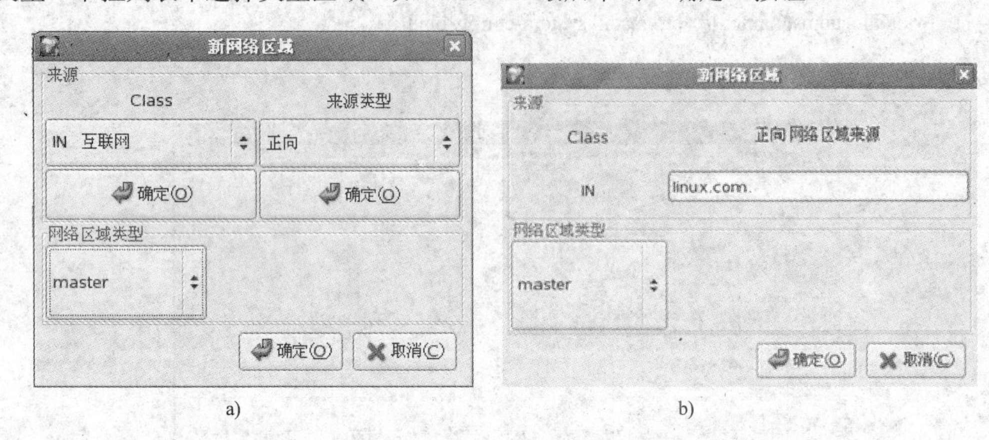

a) b)

图 12-15 “新网络区域”对话框

2）在“Class”的“IN”文本框中输入网络名称如 linux.com（如图 12-15b 所示），单击“确定”按钮，出现如图 12-16 所示的对话框。其各项参数含义如下。

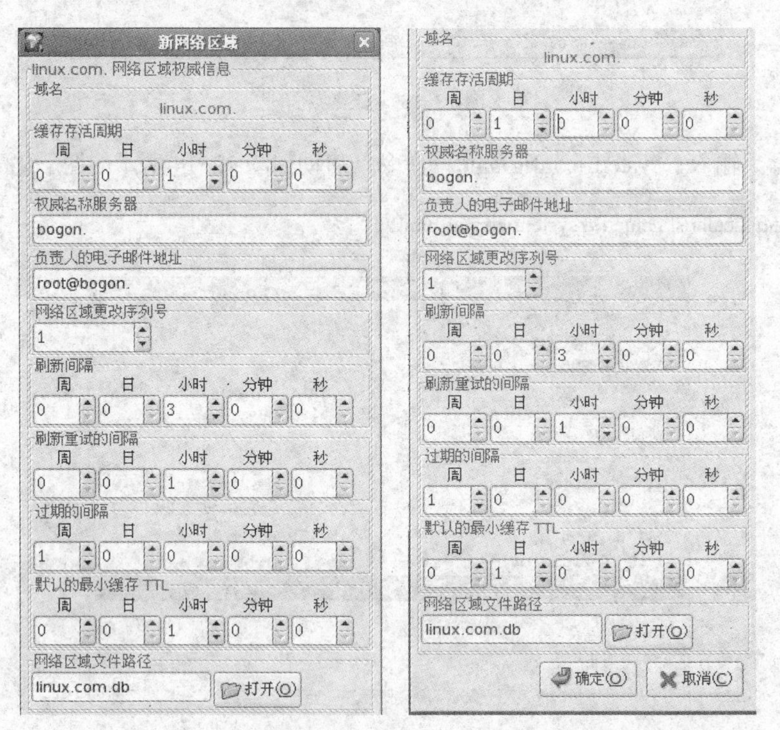

图 12-16 正向网络区域信息设置

网络区域更改序列号：当修改该文件内容时，也要修改其版本序列号，以此来区分是否有更新。

刷新间隔：指定二级服务器向主服务器复制数据的更新时间周期。

刷新重试的间隔：指定二级服务器在更新出现通信故障时的重试时间。

过期的间隔：指定二级服务器重新执行更新动作后仍然无法完成更新任务而终止更新的时间。

默认的最小缓存 TTL：指定当域名服务器询问某个域名和其 IP 地址后，在域名服务器上放置的时间。

单击“确定”按钮，正向区域建立完成，如图 12-17 中高亮选中的 linux.com.为新建的区域。

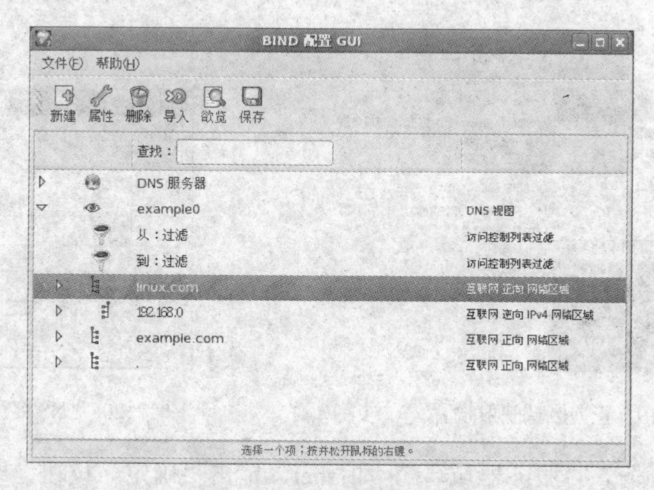

图 12-17　新建正向区域结果

选中新建的正向区域，单击“属性”，可以查看并修改相应的选项，如图 12-18 所示。

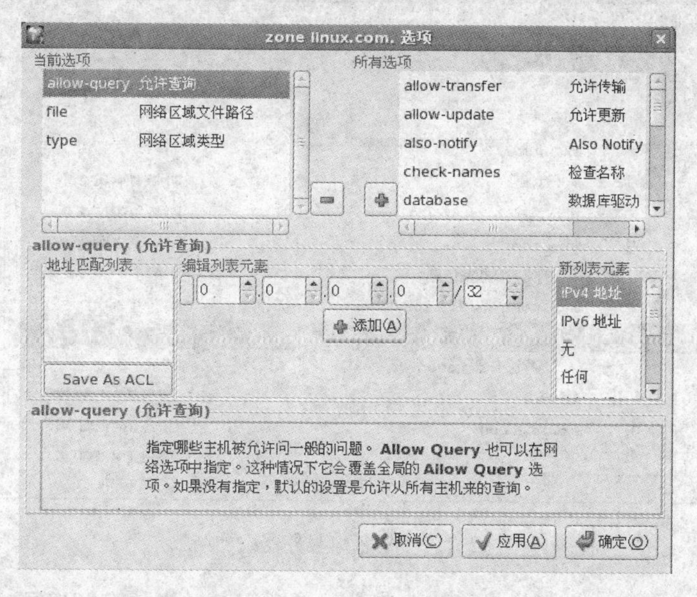

图 12-18　正向区域文件属性

在图的左上方可以添加或减少相应的设置项，图的右上方为可选项，选中后单击“+”号就可以把选项添加到左边。在“编辑列表元素”中设置 IP 地址，单击“添加”按钮，IP

地址即添加到左侧的“地址匹配列表”中。

3）在图 12-17 中，选中新建的区域，单击鼠标右键，弹出快捷菜单，如图 12-19 所示。选择“A ipv4 地址”，出现图 12-20 所示的对话框。

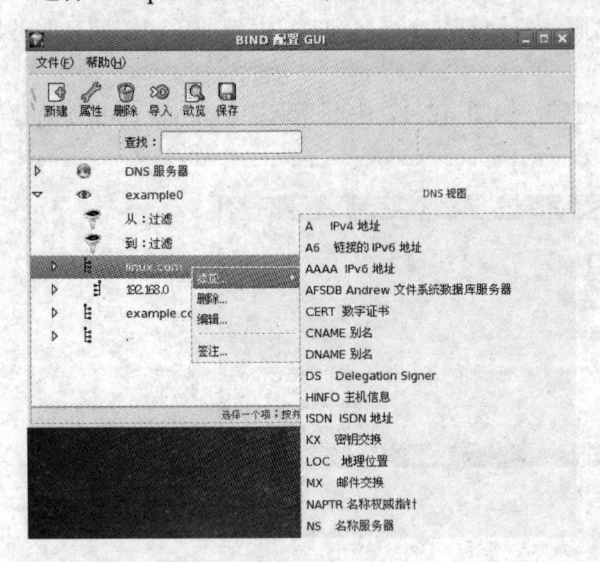

图 12-19 正向区域映射设置

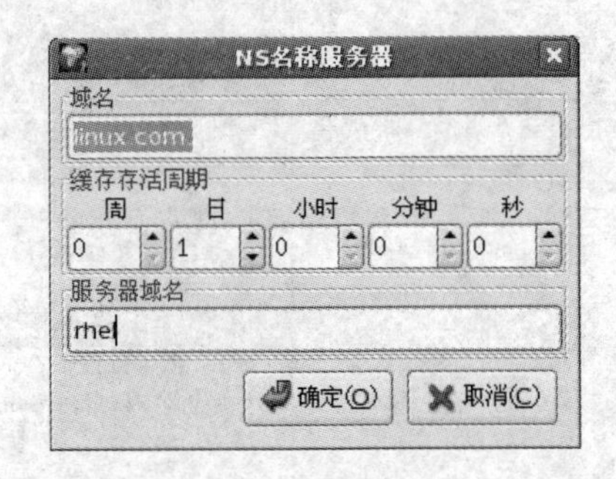

图 12-20 “NS 名称服务器”对话框

在对话框中，输入“服务器域名”，如 rhel，单击“确定”按钮，即可添加名称服务器，结果如图 12-21 所示。

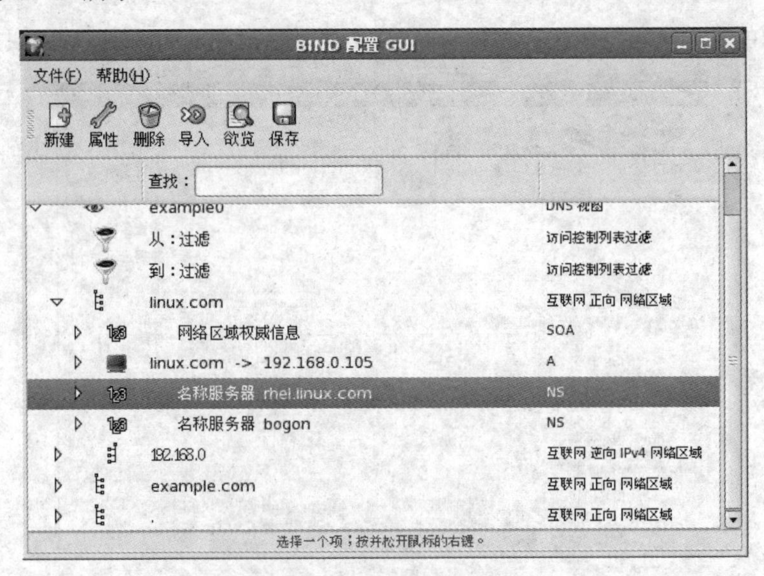

图 12-21 NS 名称服务器添加结果

按同样的方法可以添加其他主机或者别名、域名服务器类的资源记录，完成 DNS 服务器图形界面配置。具体的记录将根据读者设置而不同。

2. 反向解析域配置

反向解析域的配置过程如下：

1）在 DNS 图形化配置界面中，单击“新建”→“网络区域”，打开如图 12-15 所示的“新网络区域”对话框在“来源类型”下列拉表中“选择 IPV4 逆向”，单击“确定”按钮，出现如图 12-22 所示的对话框。在对话框中，每次单击“添加”按钮增加一个文本框，然后在“IP 地址”文本框内输入当前域的十进制 IP 地址的前 3 位（这里将设置 192.168.1 网段内的主机，因此输入“192.168.1”）。

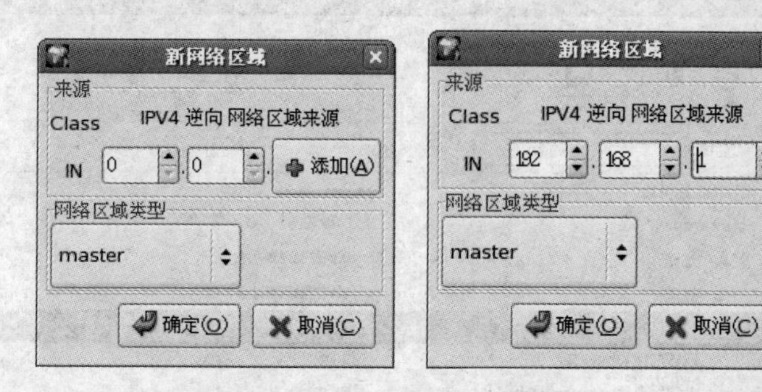

图 12-22　逆向网络区域来源设置

2）单击“确定”按钮，打开图 12-23 所示的对话框。

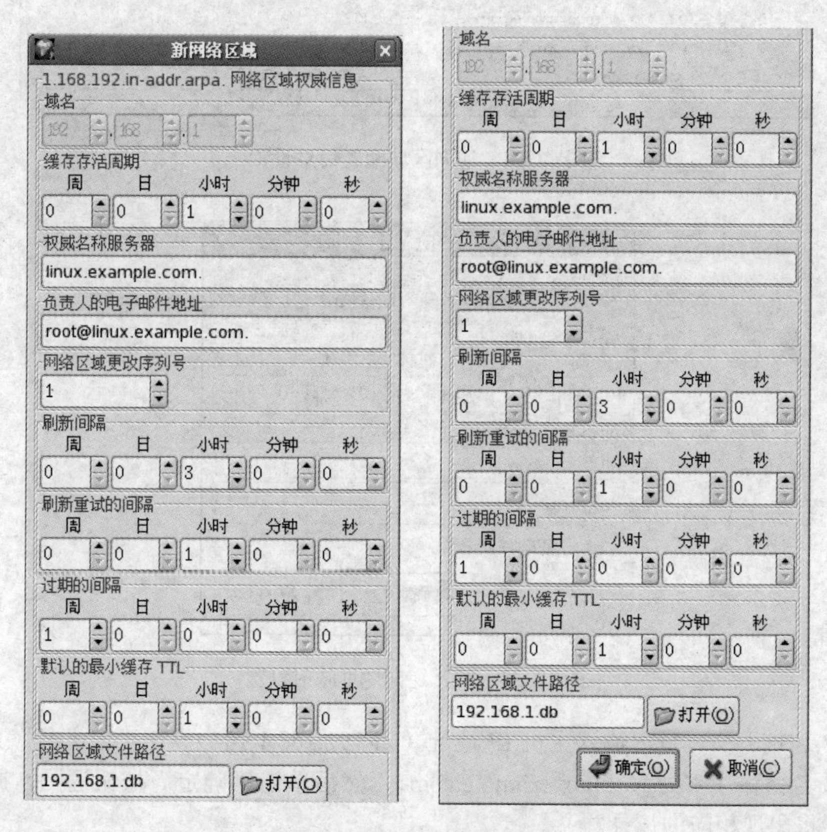

图 12-23　反向解析域设置

同样在反向区域设置中，可以设置权威名称服务器、负责人的电子邮件地址、网络区域更改序号、刷新间隔、刷新重试的间隔、过期的间隔、默认的最小缓存 TTL 和网络区域文件路径。

3）设置完成后，单击“确定”按钮，出现图 12-24 所示的窗口。在高亮的逆向地址上，单击鼠标右键，选择“添加”→“PTR 逆向地址影射”，打开如图 12-25 所示的对话框，在这里可以设置 IP 地址对应的主机名。

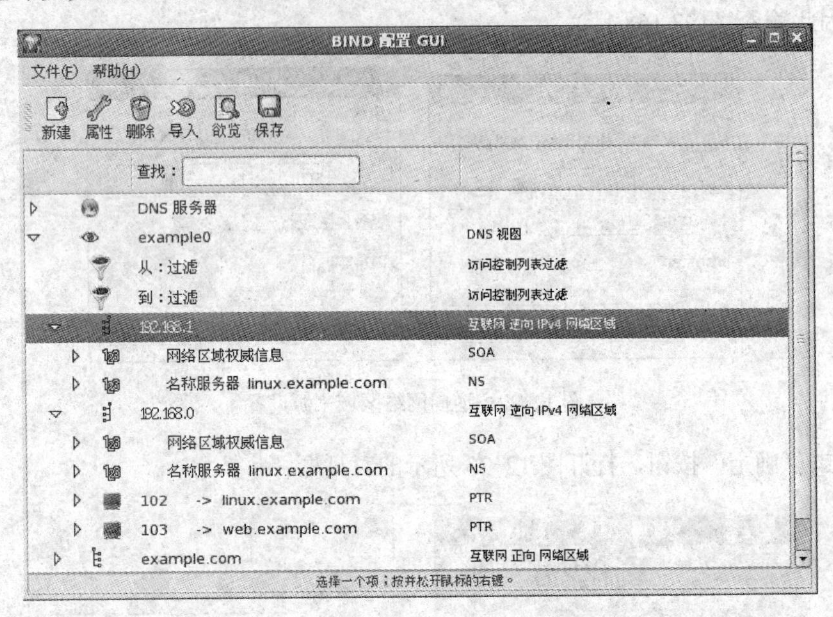

图 12-24　逆向区域配置信息设置

图 12-25　PTR 逆向地址映射设置

在“IP 地址”文本框内输入主机 IP 地址（如 192.168.1.104），在“主机名”文本框内输入完整的域名名称（本处为 linux.example.com），然后单击“确定”按钮返回，此时“逆向地址表”栏将出现相应的记录。

3. 保存配置并重新启动服务

添加了正向和反向解析域后，返回到 BIND 图形配置界面，此时配置界面如图 12-26 所示，读者可以在此图形界面中查看、添加、修改相应的设置。

选择“开始”菜单中的“系统设置”→“服务设置”→“服务”，打开如图 12-27 所示的“服务配置”窗口，在“后台服务”列表中选择“named”服务，然后单击上方的“开始”或“重启”按钮来启动（或重新启动）当前 DNS 服务器。

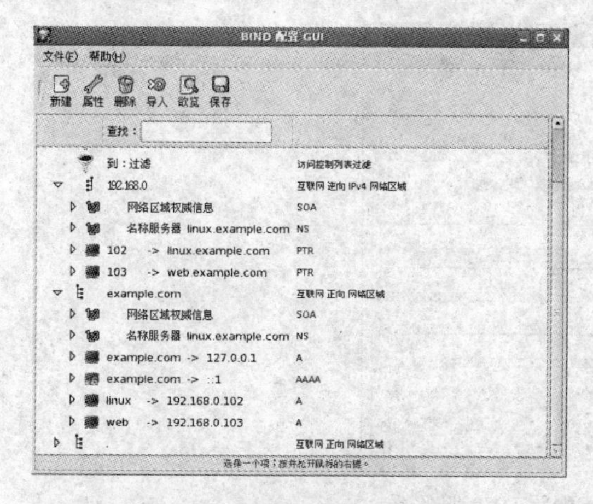

图 12-26　DNS 配置信息汇总

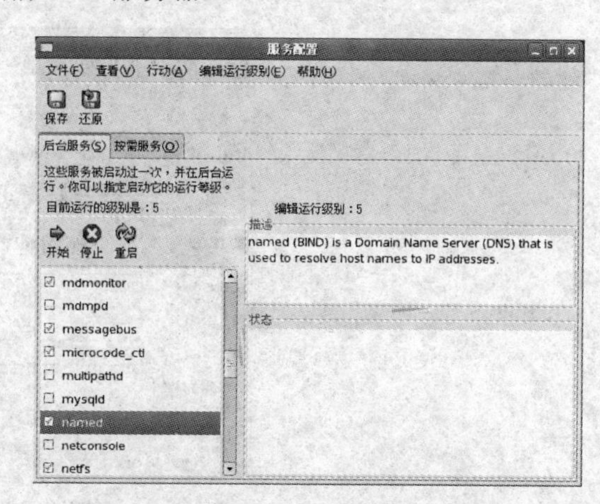

图 12-27　“服务配置”窗口

完成以上配置后，读者即可以在客户端指定 DNS 服务器主机并测试相关设置。

4. 测试 DNS 服务器

在测试之前，读者需修改 Windows 客户端的 DNS 服务器主机 IP 地址为当前配置的 DNS 服务器的 IP 地址。另外，需检查 DNS 服务器的防火墙是否已经允许 DNS 连接。

以下是在 Windows 客户端对 DNS 服务器进行测试时用到的命令：

```
C:\>  nslookup                      //在 Windows 的 DOS 提示符下使用 nslookup 命令测试
Default Server: linux.example.com
Address: 192.168.0.102              //显示当前的 DNS 服务器为读者配置的 DNS 服务器
> web.example.com                   //输入自己添加的域名，要求回显 IP 地址
Server: linux.example.com           //DNS 服务器名
Address: 192.168.1.103              //服务器 IP 地址
Name: linux.example.com             //查找的名称
Address: 192.168.0.102              //IP 结果
>www.tute.edu.cn                    //输入外网的主机
Server: linux.example.com
……
```

12.4　Linux 下的客户端设置

在 Linux 操作系统下，如果用户采用的是手动获得 IP 地址，则 DNS 也需要手工设置；如果采用 DHCP 方式获得 IP 地址，一般情况下，DHCP 服务器会一同提供 DNS 服务器的地址，即使是自动获得 IP 地址，读者同样可以手工指定当前主机的 DNS 服务器地址。下面介绍如何设置 Linux 操作系统客户端。

在 Linux 操作系统下，读者可以采用图形界面配置 DNS 地址，也可采用修改配置文件

的方式来设置 DNS 服务器。

. 在图形界面下单击“系统”→“管理”→“网络”，打开“网络配置”对话框，选择“DNS”选项卡，如图 12-28 所示，配置 DNS 服务器。读者可以设置多个 DNS 服务器。

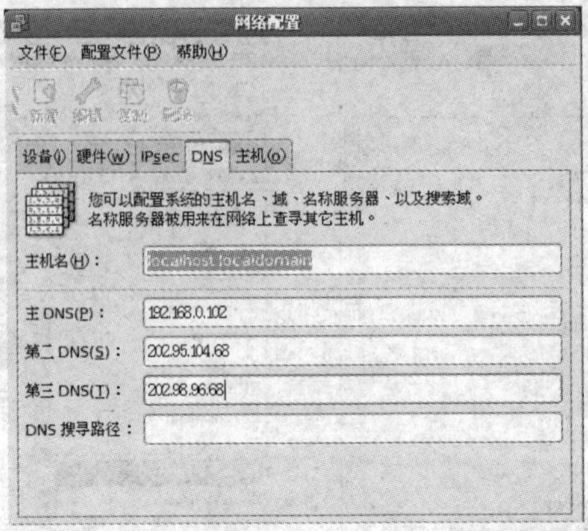

图 12-28　图形界面下配置 DNS 服务器

另外，可以修改 Linux 操作系统下的 DNS 服务器的配置文件/etc/resolve.conf，其修改方式如下：

```
[root@localhost root]# vi /etc/resolv.conf
nameserver 192.168.0.102
nameserver 202.95.104.68
nameserver 202.98.96.68
//添加格式如下一行：
//nameserver IP 地址
search localdomain
```

在 Linux 操作系统中可以使用 host 命令和 dig 命令，关于这两个命令的具体使用方法，可以由 Linux 手册获取，也可以在 shell 提示符下输入“man | host”或者“man | dig”查看，示例如下。

```
[root@localhost ~]# host www.163.com
www.163.com is an alias for www.cache.split.netease.com
www.cache.split.netease.com has address 202.108.9.16
[root@localhost ~]# host 211.95.165.201
201.165.95.211.in-addr.arpa domain name pointer ccniit.com
201.165.95.211.in-addr.arpa domain name pointer dns2.ccniit.com
```

12.5 上机实训

配置 DNS 服务器，主区域域名为 test.com，其网络地址为 192.168.1.*。DNS 主服务器的主机全名为 master.test.com，其 IP 地址为 192.168.1.114。邮件服务器的名称为 mail.test.com，其 IP 为 198.168.1.111。完成配置后请用 nslookup 进行测试。

12.6 课后习题

一、选择题

1．DNS 中 ptr 记录是指（　　）。

A．主机记录　　B．指针　　C．别名　　D．主机信息

2．可用来测试 DNS 配置的命令是（　　）。

A．testpram　　B．nslookup　　C．configtest　　D．testdns

3．BIND DNS 默认情况具有三个资源记录文件是（　　）。

A．localhost.zone　　B．named.local　　C．linux.com　　D．named.ca

4．Linux 中，DNS 调试工具有（　　）。

A．bind　　B．service　　C．nslookup　　D．dig

5．以下是 DNS 资源记录类型的有（　　）。

A．SOA　　B．MX　　C．NS　　D．A

6．RHEL 5 中的 DNS 使用的软件是（　　）。

A．qmail　　B．apache　　C．bind　　D．quota

7．DNS 别名记录的标志是（　　）。

A．A　　B．PTR　　C．CNAME　　D．MZ

8．下列命令能启动 DNS 服务的是（　　）。

A．service named start　　B．/etc/init.d/named start

C．service dns start　　D．/etc/init.d/dns restart

9．DNS 域名系统主要负责主机名和（　　）之间的解析。

A．IP 地址　　B．MAC 地址　　C．网络地址　　D．主机别名

10．配置 DNS 服务器反向解析时，设置 SOA 和 NS 后，还需要添加（　　）记录。

A．SOA　　B．CNAME　　C．PTR　　D．A

11．DNS 配置文件中（　　）关键字用于表示某主机别名。

A．CN　　B．NS　　C．CNAME　　D．NAME

12．一台主机的域名是 www.RHLinux.com.cn,对应的 IP 地址为 192.168.0.100，那么此域的反向解析域的名称是（　　）。

A．192.168.0.in-addr.arpa　　B．100.0.168.192

C．0.168.192-addr.arpa　　D．100.0.168.192.in-addr.arpa

二、问答题

1．什么是域名解析？

2．在进行 DNS 配置时用到的文件有哪些？它们的作用分别是什么？

3．如何对已经配置完成的 DNS 进行测试？

第 13 章 WWW 服务器

Apache HTTP Server（简称 Apache）是目前 Inetnet 上最流行的 Web 服务器软件之一。它可以运行在几乎所有常用的计算机平台上，由于其源代码开放、跨平台和安全性被广泛使用，市场占有率达 60%左右。它快速、可靠并且可通过简单的 API 扩充，将 Perl/Python 等解释器编译到服务器中。本章主要讲述 RHEL 5 下最常用的 WWW（World Wide Web）服务器——Apache 服务器的安装、配置、应用及测试。

13.1 Web 服务器基本概念

WWW 服务是现在网络应用中最热门的技术。无论是在 Internet 中浏览、搜索、共享信息，还是企业内部的管理组织与服务宣传，都和这种简单的交互式图形界面的网络服务有着不可分割的关系。

由于 WWW 可以给用户提供没有时间、地域限制的各种信息服务，这对一个企业（尤其是跨地区的企业）来说，有着非常大的价值。利用 Web 页面，可以每天 24 小时在全世界范围内提供宣传服务，与客户进行网上交易，企业内部信息时刻保持同步共享。尤其是 Application Server 技术逐渐取代以往的 C/S 对等模型，WWW 更是全面进军商业应用。

WWW 服务是基于客户端/服务器模式的信息发现技术和分布式超媒体技术的综合应用。Web 服务器通信过程如图 13-1 所示。超媒体扩展了传统的超文本系统，把多媒体内容引入到 Web 中。

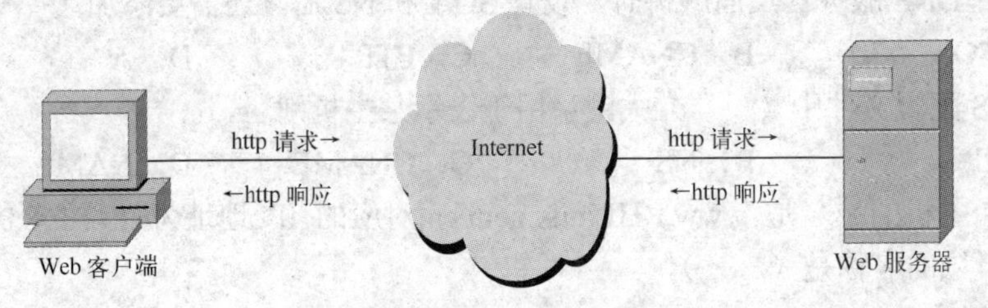

图 13-1 Web 服务器通信过程

由于每一个超媒体文档仍采用超文本标记语言（HyperText Markup Language，HTML）来组织表示，习惯上，仍称之为超文本技术。每一个超媒体文档在网络中都必须也必然只有一个标识，这种标识技术人们称之为统一资源定位（Uniform Resource Locator，URL）。URL 通常的形式为：

Protocal://Computer_Name:Port/Document_Name

其中 Protocal 为访问文档所采用的协议名，Computer_Name 为文档所在网络计算机的域名，Port 为可选的协议端口号，Document_Name 为在指定计算机中的文件名。例如 URL：

http://www.linuxaid.com.cn/bbs/index.jsp

指明 HTTP 协议，计算机 www.linuxaid.com.cn，文件 bbs/index.jsp。

HTTP 协议，全名叫超文本传输协议（HyperText Transport Protocol），是专门用来传送超媒体文档所制定的协议。原则上，HTTP 是直接的：它允许浏览器请求一个指定的项，然后服务器返回该项。为了确保浏览器和服务器能够明确地互相操作，HTTP 定义了浏览器发送到服务器的请求格式与服务器返回的应答格式，并对传输的内容进行了保证。

本文主要介绍使用 Linux 系统实现网络服务器的 WWW 服务功能。

Apache 是举世闻名的服务器，源于 NCSA httpd 服务器，经过多次修改，成为世界上最流行的 Web 服务器软件之一。

Apache 的主要特征是：

1）可以在任何计算机平台上运行。

2）支持最新的 HTTP 协议。它是最先支持 HTTP 1.1 的 Web 服务器之一，其与新的 HTTP 协议完全兼容，同时与 HTTP 1.0、HTTP 1.1 向后兼容。Apache 还为支持新协议做好了准备。

3）简单而强有力的基于文件的配置。该服务器没有为管理员提供图形用户界面，但提供了 3 个简单但功能异常强大的配置文件。用户可以根据需要用 3 个文件随心所欲地完成自己希望的 Apache 配置。

4）支持通用网关接口（CGI）。采用 mod_cgi 模块支持 CGI。Apache 支持 CGI/1.1 标准，并且提供了一些扩充。

5）支持基于 IP 和基于域名的虚拟主机。

6）多协议支持。Apache 现在已经拥有了能够支持多协议的底层。

7）支持多种方式的 HTTP 认证。

8）集成 Perl 处理模块。

9）集成代理服务器模块。用户可以选择 Apache 作为代理服务器。

10）支持实时监视服务器状态和定制服务器日志。

11）支持服务器端包含命令（SSI）。

12）支持安全 Socket 层（SSL）。由于版权法和美国法律在进口方面的限制，Apache 本身不支持 SSL。但是用户可以通过安装 Apache 的补丁程序集合（Apache-SSL）使得 Apache 支持 SSL。

13）用户会话过程的跟踪能力。

14）支持 FastCGI。

15）支持 Java Servlets 和 JSP。

16）支持 HTTP Cookie。通过支持 Cookie，可以对用户浏览 Web 站点进行跟踪。

当然，随着 IBM、Oracle 等大公司开始加入推进 Linux 的计划，它们的应用服务器也开始有了 For Linux 的版本。这也使用户有了更多的选择。不过，基于 Apache 无可否认的王牌地位，本书还是以 Apache 为核心来介绍流行的 WWW 服务器架构。

13.2 案例 1：Apache 服务器的安装和配置

【案例目的】掌握 Apache 的安装和配置。

【案例内容】

建立一个个人 Web 站点；个人用户名为 text，个人站存在主目录，与 httpd.conf 配置文件中的一致；建立个人 Web 站点文件 index.html，文件的内容自定义；进行一定的设置，在 Linux 里利用 IE 输入 http://ip/~text 能够访问该站点的内容。

【核心知识】Apache 的配置过程。

13.2.1 Apache 服务器的安装

1. 用 httpd-2.2.29.tar.gz 软件包安装 Apache

这里将下载下来的 httpd-2.2.29.tar.gz 软件包放在/test 目录下。

（1）对软件包进行解压缩和解包

在用 httpd-2.2.29.tar.gz 软件包安装 Apache 之前，首先要对该软件包进行解压缩和解包，用以下命令完成软件包的解压缩和解包：

```
//到/root 目录下查看 httpd-2.2.29.tar.gz 软件包
[root@localhost test]# ls –l
-rwxrw-rw- 1 root root 7537230 05-23 01:33 httpd-2.2.29.tar.gz
//对软件包解压缩和解包
 [root@localhost test]# ls -l
total 7388
drwxr-xr-x 11 pyh    pyh         4096 Aug 22    2014 httpd-2.2.29
-rwxrw-rw-    1 root root 7537230 May 23 01:33 httpd-2.2.29.tar.gz
//再显示当前目录下所有文件，可以发现已经解压缩和解包成功，多了一个目录
```

（2）运行源代码目录下的 configure 命令

解压缩后，进入源码的目录 httpd-2.2.29，并使用配置脚本进行环境的设置。相应的命令为：

```
[root@localhost ~]#cd httpd-2.2.29              //改变当前目录为 httpd-2.2.29 目录
[root@localhost httpd-2.2.29]#. /configure
// 以下是使用配置脚本设置环境的部分配置过程显示
```

```
config.status: creating Makefile
config.status: creating pcre.h
config.status: creating pcre-config
config.status: creating config.h
config.status: executing default commands
srclib/pcre configured properly
  setting AP_LIBS to "/test/httpd-2.2.29/srclib/pcre/libpcre.la"
  setting INCLUDES to "-I$(top_builddir)/srclib/pcre"

Configuring Apache httpd ...

  adding "-I." to INCLUDES
  adding "-I$(top_srcdir)/os/$(OS_DIR)" to INCLUDES
  adding "-I$(top_srcdir)/server/mpm/$(MPM_SUBDIR_NAME)" to INCLUDES
  adding "-I$(top_srcdir)/modules/http" to INCLUDES
  adding "-I$(top_srcdir)/modules/filters" to INCLUDES
  adding "-I$(top_srcdir)/modules/proxy" to INCLUDES
  adding "-I$(top_srcdir)/include" to INCLUDES
  adding "-I$(top_srcdir)/modules/generators" to INCLUDES
  adding "-I$(top_srcdir)/modules/mappers" to INCLUDES
  adding "-I$(top_srcdir)/modules/database" to INCLUDES
  adding "-I/test/httpd-2.2.29/srclib/apr/include" to INCLUDES
```

（3）编译源代码

在执行./configure 之后，配置脚本会自动生成 Makefile。如果在设置的过程中没有任何错误，就可以开始编译源码了。相应命令如下（限于篇幅，这里给出部分结果）：

[root@localhost httpd-2.2.29]#. make

```
Making all in xml/expat
make[3]: Entering directory `/test/httpd-2.2.29/srclib/apr-util/xml/expat'
make[3]: Nothing to be done for `all'.
make[3]: Leaving directory `/test/httpd-2.2.29/srclib/apr-util/xml/expat'
make[3]: Entering directory `/test/httpd-2.2.29/srclib/apr-util'
make[3]: Nothing to be done for `local-all'.
make[3]: Leaving directory `/test/httpd-2.2.29/srclib/apr-util'
make[2]: Leaving directory `/test/httpd-2.2.29/srclib/apr-util'
Making all in pcre
make[2]: Entering directory `/test/httpd-2.2.29/srclib/pcre'
make[3]: Entering directory `/test/httpd-2.2.29/srclib/pcre'
make[3]: Nothing to be done for `local-all'.
make[3]: Leaving directory `/test/httpd-2.2.29/srclib/pcre'
make[2]: Leaving directory `/test/httpd-2.2.29/srclib/pcre'
make[1]: Leaving directory `/test/httpd-2.2.29/srclib'
Making all in os
make[1]: Entering directory `/test/httpd-2.2.29/os'
Making all in unix
make[2]: Entering directory `/test/httpd-2.2.29/os/unix'
make[3]: Entering directory `/test/httpd-2.2.29/os/unix'
make[3]: Nothing to be done for `local-all'.
make[3]: Leaving directory `/test/httpd-2.2.29/os/unix'
```

（4）用 make install 命令安装

在源码编译完成后，就可以使用 make install 将 Apache 安装至默认的目录/usr/local/apache2 下。安装过程终端显示部分结果如下：

[root@localhost httpd-2.2.29]#. make install

```
mkdir /usr/local/apache2/conf
mkdir /usr/local/apache2/conf/extra
mkdir /usr/local/apache2/conf/original
mkdir /usr/local/apache2/conf/original/extra
Installing HTML documents
mkdir /usr/local/apache2/htdocs
Installing error documents
mkdir /usr/local/apache2/error
Installing icons
mkdir /usr/local/apache2/icons
mkdir /usr/local/apache2/logs
Installing CGIs
mkdir /usr/local/apache2/cgi-bin
Installing header files
Installing build system files
Installing man pages and online manual
mkdir /usr/local/apache2/man
mkdir /usr/local/apache2/man/man1
mkdir /usr/local/apache2/man/man8
mkdir /usr/local/apache2/manual
make[1]: Leaving directory `/test/httpd-2.2.29'
```

至此，基于 gzip 软件包的 Apache 安装就全部完成了，用户可以启动 Apache 服务器了：

```
[root@localhost httpd-2.2.29]# cd /usr/local/
[root@localhost local]# ls
apache2  bin  etc  games  include  lib  libexec  sbin  share  src
[root@localhost local]# cd apache2
[root@localhost apache2]# ls
bin    cgi-bin  error   icons    lib   man     modules
build  conf     htdocs  include  logs  manual
[root@localhost apache2]# cd bin
[root@localhost bin]# ls
ab             apxs        envvars-std  htpasswd    rotatelogs
apachectl      checkgid    htcacheclean httpd
apr-1-config   dbmmanage   htdbm        httxt2dbm
apu-1-config   envvars     htdigest     logresolve
[root@localhost bin]# 
```

执行下列命令启动服务：

```
[root@localhost ~]# /usr/local/apache2/bin/apachectl start
httpd (pid 2410) already running
```

2. 用 RPM 软件包安装 Apache

Apache 的 RPM 软件包既可以在 RHEL 5.5 DVD 光盘的“server”中找到，当前最新的 RPM 包文件名为 httpd-2.2.3-43.el5.i386.rpm，执行如下命令即可完成 Apache 的安装：

```
#rpm –ivh httpd-2.2.3-43.el5.i386.rpm
```

完成 RPM 包安装后，以下是与 Apache 服务器和 Web 站点相关的目录和文件。

- /etc/httpd/conf/httpd.conf：Apache 的所有配置信息都保存在该文件中。httpd.conf 是 Apache 服务器的配置文件，其代码长达千行，其中参数非常复杂。
- /usr/lib/httpd/modules/目录：Apache 所支持的模块的位置。
- /usr/sbin/apachectl：Apache 的主要执行文件。
- /usr/sbin/ httpd：Apache 的二进制执行文件。
- /usr/bin/htpasswd：Apache 的密码保护文件，当用户在某些网页需要输入账号与密码时，Apache 本身提供一个最基本的密码保护方式，该密码的产生就是透过这个指令来完成的。
- /var/log/httpd/access_log：Apache 的传输日志。
- /var/log/httpd/error_log：Apache 的错误日志。
- /var/www/：默认 Web 站点的根目录。
- /var/www/html/目录：默认 Web 站点的 HTML 的保存目录。
- /var/www/icons/目录：该目录提供 Apache 预先给予的一些小图标。
- .htaccess：基于目录的配置文件，包含所在目录的访问控制和认证等参数。

Apache 服务器的主目录默认为/var/www/html，也可以根据需要灵活设置。

3. Apache 桌面安装

除了上述两种安装方式外，还可以采用图形用户界面的方式来安装。单击“应用程序”

→“添加/删除软件”，出现如图 13-2 所示的窗口，选择窗口左侧的服务器，右侧窗口则显示出服务名称。如果安装了，则服务名称前面的方块有对勾；如果没有安装，则可以单击方块。选中要安装的“万维网服务器”，单击“可选软件包”按钮，显示如图 13-3 所示的窗口，可以选择想安装的软件，单击“关闭”按钮返回。然后单击“应用”按钮，即可实现万维网服务器的安装。

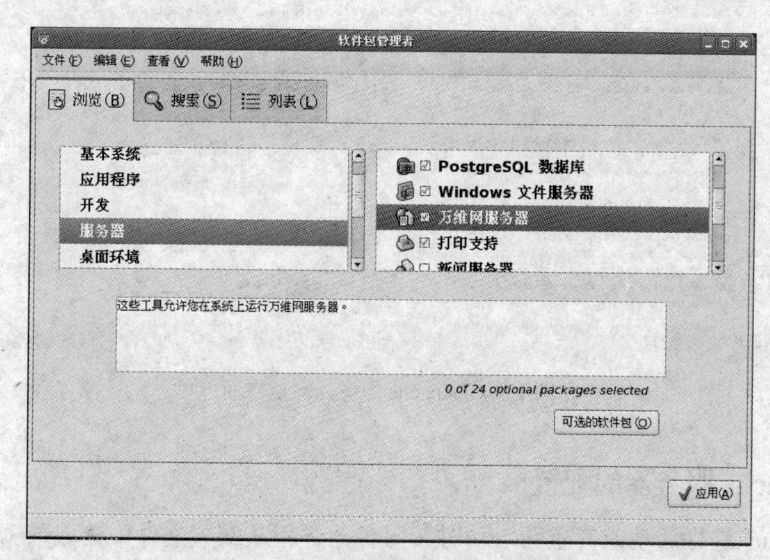

图 13-2 “软件包管理者”窗口

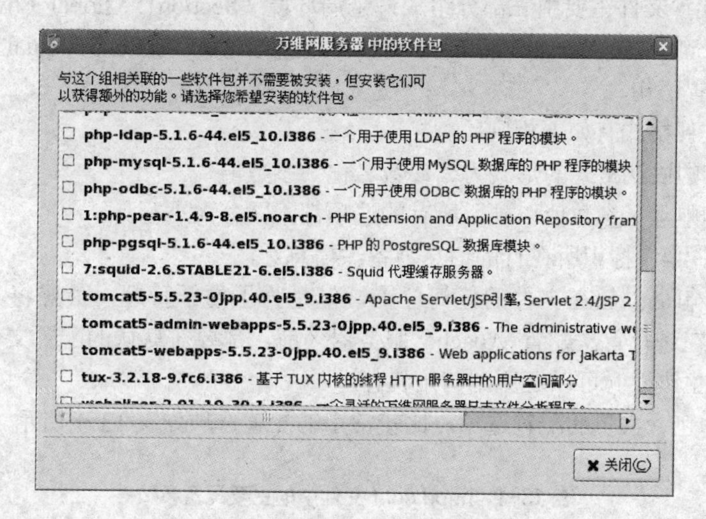

图 13-3 万维网服务器的“可选软件包”窗口

13.2.2 Apache 服务器的测试

安装完成 Apache 服务器后，对其配置文件不做任何改动，采用默认值。可以对 Apache 服务器做一简单的测试，在地址栏输入“http://127.0.0.1”或“http://localhost”，显示结果如图 13-4 所示。

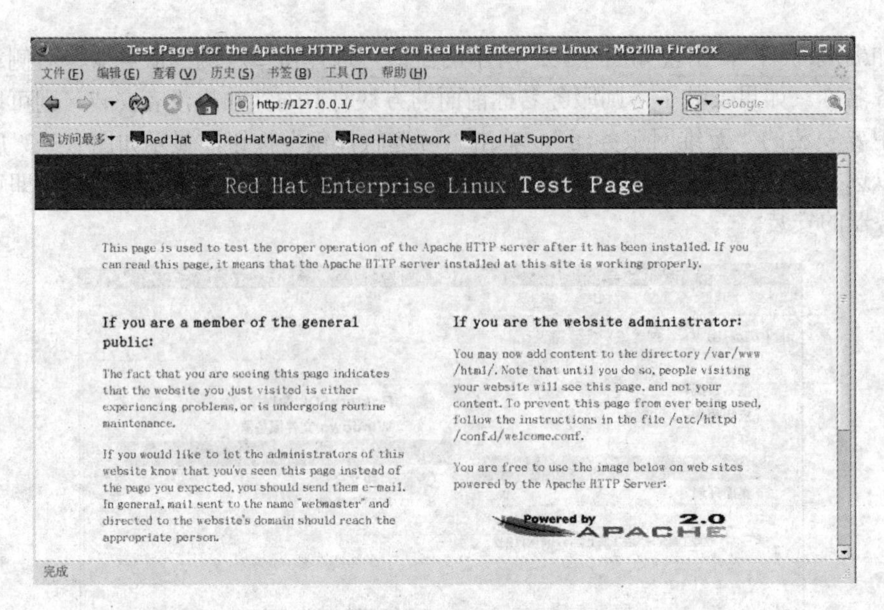

图 13-4　Apache 服务器测试界面

13.2.3　Apache 服务器的配置

当 Apache 进行启动或者重新启动时，服务器进程从配置文件中读取数据。使用 httpd reload 命令可以使 Apache 重新装载配置信息。

httpd.conf 配置文件主要由三部分组成：全局环境（Section1: Global Enviroment）、主服务器配置（Section2:'Main' server configuration）和虚拟主机（Section3:Virtual Hosts）。每个部分都有相应的配置语句。

httpd.conf 文件格式有如下规则：

- 配置语句的语法格式的形式为“参数名称　参数值”。
- 配置语句中除了参数值以外，所有的选项都不区分大小写。
- 可以使用“#”标识所在行的信息为备注信息。

尽管配置语句可以放在文件的任何位置，但是为了便于管理，最好将其放在相应的部分。一般而言，在进行首次配置 Apache 服务器之前，都要对默认的配置文件 httpd.conf 进行备份，以免发生错误时可以还原到初始状态。

httpd.conf 中包含大量的配置选项，比较常用的配置选项如表 13-1 所示。

表 13-1　httpd.conf 文件中的主要配置参数

指　令　名	功 能 说 明
ServerType	服务器的两种类型为 standalone 和 inetd
ServerToken	禁止显示或发送 Apache 版本号
ServerRoot	设置服务器目录绝对路径，包含 conf 和 log 子目录
Pidfile	服务器用以记录开始运行时的进程 ID 号的文件
KeepAlive off	设置是否运行保持连接，off 表示不允许

（续）

指令名	功能说明
ServerAdmin	设置为管理服务器的 Web 管理人员的地址
ServerName	设置服务器将返回的主机名
DocumentRoot	设置为文档目录树的绝对路径
UserDir	定义和本地用户的主目录相对的目录
DirectoryIndex	指明作为目录索引的文件名
TimeOut	设置超时时间，以秒为单位，默认 120s
MaxSpareServers	设置 Apache 的最大空闲进程数
minSpareServers	设置 Apache 的最小空闲进程数
StartServers	指明启动 Apache 时运行的进程数，默认为 8
MaxKeepAliveRequests	设置每个连接的最大请求数，默认为 100。设为 0 则没限制
KeepAliveTimeout	指定连续两次连接的间隔时间。默认为 15s
Listen	设置 Apache 的监听端口。默认在 TCP80 端口监听客户端请求
BindAddress	设置 Apache 只监听特定的 IP 地址
LimitRequestBody	设置 HTTP 请求的消息主体的大小
MaxClients	设置 Apache 在同一时间的最大连接数
maxRequestsperChild	设置一个独立的子进程能处理的请求数量

1. httpd.conf 文件中的全局配置选项

httpd.conf 文件的全局环境（Section1: Global Enviroment）部分的默认配置，基本能满足用户的需求。下面详细介绍 httpd.conf 文件中一些全局配置参数。

（1）服务器类型（ServerType）指令

通过对 ServerType 进行设置来指示服务器的类型。Apache 服务器有两种类型：standalone 和 xinetd。设置为 standalone 类型表示服务器启动一个服务进程等待用户的 HTTP 请求，当用户的请求响应后该进程并不消亡。当 ServerType 设置为 xineted 类型时，对于任何传入的 HTTP 请求，产生一个新的服务器，该服务器在请求服务完成后立即消亡，这在测试配置更改方面非常有用，因为每次产生一个新的服务器时都要重新装载配置文件。但是，该操作非常慢，因为对于每个请求都有服务器启动的开销。

（2）禁止显示或发送 Apache 版本号（ServerToken）指令

默认 ServerTokens OS，服务器 HTTP 响应头会包含 Apache 和 PHP 版本号。这是有危害的，因为这会让黑客通过详细的版本号而发起已知该版本的漏洞攻击。为了阻止这种情况，需要在 httpd.conf 中设置 ServerTokens 为 Prod，这会在响应头中显示“Server:Apache”而不包含任何的版本信息。下面是 ServerTokens 的一些可能的赋值：

- ServerTokens Prod 显示“Server: Apache”
- ServerTokens Major 显示“Server: Apache/2”
- ServerTokens Minor 显示“Server: Apache/2.2”
- ServerTokens Min 显示“Server: Apache/2.2.17”

- ServerTokens OS 显示“Server: Apache/2.2.17 (UNIX)”
- ServerTokens Full 显示“Server: Apache/2.2.17 (UNIX) PHP/5.3.5”（若未指定，则为默认的返回信息）

（3）相对根目录（ServerRoot）指令

此指令用来设置相对根目录路径，即配置文件和日志文件的相对路径，用以通知服务器到哪个位置查找所有的资源和配置文件。在配置文件中所指定的资源，有许多是相对于 ServerRoot 目录的。如果从 PRM 安装，则 ServerRoot 指令设置为/etc/httpd，该目录中包含 conf 和 logs 子目录；如果从源代码安装，则设置为/usr/local/apache。

（4）端口（Port）指令

指定服务器运行的端口。默认为 80，这是标准的 HTTP 端口号。在某些特定情况下，用户可能要让服务器运行在另外的端口上，例如当用户想要运行一个测试服务器而不希望其他人知道时，此时可以指定服务器监听非 80 端口。修改 httpd.conf 里面关于 Listen 的选项即可完成前述示例。例如，Listen8080 指令就是指示 Apache 监听 8080 端口。而如果要同时指定监听端口和监听地址，那么可以使用如下指令：

```
Listen 192.168.1.100:80
Listen 192.168.1.101:8080
```

这样就使得 Apache 同时监听在 192.168.1.100 的 80 端口和 192.168.1.101 的 8080 端口。

（5）用户和组 ID（User 和 Group）指令

用来设置用户 ID（UID）和组 ID（GID），服务器将使用它们来处理请求。通常保留这两个设置的默认值：nobody 和 nogroup，并且分别在对应的/etc/passwd 和/etc/group 文件中验证它们。如果想使用其他的 UID 或 GID，可以对默认设置进行修改，但是要知道，服务器将以在这里定义的用户和组的权限开始运行。这表明，假如有一个安全性的漏洞，不管是在服务器上，还是在自己的 CGI 程序中，这些程序都将以指定的 UID 运行。如果服务器以 root 或其他一些具有特权的用户的身份运行，那么某些人就可以利用这些安全性的漏洞对站点做一些危险地操作。除了使用名字来指定 User 和 Group 指令外，还可以使用 UID 和 GID 编号来指定它们。如果使用编号，则一定要确保所指定的编号与想要指定的用户号和组号一致，并且要在编号前面加上符号“#”。

（6）用户相对主目录（UserDir）指令

定义和本地用户的主目录相对的目录，可以将公共的 HTML 文档放入该目录中。说是相对目录是因为每个用户有自己的 HTML 目录。该指令默认的设置为 public_html。因此，每个用户在自己的主目录下都能够创建名为 public_html 的目录，在该目录下的 HTML 文档可以通过“http://servername/~username”访问。这里 username 是特定用户的名称。在版本 1.3.4 以前，该指令出现在 srm.conf 文件中。

（7）响应时间（TimeOut）指令

Web 站点的响应时间以秒为单位，默认为 120s。如果超过这段时间仍然没有传输任何数据，那么 Apache 服务器将断开与客户端的连接。在 httpd.conf 文件里可设置网络超时时间，其命令格式为“TimeOut n”，其中 n 为整数，单位是秒。

（8）最大空闲进程（MaxSpareServers）指令

设置 Apache 的最大空闲进程数，其命令格式如下：

```
MaxSpareServers 50
```

上述指令表明，当空闲进程超过 50 个的时候，Apache 主进程会杀掉多余的空闲进程而保持空闲进程为 50 个以节省系统资源。在非常繁忙的站点调节这个参数是很必要的。同时还可以设置类似参数 MinSpareServers 来限制最少空闲进程数目，以加快反应速度。

（9）启动服务器进程数（StartServers）指令

指明启动 Apache 后运行的进程数量。命令格式为：

```
StartServer 3
```

（10）最大请求数（MaxKeepAliveRequests）指令

最大请求数是指每次连接可提出的最大请求数目，默认值为 100，设为 0 则没有限制。使用命令“MaxKeepAliveRequests 100”就能保证在一个连接中，如果同时请求数达到 100 就不再响应这个连接的请求，以保证系统资源不会被某个连接大量占用，但是在实际配置中，要求尽量把这个数值调高来获得较高的系统性能。

（11）保持会话状态（KeepAlive 和 KeepAliveTimeout）指令

设置会话的持续时间，如果超出设置值则被认为会话中断，默认值为 15s。例如以下两个设置：

```
MaxKeepAlive on
KeepAliveTimeout 20
```

这样就能限制每个会话的保持时间是 20s。会话的使用可以使很多请求通过同一个 TCP 连接来发送，节约了网络资源和系统资源。

（12）最大连接数目（MaxClients）指令

设置 Apache 的最大连接的客户端的数目。

2．主服务器配置

httpd.conf 配置文件的主服务器配置（Section2:'Main' server configuration）部分，用以设置默认的 Web 站点的属性，其中可能需要修改的参数如下。

（1）ServerAdmin

如果客户端访问 Apache 服务器发生错误，服务器会向客户端返回错误提示信息，包括管理员的 E-mail 地址。默认的 E-mail 地址为“root@主机名”，所以应正确设置此项：

```
ServerAdmin root@localhost
```

（2）ServerName

用 ServerName 语句来设置服务器所在的主机名称。若此服务器有域名，则需输入域名，否则填入服务器的 IP 地址。例如：

```
ServerName www.example.com:80
```

（3）DocumentRoot

Apache 服务器的文档主目录默认为/var/www/html，也可以根据需要灵活设置。指令格式为：

DocumentRoot "/var/www/html"

（4）DirectoryIndex

DirectoryIndex 是指在 Web 浏览器中仅输入 Web 站点的域名或 IP 地址就显示的网页。按照 httpd.conf 文件的默认设置，访问 Apache 服务器时如果不指定网页名称，Apache 服务器将显示指定目录下的 index.html 或 index.html.var。

根据需要，可以对 DirectoryIndex 语句进行修改。如果有多个文件名，文件名之间需要用空格分隔。Apache 服务器根据文件名的先后顺序查找指定的文件名。如果能找到第一个文件则调用之，否则查找第二个文件，找到则调用，找不到则继续查找下一个文件，以此类推。

3. .htaccess 文件和访问限制

任何出现在配置文件 httpd.conf 中的指令都可能出现在.htaccess 文件中。该文件在 httpd.conf 文件的 AccessFileName 指令中指定，用于进行针对单一目录的配置。作为系统管理员，可以指定该文件的名字和可以通过该文件内容覆盖的服务器配置。当站点有多组内容提供者，并希望控制这些用户对他们空间的操作时该指令非常有用。例如，httpd.conf 文件中的下面部分指出了 AccessFileName 参数的值：

```
//AccessFileName: The name of the file to look for in each directory
//for access control information. See also the AllowOverride directive.
//
AccessFileName .htaccess
```

要限制.htaccess 文件能够覆盖的内容，要使用 AllowOverride 指令。该指令可以进行全局设置或者单个目录设置。要配置默认可以使用的选项，可以使用 Options 指令。

例如，在 httpd.conf 文件中，可以见到如下部分清单：

```
# ScriptAlias: This controls which directories contain server scripts.
# ScriptAliases are essentially the same as Aliases, except that
# documents in the realname directory are treated as applications and
# run by the server when requested rather than as documents sent to the client.
# The same rules about trailing "/" apply to ScriptAlias directives as to
# Alias.
#
ScriptAlias /cgi-bin/ "/var/www/cgi-bin/"

#
# "/var/www/cgi-bin" should be changed to whatever your ScriptAliased
# CGI directory exists, if you have that configured.
#
<Directory "/var/www/cgi-bin">
    AllowOverride None
    Options None
    Order allow,deny
    Allow from all
</Directory>

#
# Redirect allows you to tell clients about documents which used to exist in
# your server's namespace, but do not anymore. This allows you to tell the
```

（1）AllowOverrides 指令

httpd.conf 文件中的 AllowOverrides 指令的参数值可决定.htaccess 文件是否起效以及.htaccess 文件中可使用的参数。AllowOverrides 的参数主要有 All、None、AuthConfig 以及 Limit 等。

AllowOverrides 可以设置为 All 或者 Options.htaccess、FileInfo.htaccess、AuthConfig.htaccess 以及 Limit.htaccess 选项的组合。这些选项的含义如下。

- All：启用.htaccess 文件，并且可使用所有的参数。
- Options.htaccess：文件可以为该目录添加没有在 Options 指令中列出的选项。
- FileInfo.htaccess：文件包含修改文档类型信息的指令。
- AuthConfig.htaccess：文件可包含访问控制的相关参数。
- Limit.htaccess：文件可能包含 allow、deny、order 指令。

例如，直接编辑 httpd.conf 文件，设置/var/www/html/example 目录中所有网页文件只允许认证用户访问。

案例分解

☞注意：

一定要设置防火墙允许 WWW 服务通过。

（1）在/var/www/html 目录下新建 example 目录，并创建 index.html 文件。

（2）编辑 httpd.conf 文件，添加如下内容。

```
<Directory "/var/www/html/example">
    AllowOverrides None
    AuthName "shared web"
    AuthType Basic
    AuthUserFile /var/www/userpass
    Require valid-user
</Directory>
```

（3）创建 Apache 认证用户文件/var/www/userpass，并设置多名用户为认证用户。

```
[root@localhost root]# htpasswd –c /var/www/userpass andrew
New password:
Re-type new password:
Adding password for user andrew
```

此命令首先在/var/www 目录下创建认证用户文件 userpass，然后将用户名 andrew 及其口令信息保存在这个文件中。

（4）重启 Apache 服务。

```
[root@localhost root]# service httpd restart
Stopping httpd:                              [确定]
Starting httpd:                              [确定]
```

（2）Options 指令

Options 可以为 None、All 或者任何 Indexes、Includes、FollowSymLinks、ExecCGI、

MultiViews 的组合。MultiViews 不包含在 All 中，必须显式指定。这些选项解释如下。

- None：该目录没有启用任何可用的选项。
- All：该目录启用了所有选项，除了 MultiViews。
- Indexes：当 index.html 文件或者另一个 DirectoryIndex 文件不存在时，目录中的文件列表将作为 HTML 页产生，显示给用户。
- Includes：该目录允许服务器包含（SSI）。如果允许包含但是不允许在包含中有 exec 选项，则可以写为 IncludesNoExec。基于安全的原因，对于没有完全控制权限的目录，如 DserDir 目录，该选项是一个很好的主意。
- FollowSymLinks：允许访问符号链接到文档目录的目录。这种方法不好，不要将整个服务器全部设置为该选项。对某个目录可以这样设置，但仅在有足够的理由时才这样设置。该选项是一个潜在的安全隐患，因为它允许 Web 用户跳出文档目录以外，并且可潜在地允许用户访问文件系统的分区，而这些地方是不希望其他人访问的。
- ExecCGI：即使该目录不是 ScriptAlias 化的目录，也在其中允许 CGI 程序。
- MultiViews：该选项是 mod_negotiation 模块的一部分。当客户请求的文档没有找到时，服务器试图计算最适合客户请求的文档。

（3）Order 指令

Order 只能设置为“Order allow，deny”或“Order deny，allow”，表明用户设置允许的访问地址以及设置禁止访问的地址的先后顺序。

（4）Allow 指令

指明允许访问的地址或地址列表。如“Allow from all”指令表明允许所有 IP 的访问请求。

（5）Deny 指令

指明禁止访问的地址或地址列表。如“Deny from all”指令表明禁止所有 IP 的访问请求。

4．http.conf 文件中的 CGI 设置

用 HTML 编写的是静态网页。如果用户希望与 Web 服务器交互，则可采用公用网关接口 CGI（Common Gateway Interface）。简言之，CGI 就是运行在 Web 服务器上的程序。有两种方法可调用 CGI 脚本：表单的 Action 调用和网页 URL 点击调用。下面分别对这两种方法进行介绍。

（1）表单的 Action 调用

例如图 13-5 所示的表单，要求用户输入姓名和身份证号码。

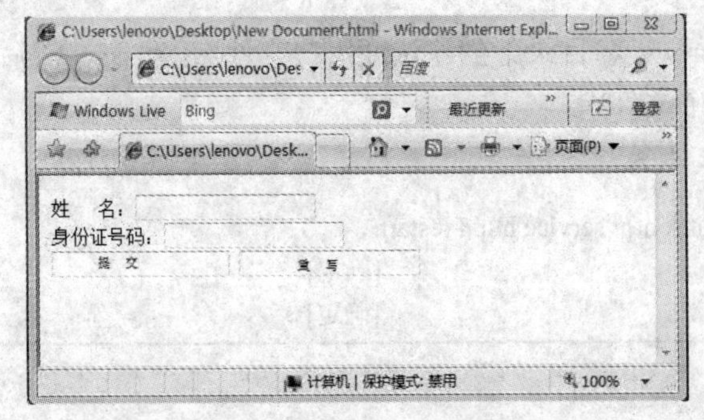

图 13-5　一个简单的表单

图 13-5 所示的表单对应的 HTML 语句如下：

```
<form method= "POST" action= "/cgi-bin/login">
    姓   名：<input type= "test" name= "T1" size= "20"><br>
    身份证号码：<input type= "text" name="T2" size= "20"><br>
    <input type= "submit" value "提  交" name= "B1">
    <input type= "reset" value "重  写" name= "B2"></p>
</form>
```

这里，action 指示该表单提交后将由/cgi-bin/login 程序处理，/cgi-bin/login 就是一个 CGI 程序。

（2）基于 URL 链接的 CGI 程序

下面给出一个例子，该例子用到的 HTML 语句如下：

```
<body>
    <a href= "/cgi-bin/displaytime">显示服务器时间</a>
<body>
```

其中 displaytime 文件的脚本内容如下：

```
#!/bin/sh
Echo Content-type: text/plain      //告诉浏览器显示文本的类型
Echo /bin/date                     //显示 Linux 系统时间信息
```

网页显示如图 13-6 所示。单击“显示服务器时间”超级链接后，系统将显示类似于“Tue Dec 01 15：16：23 EDT 2015”的系统时间信息。

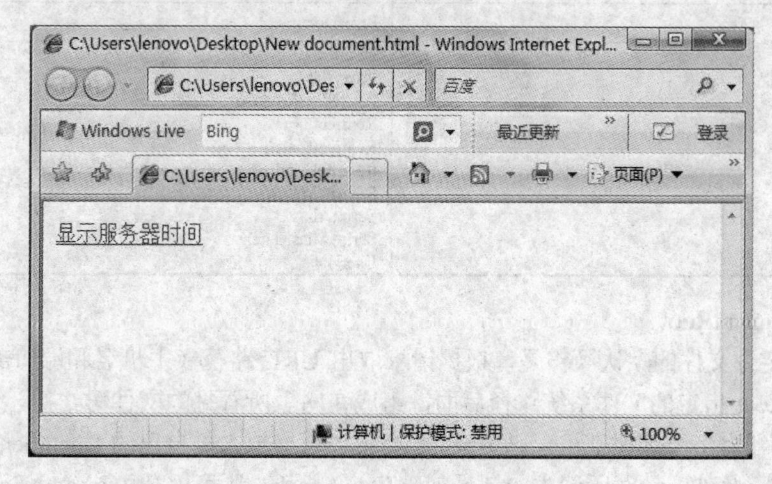

图 13-6　动态显示服务器时间

要想让 Apache 服务器具有如上动态显示内容的功能，就必须设置好服务器的 CGI 目录。在 httpd.conf 文件中，可以看到如下语句：

```
<Directory "/var/www/cgi-bin">
    AllowOverride None
    Options ExecCGI
```

</Directory>

以上是设置CGI目录的语句。Options参数值设置为ExecCGI表示允许在该目录下执行CGI程序。CGI程序可以是PHP和JSP等网页制作语言程序，也可以是C语言源代码编译产生的可执行程序。当然，用得最多的CGI程序还是C语言程序和Perl脚本程序。

5．httpd.conf文件中的URL路径名设置

用户在浏览器中输入一个URL，例如“www.sohu.com”，该URL对应的Web服务器将返回一个页面。这一看似简单的操作其实经历了下面这个过程：

1）用户输入一个合法的URL。

2）服务器根据自身配置情况，去查寻一个与此URL对应的文件。

3）找到文件之后，服务器将该文件返回给用户浏览器。

4）用户浏览器解析返回的文件并把结果显示给用户。

这里涉及一个URL转换为服务器某个文件的操作，这个操作是由Web服务器根据具体配置完成的。本节主要介绍如何在Apache中根据URL地址定位文件所在文件系统中的位置。URL定位涉及Apache中的模块和指令如表13-2所示。

表13-2 URL定位涉及的主要模块和命令

相关模块名	相关指令名
mod_alias	Alias
mod_proxy	AliasMatch
mod_rewrite	CheckSpeling
mod_userdir	DocumentRoot
mod_speling	ErrorDocument
mod_vhost_alias	Options ProxyPass ProxyPassReverse Redirect RedirectMatch RewriteCond RewriteMatch ScriptAlias ScriptAliasMatch UserDir

（1）DocumentRoot

Apache定位文件的默认操作是，根据请求取出URL路径（主机名和端口部分）附加到由DocumentRoot指定的文件系统路径后面，组成在网上所看见的文件树结构。

如果服务器有多个虚拟主机，则Apache会用各个虚拟主机自己的DocumentRoot来组成文件系统路径。此外，针对所请求的地址或端口，Apache还可根据由mod_vhost_alias提供的指令动态地定位文件。

（2）DocumentRoot以外的文件

在实际应用中，允许网络对DocumentRoot以外的文件进行访问是必要的。对此，Apache提供了多种方法。在Linux系统中，可以在文件系统的DocumentRoot目录下安置符号链接（亦称软链接）以访问其外部文件，出于对安全性的考虑，此方法仅在相应目录的

Options 中设置了 FollowSymLinks 或 SymLinksIfOwnerMatch 时才有效。另一种方法是，使用 Alias 指令将文件系统的任何部分映射到网络空间中。例如下面的命令：

```
Alias /docs /var/web
```

可以把 URL“http://www.example.com/docs/dir/file.html”映射为“/var/web/dir/file.html”。Alias 与 ScriptAlias 指令功能相似，ScriptAlias 也是用于 URL 路径的映射，但与 Alias 的不同在于，ScriptAlias 是用于映射 CGI 程序的路径，这个路径下的文件都被定义为 CGI 程序，通过执行它们来获得结果，而非由服务器直接返回其内容。

（3）用户目录

在 Linux 系统中，一个特定用户 user 的主目录通常是~user/（即/home/用户登录名，该用户登录名是在/etc/passwd 文件中给出的用户名）。这一概念被模块 mod_userdir 在网络上沿用，它允许使用 URL 访问位于各用户主目录下的文件，例如：

```
http://www.example.com/~user/file.html
```

出于安全原因，网络用户不具备直接操作主目录的权限。在用户主目录下建一个新目录，把网络文件放在新目录中，并用 UserDir 指令告诉服务器。默认的用户目录设置是“Userdir public_html”，因此，上述例子中的 URL 会映射到“/home/user/public_html/file.html”，其中 user 就是前面所说的用户登录名，实际配置时要用用户登录名取代 user。

（4）URL 的重定向

多数情况下，Apache 都根据客户请求返回文件系统的某个特定内容，但是有时候，它需要通知客户其所请求的内容位于外部的其他 URL，这样客户可以提交新的对其他 URL 的请求，这种机制称为“重定向（redirection）”，用 Redirect 指令实现。例如，如果 DocumentRoot 的目录/foo/被转移到/bar/，则可以这样引导客户访问新的位置：

```
Redirect permanent/foo/http://www.example.com/bar/
```

这个命令重定向任何以/foo/开头的 URL 路径到位于同一个服务器www.example.com下的/bar/。当然，可以重定向到任何服务器，而不仅仅是原来的那个服务器。

Apache 还提供了 RedirectMatch 指令来解决复杂的重定向问题。例如，要重定向对站点主页的请求到其他站点，而保留其他所有请求，可以这样配置：

```
RedirectMatch permanent ^/$ http://www.example.com/starpage.html
```

另一种方法是，暂时地重定向站点的所有页面到一个特定页面，如：

```
RedirectMatch temp .*http://www.example.com/startpage.html
```

6. httpd.conf 文件中的 MIME 类型

浏览器支持多种格式文件的显示，常见的文件格式有 plain、html 等。Linux 下一般用/etc/mime.types 文件保存文件的 MIME 类型。用下列命令，可以将不同的 MIME 类型数据保存到文件/etc/mime.types 中：

```
TypesConfig /etc/mime.types
```

在 Apache 的配置文件中，可以通过下列指令指示浏览器的默认 MIME 类型：

```
DefaultType text/plain/
```

上述命令表明，如果文档使用了非标准的后缀，Web 服务器不能决定一个文档的默认类型，那么服务器就使用 DefaultType 指令定义的 MIME 类型将文档发送给客户浏览器。上述指令把文件设置为 text/plain。这样设置的问题是，如果服务器不能判断出文档的 MIME，而且多数文档又是二进制数文档，那么浏览器会试图以文本文件的方式打开它们。下面这种设置可以避免浏览器的这种操作：

```
application/octet-stream
```

这样浏览器将提示用户进行保存。

13.2.4 建立个人站点案例分解

事实上，在建立个人 Web 站点对 Apache 服务器进行配置时，常常用到的参数是比较少的，远没有这里讲解的复杂，下面就通过一个例子来说明配置过程。

例如：在主机 192.168.1.102 上建立个人 Web 站点。

案例分解

（1）配置步骤

1）修改主配置文件，设置 mod_userdir 模块的内容，允许用户架设个人的 Web 站点。

2）修改主配置文件，为用户的 Web 站点目录配置访问控制。

3）在建立 Web 站点的用户主目录中建立 public_html 子目录，并保存网页文件于此。

4）更改用户主目录的权限，添加其他用户的权限。

5）重启 httpd 进程，访问个人 Web 站点。

（2）配置实例

1）修改 httpd.conf，设置 mod_userdir 模块的内容。

httpd.conf 文件 mod_userdir.c 模块默认的内容如下：

```
<IfModule mod_userdir.c>
    #
    # UserDir is disabled by default since it can confirm the presence
    # of a username on the system (depending on home directory
    # permissions).
    #
    UserDir disable

    #
    # To enable requests to /~user/ to serve the user's public_html
    # directory, remove the "UserDir disable" line above, and uncomment
    # the following line instead:
    #
    #UserDir public_html

</IfModule>
```

修改时，要保留说明语句，在“UserDir disable”前加上注释号“#”，将“UserDir public_html”前的注释号“#”去掉。同时把默认语言（DefaultLanguage）设置为中文（zh_ch），并增加默认字符集（AddDefaultCharset）为国标 2312（gb2312）。使用如下语句：

```
DefaultLanguage zh_cn
AddDefaultCharset gb2312
```

2）建立个人 Web 站点的访问权限。如果要使用 httpd.conf 文件中的个人 Web 站点的默认访问权限设置，那么就去除以下内容前面的注释号“#”。

```
#<Directory /home/*/public_html>
#    AllowOverride FileInfo AuthConfig Limit
#    Options MultiViews Indexes SymLinksIfOwnerMatch IncludesNoExec
#    <Limit GET POST OPTIONS>
#        Order allow,deny
#        Allow from all
#    </Limit>
#    <LimitExcept GET POST OPTIONS>
#        Order deny,allow
#        Deny from all
#    </LimitExcept>
#</Directory>
```

3）建立 Web 站点的用户主目录及子目录。这里假设用户名为 test。

```
[root@localhost /]# useradd test
[root@localhost /]# passwd test
Changing password for user test.
New UNIX password:
BAD PASSWORD: it is too short
Retype new UNIX password:
passwd: all authentication tokens updated successfully.
[root@localhost /]# cd /home/test
[root@localhost test]# mkdir public_html
[root@localhost test]# cd ..
[root@localhost home]# chmod 711 test
[root@localhost home]# cd test/public_html
[root@localhost public_html]# vi index.html
[root@localhost public_html]# 
```

此时在 vi 编辑器中输入网页中要显示的内容。本例中输入的内容如下：

```
<html>
 <head>
  <title> RHEL server 5.5-Apache Server Configuration</title>
</head>
<body>
 <br>
  <div align=center> <b> Hi, This lesson is for Apache Server Configuration </b> </div>
<br>
</body>
</html>
```

4）启动服务。

```
[root@localhost test]# service httpd restart
停止 httpd:                                                    [  确定  ]
启动 httpd:                                                    [  确定  ]
```

测试文件语法错误：

```
[root@localhost public_html]# apachectl configtest
Syntax OK
```

5）测试个人 Web 站点。

格式：

```
http://IP 地址/~用户名
```

在地址栏输入“http://192.168.1.102/~test”，即可看到如图 13-7 所示的页面。

图 13-7 测试页面

13.3 案例 2：Apache 服务器的应用

【案例目的】掌握 Apache 虚拟服务器的配置。

【案例内容】

一个 Linux 主机的 IP 为 192.168.1.102，且该地址在 DNS 服务器上对应www.example.com 和 mail.example.com（别名）。

具体配置要求：

1）在 Apache 上设置 dns.example.com 访问/var/www/html。

2）在 Apache 上设置 mail.example.com 访问/web2。

【核心知识】Apache 虚拟服务器的配置过程。

Web 服务器可以提供多种服务，如虚拟主机的功能，日志记录功能以及 SSI 设置功能等。下面就对这些功能逐一进行介绍。

虚拟主机是一个完整的 Web 站点，有自己的域名。但是虚拟主机可以在同一台计算机上作为多个 Web 站点的主机。人们在登录这些位于同一主机的不同 Web 站点时，会感到他们登录的主机是不同的。

Apache 服务器可利用虚拟主机功能在一台服务器上设置多个 Web 站点。Apache 服务器支持两种类型的虚拟主机：基于 IP 地址的虚拟主机和基于域名的虚拟主机。

基于 IP 地址的虚拟主机使用同一 IP 地址的不同端口，或者是使用不同的 IP 地址。用户可以直接使用 IP 地址来访问此类虚拟主机。基于域名的各虚拟主机使用同一 IP 地址但是域名不同。由于目前通常使用域名来访问 Web 站点，因此基于域名的虚拟主机较为常见。

1. 一个 IP 地址映射一个虚拟主机

假设服务器的 IP 地址是 192.168.1.102，欲在该机器上建立 www.example.com 的虚拟主机。用 Apache 很容易实现这个功能。在 httpd.conf 文件的后面的虚拟主机部分（Section 3：VirtualHost Section）可以看到类似如下的代码。

```
### Section 3: Virtual Hosts
#
# VirtualHost: If you want to maintain multiple domains/hostnames on your
# machine you can setup VirtualHost containers for them. Most configurations
# use only name-based virtual hosts so the server doesn't need to worry about
# IP addresses. This is indicated by the asterisks in the directives below.
#
# Please see the documentation at
# <URL:http://httpd.apache.org/docs/2.2/vhosts/>
# for further details before you try to setup virtual hosts.
#
# You may use the command line option '-S' to verify your virtual host
# configuration.
#
# Use name-based virtual hosting.
#
#NameVirtualHost *:80
#
# NOTE: NameVirtualHost cannot be used without a port specifier
# (e.g. :80) if mod_ssl is being used, due to the nature of the
# SSL protocol.
# VirtualHost example:
# Almost any Apache directive may go into a VirtualHost container.
# The first VirtualHost section is used for requests without a known
# server name.
#
#<VirtualHost *:80>
#    ServerAdmin webmaster@dummy-host.example.com
#    DocumentRoot /www/docs/dummy-host.example.com
#    ServerName dummy-host.example.com
#    ErrorLog logs/dummy-host.example.com-error_log
#    CustomLog logs/dummy-host.example.com-access_log common
#</VirtualHost>
```

保留其他的注释信息，只需要修改上述代码中<VirtualHost *>和</VirtualHost>之间的部分，即可以实现一个 IP 地址映射到一个虚拟主机上。

对应部分修改之后，如下面代码所示。

```
<VirtualHost 192.168.1.102:80>
    ServerAdmin webmaster@example.com
    DocumentRoot /www/docs/example.com
    ServerName www.example.com
    ErrorLog logs/example.com-error_log
    CustomLog logs/example.com-access_log common
</VirtualHost>
```

2. 一个 IP 地址对应多个域名

HTTP 1.1 协议中增加了对基于主机名的虚拟主机的支持。具体说，当客户程序向 WWW 服务器发出请求时，客户想要访问的主机名也通过请求头中的“Host:”语句传递给

WWW 服务器。例如，www.example1.com、www.example2.com 都对应于同一个 IP 地址（即由同一台机器来给这两个虚拟域名提供服务），客户程序要存取http://www.example1.com/index.html 时，发出的请求头中包含有如下的内容：

```
GET /index.html HTTP/1.1
Host: www.example1.com
...
```

WWW 服务器程序接收到这个请求后，可以通过检查“Host:”语句，来判定客户程序请求是哪个虚拟主机的服务，然后再做进一步的处理。

虚拟主机的这种使用方法的优点是，在提供虚拟主机服务的机器上只要设置了一个 IP 地址，理论上就可以给无数多个虚拟域名提供服务，占用资源少，管理方便。目前基本上都是使用这种方式来提供虚拟主机服务。

当然，对于有的公司注册两个域名，而这两个域名对应的 IP 地址以及 Web 页面都相同的情形，在 Apache 的虚拟主机设置部分，将两个不同域名映射到同一个 IP 地址，而且 DocumentRoot 也配置相同即可。

修改上述代码中<VirtualHost *>和</VirtualHost>之间的内容，即可以实现一个 IP 地址映射到多个虚拟主机上。

以下所示代码功能为：分别设置第一、第二个虚拟主机，这里两个域名对应 Web 页面不同，因为 DocumentRoot 配置不同。

```
<VirtualHost 192.168.1.102:80>
    ServerAdmin webmaster@example.com
    DocumentRoot /www/docs/example.com
    ServerName www.example.com
    ErrorLog logs/example.com-error_log
    CustomLog logs/example.com-access_log common
</VirtualHost>
<VirtualHost 192.168.1.102:80>
    ServerAdmin webmaster@helloworld.com
    DocumentRoot /www/docs/helloworld.com
    ServerName helloworld.com
    ErrorLog log/helloworld.com-error_log
    CustomLog logs/helloworld.com-access_log common
</VirtualHost>
```

需要在这里指出的是，本节所给的案例是在同一 IP 地址上配置两个不同的域名，这两个不同的域名 www.example.com 以及 mail.example.com 所对应的 Web 页面相同。正如前面给出的问题所示的那样，mail 是 www 的别名。因而在配置 Apache 服务器虚拟主机时要使用相同的 DocumentRoot。

案例分解

配置过程如下。

（1）修改 DNS 区域文件

此项主要根据是否已经对该域 example.com 配置了 DNS 服务器，是否在已经建立的区域数据库文件中添加了 dns.example.com 和 mail.example.com 的记录项，如图 13-6 所示。如果没有添加如图 13-8 所示内容，则仿照如图 13-9 所示进行添加。

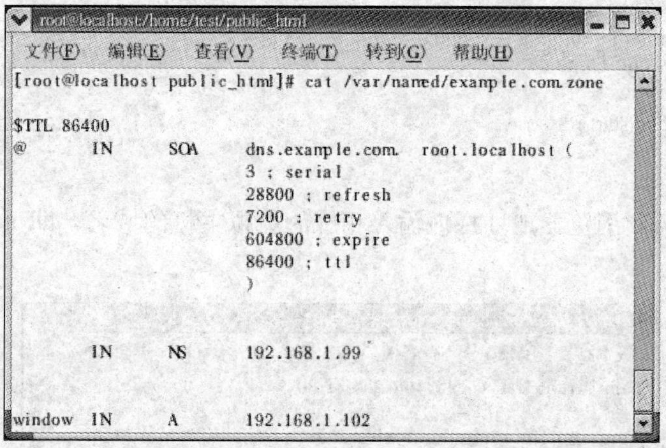
root@localhost:/home/test/public_html
文件(F) 编辑(E) 查看(V) 终端(T) 转到(G) 帮助(H)
[root@localhost public_html]# cat /var/named/example.com.zone
$TTL 86400
@ IN SOA dns.example.com. root.localhost (
3 ; serial
28800 ; refresh
7200 ; retry
604800 ; expire
86400 ; ttl
)
IN NS 192.168.1.99
window IN A 192.168.1.102

图 13-8　查看 mail.example.com 是否在区域转换数据库中

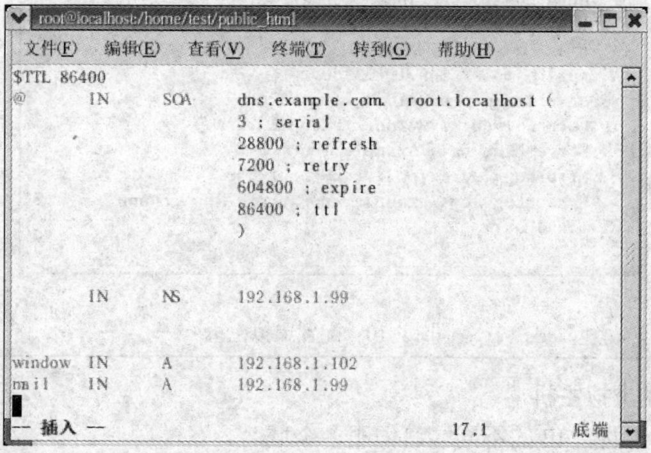
root@localhost:/home/test/public_html
文件(F) 编辑(E) 查看(V) 终端(T) 转到(G) 帮助(H)
$TTL 86400
@ IN SOA dns.example.com. root.localhost (
3 ; serial
28800 ; refresh
7200 ; retry
604800 ; expire
86400 ; ttl
)
IN NS 192.168.1.99
window IN A 192.168.1.102
mail IN A 192.168.1.99
-- 插入 -- 17,1 底端

图 13-9　添加相关记录

（2）在虚拟主机区添加内容

使用如下命令打开 Apache 服务器主配置文件：

```
#vi /etc/httpd/conf/httpd.conf
```

然后在配置文件的第 3 部分找到关于虚拟主机的配置文件，按照如下显示进行修改，配置结果如图 13-10 所示。

```
NameVirtualHost 192.168.1.102
<VirtualHost    192.168.1.102>
  ServerName mail.example.com
  DocumentRoot    /www/docs/example.com
  </VirtualHost>
  <VirtualHost 192.168.1.102>
    ServerName www.example.com
    DocumentRoot    /www/docs/example.com
```

</VirtualHost>

（3）启动 Apache 服务器

```
Service httpd start/restart
```

（4）测试

在打开的 Web 浏览器地址栏内输入相应的虚拟主机的域名，即可看到默认的显示页面。

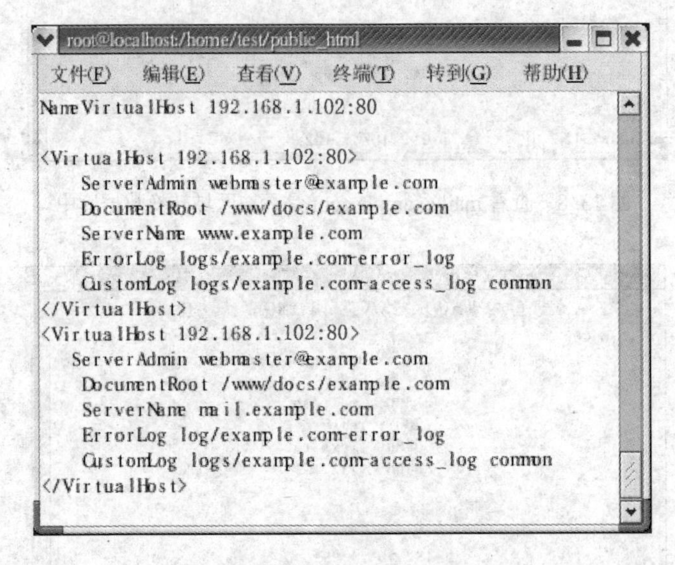

图 13-10　配置虚拟主机

3．基于端口的虚拟主机

下面介绍如何让同一 IP 的不同端口伺服多个域名。

借助在“NameVirtualHost”标签中定义端口这样的方法可以来达到上述目的。如果想使用不带“NameVirtualHost name:port”的“<VirtualHost name:port>”或是直接用 Listen 指令，所做的配置将无法生效。

例如，一个 Linux 主机的 IP 为 192.168.1.102，在不同的端口访问不同的服务页面，在 8000 端口访问/var/www/web1 下的页面，在 8080 端口访问/var/www/web2 下的页面。要求：

1）在 Apache 上设置 192.168.1.102:8000 访问/var/www/html/web1/index.html。

2）在 Apache 上设置 192.168.1.102:8080 访问/var/www/web2/html/index.html。

注意，此时两个端口对应的不同端口的不同页面，所以在编辑页面内容时要做到内容有所区别，以验证基于端口的虚拟主机配置的正确性。

虚拟主机配置步骤如下：

1）创建两个目录/var/www/html/web1, /var/www/html/web2。

```
[root@localhost html]# mkdir web1
[root@localhost html]# mkdir web2
```

在目录/var/www/html/web1 下创建文件 index.html，输入内容如下：

```
<html>
 <head>
  <title> RHEL server 5.5-Apache Server Configuration</title>
</head>
<body>
 <br>
  <div align=center> <b> Hi,This lesson is for Apache Server Configuration</b></div>
<br>
 <h1 align=center> Notice,This web page is from<font color=blue><b> port 8000!</b></font></h1>
</body>
</html>
~
~
"index.html" 11L, 300C
```

在目录/var/www/html/web2 下创建文件 index.html，输入内容如下：

```
<html>
 <head>
  <title> RHEL server 5.5-Apache Server Configuration</title>
</head>
<body>
 <br>
  <div align=center> <b> Hi,This lesson is for Apache Server Configuration</b></div>
<br>
 <h1 align=center> Notice,This web page is from<font color=red><b> port 8080!</b></font></h1>
</body>
</html>
~
~
"index.html" 11L, 299C
```

2）编辑 Apache 主配置文件，使用如下命令：

```
vi  /etc/httpd/conf/httpd.conf
```

修改：

```
listen 8000
listen 8080
DocumentRoot: "/var/www/html"
```

3）在虚拟主机部分（Section3:VirtualHost）中添加以下内容：

```
NameVirtualHost *：80
NameVirtualHost *：8000
NameVirtualHost *：8080
<VirtualHost  192.168.1.102：8000>
    ServerName 192.168.1.102：8000
    DocumentRoot  /var/www/html/web1
</VirtualHost>
<VirtualHost  192.168.1.102：8080>
    ServerName 192.168.1.102：8080
    DocumentRoot  /var/www/html/web2
</VirtualHost>
```

4）重启 httpd 进程。

```
Service httpd start/restart
```

5）测试。

在 URL 中输入“http:// 192.168.1.102:8000”，显示结果如图 13-11 所示。

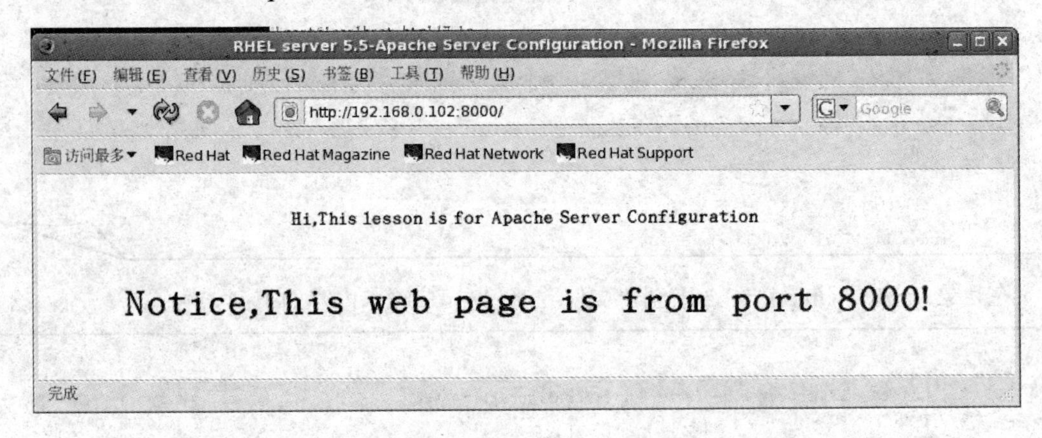

图 13-11　测试端口 8000 界面

在 URL 中输入“http:// 192.168.1.102:8080”，显示结果如图 13-12 所示。

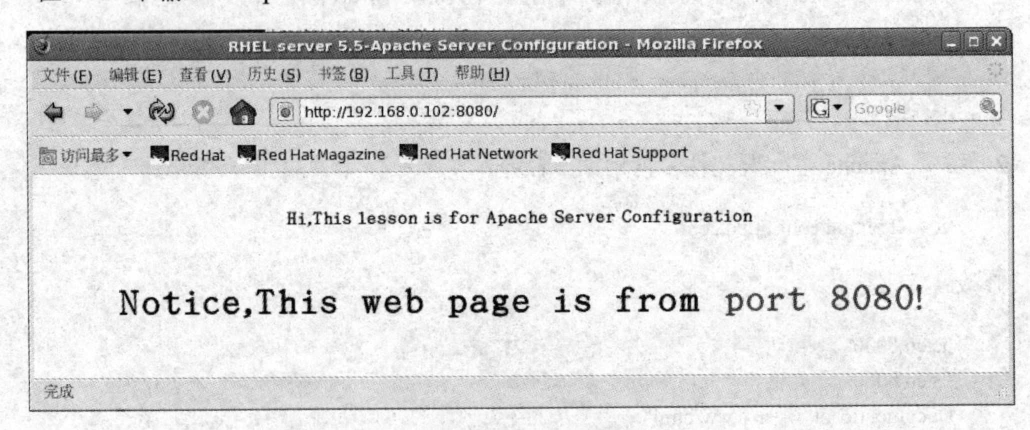

图 13-12　测试端口 8080 界面

13.4　桌面环境下配置 Apache 服务器

Apache 服务器的主配置文件 httpd.conf 代码长达千余行，配置参数非常复杂，初学者在进行学习时往往感到无从下手，困难重重。本节介绍如何使用 HTTP 配置工具在桌面环境下对 Apache 服务器进行配置。

13.4.1　HTTP 配置工具的启动

配置工具允许用户为 Apache Web 服务器配置/etc/httpd/conf/httpd.conf 配置文件。通过图形化界面来配置命令，来完成对虚拟主机、记录属性等需要的相关配置。

服务器配置工具默认是不安装的，如果没有安装，则不能执行。可以采用如下命令安装：

```
[root@localhost~] yum install redhat-config-httpd
```

执行结果如图 13-13 所示。

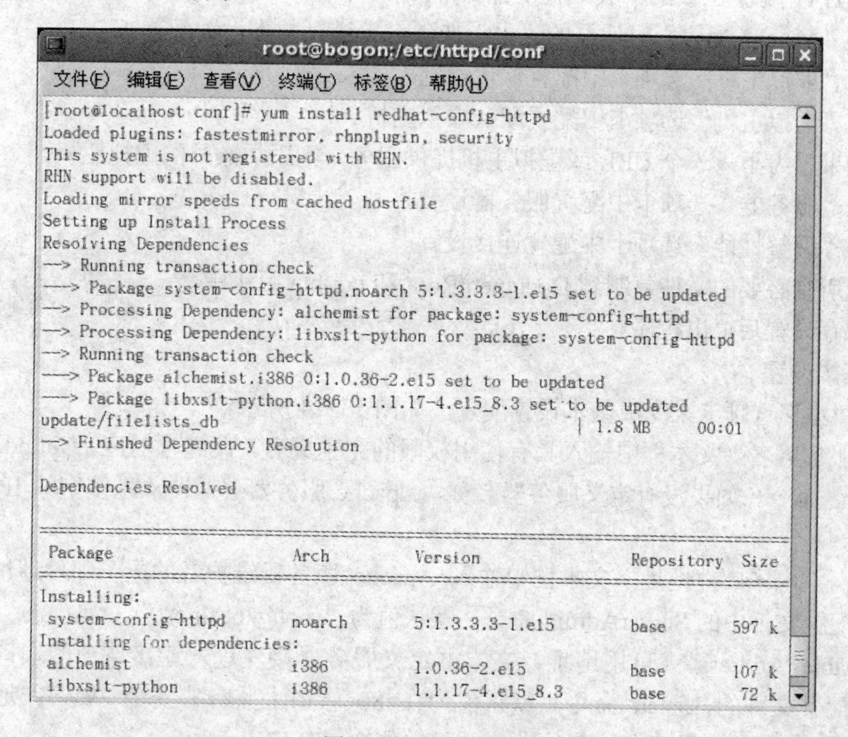

图 13-13 执行结果

用户在安装了 httpd 和 redhat-config-httpd RPM 包之后就可以使用配置工具来配置 Apache 服务器。当然，用户必须具有 root 权限以及对 X Window 系统的使用权限。

启动配置程序，单击“系统”→“管理”→“服务器设置”→“HTTP 服务器”命令，或者在 shell 提示符中输入“/usr/bin/system-config-httpd”，弹出如图 13-14 所示的对话框。

图 13-14 基本设置

13.4.2 配置步骤

使用 HTTP 配置工具的一般配置步骤如下：

1）在“Apache 配置”对话框的“主”选项卡下进行基本设置配置。

2）在“虚拟主机”选项卡中配置默认设置。

3）在“虚拟主机”选项卡中配置默认虚拟主机。

4）如果想为不只一个 URL 或虚拟主机提供服务，则添加额外的虚拟主机。

5）在“服务器”选项卡中配置服务器设置。

6）在“调整性能”选项卡中配置连接设置。

7）把所有必要的文件复制到 DocumentRoot 和 cgi-bin 目录中。

8）保存设置后退出程序。

1．基本设置

使用“主”选项卡来完成基本设置配置。如图 13-14 所示。

在“服务器名”文本框中输入具有使用权限的完整域名。此选项对应于 httpd.conf 中的 ServerName 命令。如果没有定义服务器名称，Apache 服务器会试图从系统中的 IP 地址来解析它。

在“网主电子邮件地址”文本框中输入 Apache 服务器维护者的电子邮件地址。该选项对应于主配置文件中的 ServerAdmin 命令。默认值为“root@localhost”。

“Aaliable Address”（可用地址）文本框定义服务器接受进入连接请求的端口。该选项对应于主配置文件的 Listen 命令。默认值为在 80 端口上监听非安全 WWW 通信。单击“添加”按钮，定义接受请求的其他端口，弹出如图 13-15 所示的对话框。可以选择“监听所有地址”单选按钮，在定义的端口上监听所有 IP 地址；也可以在“地址”文本框中指定服务器可接受请求的地址。每个端口只接受一个 IP 地址。如果想在同一端口号码上指定多个 IP 地址，需要分别添加每一个 IP 地址。

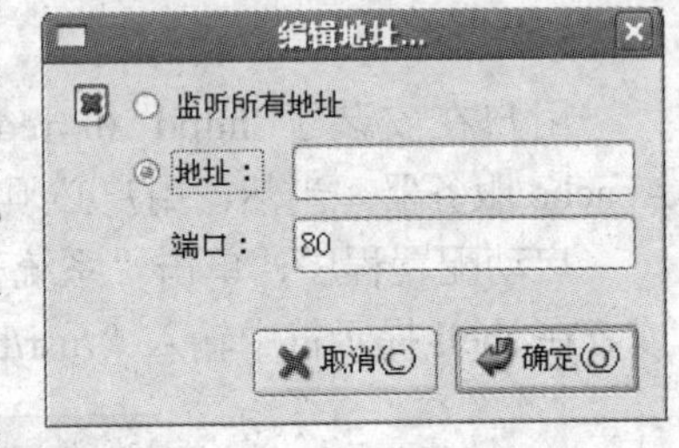

图 13-15　添加新地址

“地址”文本框中输入星号“*”和选择“监听所有地址”的效果一样。“可用地址”文本框右边的“编辑”按钮可对已经设置的值进行修改。“删除”按钮可以对某些项进行删除。

☞**提示：**

设置了服务器监听 1024 以下的端口，必须是根用户才可以启动它；1024 及 1024 以上的端口，httpd 可以被普通用户启动。

2．默认设置

完成上述配置后，打开“虚拟主机”选项卡，如图 13-16 所示。

单击“编辑默认设置”按钮，出现如图 13-17 所示对话框。该窗口中显示的设置为 Apache 服务器的默认设置。如果添加一个虚拟主机，那么为该虚拟主机配置的设置就会被优先采用。对于没有对虚拟主机进行定义的配置，就会使用默认值。

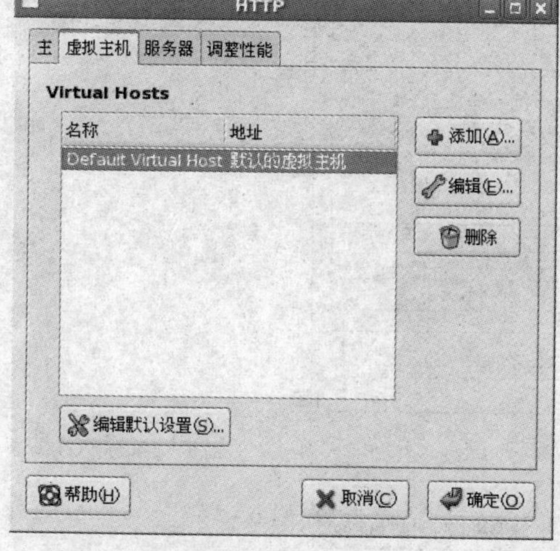
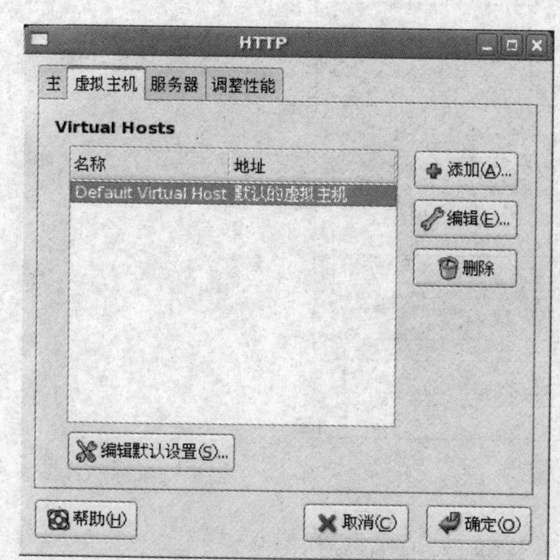

图 13-16　虚拟主机配置

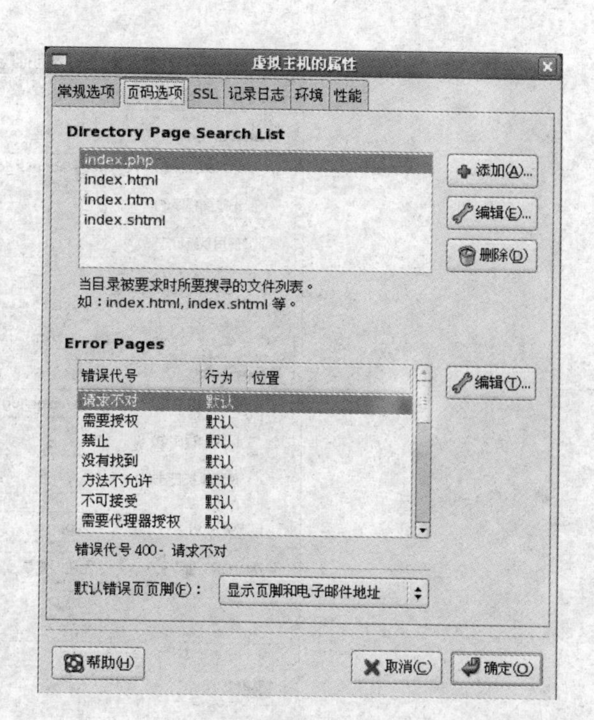

图 13-17　虚拟主机属性

（1）站点配置

“Directory Page Search List”（目录页搜索列表）和“Error Pages”（错误页码）中列出的默认选项值对于大多数服务器都适用。若不是很熟悉它们，建议不要修改它们。

“目录页搜索列表”选项对应于主配置文件中的 DirectoryIndex 命令。DirectoryIndex 是用户通过目录名指定斜杠“/”来请求目录索引时，由服务器提供的默认网页。

“错误页码”选项用来配置 Apache 服务器在出现错误和问题时把客户重定向给本地或外部 URL。该选项对应于主配置文件中的 ErrorDocument 命令。

（2）记录日志

Apache 服务器默认把传输日志写入/var/log/httpd/access_log 文件，把错误日志写入/var/log/httpd/error_log 文件。传输日志包含一个所有企图与 Apache 服务器连接的客户列表。它记录试图连接的客户的地址、日期和时间，以及试图检索的 Apache 服务器上的文件。输入要存入上述信息的路径和文件名。该选项对应于主配置文件中的 TransferLog 命令。

可以配置定制的日志格式，如图 13-18 所示。选中“使用定制日志设施”复选框，然后在“定制日志字串”文本框中输入定制的日志字符串。它对应于 Logformat 命令。

“Error Log”（错误日志）选项组包含所发生的服务器错误的列表。“日志级别”下拉列表设置错误日志中错误信息的等级。它可以被设置为 Emerge、Alert、Crit、Error、Warn、Notice、Info 或 Debug，对应于主配置文件中的 LogLevel。

“逆向 DNS 查寻”下拉列表框中选项定义 HostnameLookups 命令。选择“无逆向查寻”选项则关闭它；选择“逆向查寻”选项则启用它；选择“双重逆向查寻”设置值为双重。

图 13-18　记录日志

（3）环境变量

当修改公共网关接口（CGI）脚本文件或服务器端嵌入（SSI）命令时，需要修改环境变量。使用“环境”选项卡来为模块 mod_env 配置命令，如图 13-19 所示。mod_env 模块是 Apache 用来配置 CGI 脚本和 SSI 命令的环境变量的。

使用“Set for CGI Scripts”（为 CGI 脚本设置）列表框来设置要传递给 CGI 脚本和 SSI 命令的环境变量，对应于 shell 提示符下输入“setEnv”命令。“Pass to CGI Script”（传递给 CGI 脚本）列表框在服务器首次启动 CGI 脚本时传递环境变量值，对应于 shell 提示符下输入“env”命令。“Unset for CGI Scripts”（为 CGI 脚本取消设置）可以删除某个环境变量，使其值不传递给 CGI 脚本和 SSI 命令。

（4）性能

该选项可以为指定目录配置选项，如图 13-20 所示。它对应于主配置文件的<Directory>命令。单击右上角“编辑”按钮为没有在下面的“目录”列表中指定的目录配置“默认目录选项”。选择的选项被列举在 Directory 命令内的 Options 命令中。可配置下列选项。

- ExecCGI：允许执行 CGI 脚本。如果该选项没有被选择，CGI 脚本就不会被执行。
- FollowSymLinks：允许符号链接。
- Includes：允许服务器端嵌入。
- IncludesNOEXEC：允许服务器端嵌入，但在 CGI 脚本中禁用“#exec”和“#include”命令。
- Indexes：若请求的目录中没有 DirectoryIndex，则显示目录内容格式化了的列表。
- SymLinksIfOwnerMatch：目标文件或目录及链接的所有者都相同时允许符号链接。
- MultiView：支持 content-negotiated multiviews。该选项被默认禁用。

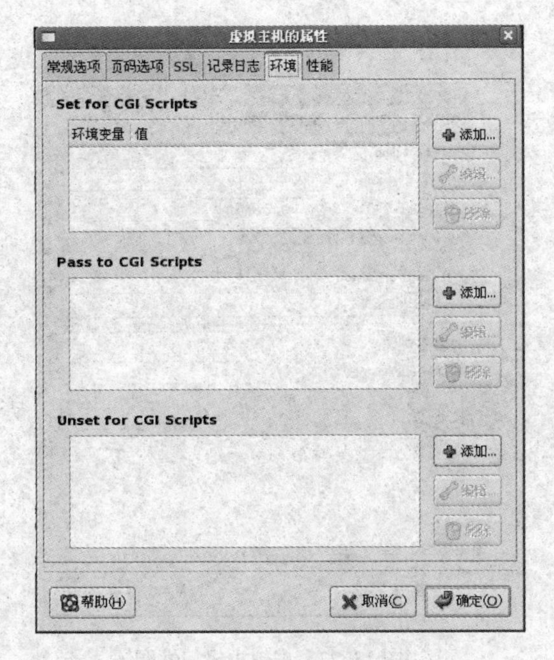

图 13-19　环境变量

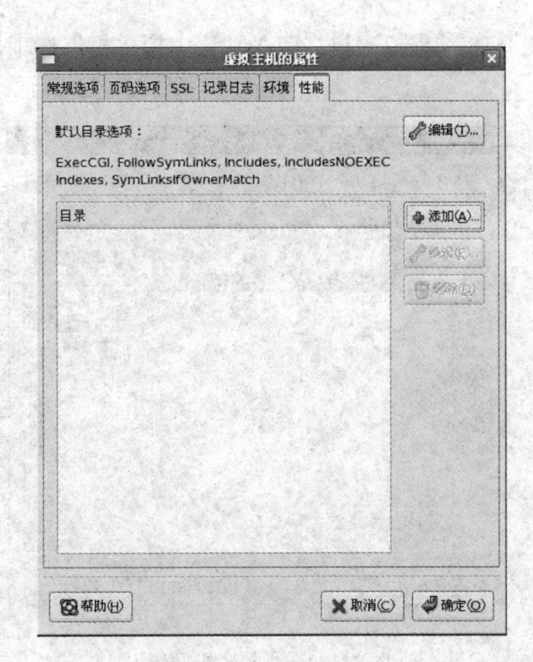

图 13-20　目录配置

要为目录指定选项，单击“目录”列表框右边的“添加”按钮，弹出如图 13-21 所示的“目录选项”对话框。

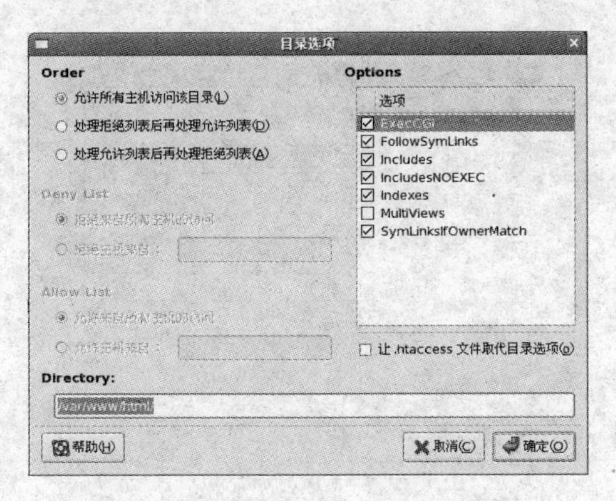

图 13-21　目录选项设置

在对话框底部的“Directory”（目录）文本框内输入要配置的目录。从右边的“Options”（选项）列表中选择选项，并在左边的各选项组中配置顺序命令。

3. 虚拟主机设置

HTTP 配置工具可以用于配置虚拟主机，如图 13-22 所示。对于默认的虚拟主机和基于 IP 的虚拟主机，设置选项对应于“VirtualHost”命令；对于基于名称的虚拟主机，设置选项对应于“NameVirtualHost”命令。

通过单击“添加”按钮，在弹出的如图 13-23 的对话框中完成添加虚拟主机的配置。在“Host Information”（主机信息）下拉列表中根据用户需求选择“基于名称的虚拟主机”“基于 IP 的虚拟主机”或“默认虚拟主机”选项。

图 13-22　虚拟主机配置

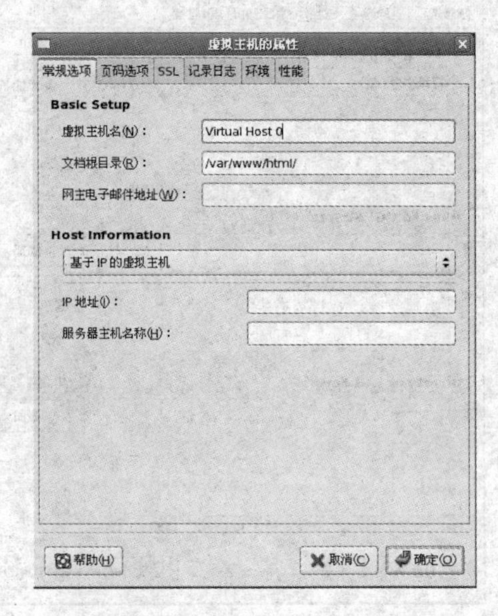

图 13-23　虚拟主机属性配置

4. 服务器设置

对服务器的基本配置可以通过设置“服务器”选项卡来完成，如图 13-24 所示。默认设置适用于多数情况。

图 13-24　服务器配置

“锁文件”的值对应于主配置文件的 LockFile 命令。在服务器使用 USE_FLOCK_SERIALIZE_ACCEPT 或 USE_FCNL_SERIALIZE_ACCEPT 编译时，该命令把路径设为锁文件所在的路径。

“PID 文件”的值对应于主配置文件的 PidFile 命令的值，它是用来设置服务器记录进程 ID 的文件。只用根用户可以存取它，多数情况下可使用默认值。

“核心转储目录”对应于主配置文件的 CoreDumpDirectory 命令。Apache 在转储核心前会试图转储到此目录中。默认值为 ServerRoot。

“用户”、“组群”的值分别对应于 User 和 Group 命令。它们分别用来设置服务器回答请求所用的用户 ID 和组 ID。默认用户和组都是 apache。

5. 调整性能

选择“调整性能”选项卡，如图 13-25 所示，通过配置“最多连接数量”可完成配置想使用的服务器子进程的最大数量，配置“连接超时”可以定义服务器在通信时等待传输和回应的秒数。“每次连接最多请求数量”与 MaxRequestsPerChild 命令相应，用以设置为每个持续连接所允许的最多请求次数。默认值为 100。选择“允许每次连接可有无限制请求”会允许无限制的请求次数，对应于命令 KeepAliveTimeout。把“下次连接超时时间”设置较大的数值可能会导致服务器速度减慢。

图 13-25 调整性能

6. 保存设置

完成配置之后单击“确定”按钮，在弹出的对话框中选择“是”按钮就完成保存设置工作。如果不想保存，单击“取消”按钮。

需要指出的是，在保存设置之后，必须重启 httpd 守候进程。

13.5 课后习题

一、选择题

1. Apache 的守护进程是（　　）。

A. www　　B. httpd　　C. web　　D. apache

2. 浏览器与 Web 服务器之间通信采用的协议为（　　）。

A. FTP　　B. HTTP　　C. SMTP　　D. Telnet

3. 下列说法错误的是（　　）。

A. Apache 可以实现模块动态加载

B. Apache 的核心模块是不可以卸载的

C．实现用户主页的模块是 mod_userdir.so

D．Apache 核心配置文件是 www.confd

4．在默认的安装中，Apache 把自己的配置文件放在（　　）目录中。

A．/etc/httpd/　　　　B．/etc/httpd/conf/

C．/etc/　　　　D．/etc/apache/

5．Apache 配置文件中定义网站文件所在目录的选项是（　　）。

A．Directory　　　　B．DocumentRoot

C．ServerRoot　　　　D．DirectoryRoot

6．http.conf 文件中的“UserDir public_html”语句的意义是（　　）。

A．指定用户的网页目录　　　　B．指定用户保存网页目录

C．指定用户的主目录　　　　D．指定用户下载文件的目录

7．Apache 配置文件中部分内容如下，将会发生什么情况？（　　）

```
<Directory   /www/web>
    Order allow,deny
    Allow from all
    Deny from 192.168.1.10
</Directory>
```

A．只有 IP 地址为 192.168.1.10 的主机能访问/www/web 目录

B．只有 IP 地址为 192.168.1.10 的主机不能访问/www/web 目录

C．只有 IP 地址为 192.168.1.10 的主机能访问整个目录

D．只有 IP 地址为 192.168.1.10 的主机不能访问整个目录

8．Apache 配置文件中部分内容如下，将会发生什么情况？（　　）

```
<Directory   /www/web>
     Order deny, allow
     Allow from all
     Deny from 192.168.1.10
  </Directory>
```

A．IP 地址为 192.168.1.10 的主机能访问/www/web 目录

B．IP 地址为 192.168.1.10 的主机不能访问/www/web 目录

C．IP 地址为 192.168.1.10 的主机能访问整个目录

D．IP 地址为 192.168.1.10 的主机不能访问整个目录

二、问答题

1．Apache 为什么能够占领 WWW 服务器的大部分市场？

2．如何用 RMP 软件包安装 Apache？

3．一般情况下，WWW 服务器监听系统 80 端口。如用户有一台计算机上已经安装了另一个 WWW 服务器软件（例如 IIS）侦听 80 端口，现在用户希望安装 Apache 服务器，并让 Apache 侦听 8080 端口。如何配置 httpd.conf 文件以实现该目标？

4．什么叫 IP 型虚拟主机？

第 14 章　Linux 下的编程

C 语言是 1972 年由美国的 Dennis Ritchie 设计发明的，并首次在 UNIX 操作系统的 DEC PDP-11 计算机上使用。C 语言发展非常迅速，而且成为最受欢迎的语言之一，主要是因为其具有强大的功能。许多著名软件，如 DBASE III PLUS、DBASE 以及本书介绍的 Linux 操作系统都是 C 语言编写的。

14.1　案例 1：Linux 下的 C/C++编译器

【案例目的】掌握 Linux 下 C/C++编译器的使用方法。

【案例内容】

1）编写简单的 C 程序，并用 Linux 下的 GCC 编译器编译。

2）编写简单 C++程序，并用 Linux 下的 g++编译器编译。

【核心知识】Linux 下 C/C++编译器的使用。

14.1.1　GCC 概述

GCC（GNU C Compiler）是 GNU 推出的功能强大、性能优越的多平台编译器，是 GNU 的代表作品之一。GCC 是可以在多种硬件平台上编译出可执行程序的超级编辑器，其执行效率与一般编译器相比平均要高出 20%～30%。GCC 编译器能将 C、C++语言源程序、汇编程序和目标程序编译、连接成可执行文件，如果没有给出可执行文件的名字，GCC 将生成一个名为 a.out 的文件。在 Linux 系统中，可执行文件没有统一的后缀，系统从文件属性来区分可执行文件和不可执行文件。而 GCC 则通过后缀来区别输入文件的类别，下面来介绍 GCC 所遵循的部分约定规则。

- 以 .c 为后缀的文件，是 C 语言源代码文件。
- 以 .a 为后缀的文件，是由目标文件构成的档案库文件。
- 以 .C、.cc 或.cxx 为后缀的文件，是 C++源代码文件。
- 以 .h 为后缀的文件，是程序所包含的头文件。
- 以 .i 为后缀的文件，是已经预处理的 C 源代码文件。
- 以 .ii 为后缀的文件，是已经预处理的 C++源代码文件。
- 以 .m 为后缀的文件，是 Objective-C 源代码文件。
- 以 .o 为后缀的文件，是编译后的目标文件。
- 以 .s 为后缀的文件，是汇编语言源代码文件。
- 以 .S 为后缀的文件，是经过预编译的汇编语言源代码文件。

本节所介绍的 GCC 软件在系统安装时已经自带了，因为即使是操作系统自身的编译，也须要通过该编译器来实现。

GCC 在执行编译工作的时候，总共需要如下 4 个步骤：

1）预处理（也称预编译，Preprocessing），生成.i 文件（预处理器 cpp）。

2）汇编（Assembly），将预处理后的文件转换成汇编语言，生成.s 文件（编译器 egcs）。

3）编译（Compilation），由汇编变为目标代码，生成.o 文件（汇编器 as）。

4）链接（Linking），链接目标代码，生成可执行程序（链接器 ld）。

命令 gcc 首先调用 cpp 进行预处理，在预处理过程中，对源代码文件中的文件包含（include）、预编译语句（如宏定义 define 等）进行分析。接着调用 cc1 进行编译，这个阶段根据输入文件生成以.o 为后缀的目标文件。汇编过程是针对汇编语言的步骤，调用 as 进行工作，一般来讲，以.S 为后缀的汇编语言源代码文件和以.s 为后缀的汇编语言文件经过预编译和汇编之后都生成以.o 为后缀的目标文件。当所有的目标文件都生成之后，gcc 就调用 ld 来完成最后的关键性工作，这个阶段就是链接。在链接阶段，所有的目标文件被安排在可执行程序中的恰当的位置，同时，该程序所调用到的库函数也从各自所在的档案库中连到合适的地方。

1. GCC 使用

GCC 命令格式：

```
gcc [options] [ filenames]
```

部分选项说明如下。

- -x language filename：设定文件使用的语言，使后缀名无效。例如：

```
gcc –x c hello.cd       //指定文件所使用的语言为 C，虽然其后缀为 .cd
```

- -x none filename：让 GCC 根据文件后缀，自动识别文件类型。例如：

```
gcc –x c hello.cd   -x none test.c    //将根据 test.c 的后缀名来识别文件，而指定 hello.cd 的文件类型
                                      //为 C 文件
```

- -c：只激活预处理、编译和汇编，也就是只把程序编译成 obj 文件（目标文件）。例如：

```
[root@localhost ~ ] #gcc –c hello.c    //生成 .o 的 obj 文件: hello.o
```

- -S：只激活预处理和编译，也就是指把文件编译成汇编代码。例如：

```
[root@localhost ~ ] #gcc –S hello.c
//生成 .s 的汇编代码，可以使用文本编辑器进行查看
```

- -E：只激活预处理而不生成文件，要把它重定向到一个输出文件里。例如:

```
[root@localhost ~ ] #gcc –E hello.c >check.txt
```

- -o：制定目标名称，默认的时候，GCC 编译出来的文件名是 a.out，很难对其进行分别。例如：

```
[root@localhost ~ ] #gcc –o hello hello.c
[root@localhost ~ ] #gcc –o hello.asm -S hello.c
```

- -pipe：使用管道代替编译中临时文件。例如：

```
[root@localhost ~ ] #gcc –pipe –o hello.exe hello.c
```

● -include file：包含某个文件，简单来说，就是当某一个文件需要另一个文件的时候，就可以用该选项进行设定，功能就相当于在代码中使用“#include<filename>”。例如：

```
[root@localhost ~ ] #gcc hello.c – include /root/pic.h
//编译 hello.c 文件时包含根目录下的 pic.h 头文件
```

GCC 编译器有编译选项、优化选项以及调试和剖析选项等许多选项，要获得有关选项的完整列表和说明，可以查阅 GCC 的联机手册或 CD-ROM 上的信息文件。联机手册的查阅命令为 man gcc。

2．C 程序、传统 C++常用的头文件

C 程序、传统 C++常用的头文件有：

```
#include <assert.h>        //设定插入点
#include <ctype.h>         //字符处理
#include <errno.h>         //定义错误码
#include <float.h>         //浮点数处理
#include <fstream.h>       //文件输入/输出
#include <iomanip.h>       //参数化输入/输出
#include <iostream.h>      //数据流输入/输出
#include <limits.h>        //定义各种数据类型最值常量
#include <locale.h>        //定义本地化函数
#include <math.h>          //定义数学函数
#include <stdio.h>         //定义输入/输出函数
#include <stdlib.h>        //定义杂项函数及内存分配函数
#include <string.h>        //字符串处理
#include <strstrea.h>      //基于数组的输入/输出
#include <time.h>          //定义关于时间的函数
#include <wchar.h>         //宽字符处理及输入/输出
#include <wctype.h>        //宽字符分类
```

案例分解 1

1）编写简单的 C 程序，并用 Linux 下的 GCC 编译器编译。

① 用 vi 编译器编辑程序如下：

```
[root@localhost ~ ] vi hello.c
#include <stdio.h>
int main(   )
{
    printf ("Hello world, Linux programming!\n");
    return 0; }
```

② 然后执行下面的命令编译和运行这段程序，目标程序名为 hello。

```
[root@localhost ~ ] # gcc hello.c -o hello
[root@localhost ~ ] # ./hello
    Hello world, Linux programming!
```

14.1.2 g++和GCC区别

GCC 和 g++分别是 GNU 的 C 和 C++编译器。g++在执行编译工作的时候，需要和 GCC 同样的 4 个步骤：

1）预处理，生成.i 的文件（预处理器 cpp）。

2）汇编，将预处理后的文件转换成汇编语言，生成文件.s（编译器 egcs）。

3）编译，由汇编变为目标代码（机器代码）生成.o 的文件（汇编器 as）。

4）链接，链接目标代码，生成可执行程序（链接器 ld）。

g++ 和 GCC 都可以编译 C 和 C++代码，但是它们的区别如下。

1）后缀为.c 的，GCC 把它当作是 C 程序，而 g++当作是 C++程序；后缀为.cpp 的，两者都会认为是 C++程序，虽然 C++是 C 的超集，但是两者对语法的要求是有区别的。C++的语法规则更加严谨一些。

2）编译阶段，g++会调用 GCC，对于 C++代码，两者是等价的，但是因为 GCC 命令不能自动和 C++程序使用的库链接，所以通常用 g++来完成链接，为了统一起见，干脆编译/链接统统用 g++了，这就给人一种错觉，好像 cpp 程序只能用 g++似的。

3）对于__cplusplus 宏，实际上，这个宏只是标志着编译器将会把代码按 C 还是 C++语法来解释，如果后缀为.c，并且采用 GCC 编译器，则该宏就是未定义的，否则，就是已定义。

4）编译可以用 GCC/g++，而链接可以用 g++或者 GCC -lstdc++。因为 GCC 命令不能自动和 C++程序使用的库链接，所以通常使用 g++来完成链接。但在编译阶段，g++会自动调用 GCC，二者等价。

案例分解 2

2）编写简单 C++程序，并用 Linux 下的 g++编译器编译。

① 用 vi 编辑器编辑程序 test1.cc 内容如下：

```
[root@localhost ~ ] vi test1.cc
 #include <iostream>
 using namespace std;
 int main(   ){
     cout<<" this is a c++ test"<<endl;
     return 0;
 }
```

② 然后执行下面的命令编译和运行这段程序，目标程序名为 test1。

```
[root@localhost ~ ] # g++    -o    test1    test1.cc
[root@localhost ~ ] # ./test1
this is a c++ test
```

14.2 案例 2：Linux 下的 PHP 编程

14.2.1 PHP 简介

PHP 是 Hypertext Preprocessor（超级文本预处理语言）的缩写。它是一种 HTML 内嵌式语言，与微软的ASP相似，都是一种在服务器端执行“嵌入HTML文档的脚本语言”，语言的风格类似于C语言。

PHP最初是Rasmus Lerdorf在1994年开始创建的。在1995年以Personal Home Page Tools（PHP Tools）开始对外发表第一个版本。在这个版本中，提供了访客留言本、访客计数器等简单的功能。1995年，第二版的PHP问世。第二版定名为PHP/FI（Form Interpreter）。PHP/FI加入了对MySQL的支持，自此奠定了PHP在动态网页开发上的影响力。在1996底，有15000个Web网站使用PHP/FI；在1997年中，使用PHP/FI的Web网站成长到超过五万个。而在1997年也开始了第三版的开发计划，开发小组加入了Zeev Suraski及Andi Gutmans，而第三版就定名为PHP3。2000年PHP 4.0问世，其中增加了许多新特性。目前，PHP已经发展到7版本。

PHP源代码完全公开，在开放源代码意识盛行的今天，其更是这方面的中流砥柱。不断有新的函数库加入，以及不停更新的活力，使得PHP无论在UNIX或是Win32的平台上都可以有更多新的功能。它提供丰富的函数，使得在程序设计方面有着更好的支持。

PHP与Apache以静态编译的方式结合，而与其他的扩展库也可以以这样的方式结合（Windows平台除外）。这种方式的最大好处就是最大化地利用了CPU和内存，同时极为有效地利用了Apache高性能的吞吐能力。再加上它几乎支持所有主流与非主流数据库，使得PHP在Web开发中受到青睐。

PHP是跨平台、并有良好数据库交互能力的开发语言，PHP可以运行在UNIX、Linux、Windows下。

PHP具有强大的数据库功能，对各种不同的数据库，PHP规定了不同的访问函数，使编程人员可以方便地调用。

PHP的安全性好，其开放的源代码代码在许多工程师手中进行了检测，同时与Apache编译在一起的方式也可以使其具有灵活的安全设定。所以到现在为止，PHP具有公认的安全性能。

14.2.2 配置运行环境

PHP的运行环境比较简单，用户只需要具备如下几个条件即可：

- Web服务器，通常是Apache。
- PHP软件。

有了上述条件，用户可以根据本书前述章节讲述的内容对Apache进行配置即可，这里不再赘述。下面只对PHP软件的安装作介绍。

在安装PHP软件之前，需要提前安装如下软件：

- rpm -ivh zlib-devel-1.2.3-3.i386.rpm
- rpm -ivh libxml2-devel-2.6.26-2.1.2.8.i386.rpm

以上两个包都在RHEL 5.5安装光盘的Server目录下，按照RPM包的安装方式安装即可。RHEL5.5的PHP版本默认为php-5.1.6，可以直接用YUM升级，也可以从PHP官方站点（http://www.php.net/downloads.php）自由下载该软件.目前该软件的最新版本为：PHP5.6.19.tar.gz。

```
//安装 PHP5.6.19
#cp php5.6.19.tar.gz /usr                    //将该工具包复制到/usr
#cd /usr                                      //切换工作目录
#tar xzvf php5.6.19.tar.gz                    //解压
#cd php5.6.19                                 //切换目录
#./configure                                  //进行编译前配置
#make                                         //编译
#make install                                 //执行 make install
```

另外，为了正常运行 PHP 5.0 以上版本，还需要编辑 Apache 配置文件 httpd.conf 的部分选项。主要改动如下：

- 在“#AddType application/x-tar.tgz”下加一行“AddType application/x-httpd-php.php”。
- 将“#LoadModule php5_module modules/libphp5.so”的“#”号去掉。
- 在“DirectoryIndex index.html.html index.html.var”后面加“index.php”使其把“index.php”做为默认页。
- 找到“#don't use Group #-1 on these systems!”，把该行下面的用户名和组改为“User apache”和“Group apache”。
- 去掉“#serverName”前面的“#”，并把后面的 IP 改成实际的 Web 服务器 IP。
- 找到“DocumentRoot "/usr/local/apache2/htdocs"”，把“/usr/local/apache2/htdocs”改为用户存放网页文件的路径。
- 为了使中文网页不出现乱码，找到“AddDefaultCharset iso8859-1”选项，把后面的“iso8859-1”改为“gb2313”。

14.2.3 简单的 PHP 实例

正如学习 C 语言一样，通常入门的时候所接触的例子就是“Hello,world”，这似乎已经成为了语言学习入门的范例，本节也将给出该简单的例子，旨在说明 PHP 的基本结构和运行效果。其源代码如下：

```
<HTML>
<HEAD>
<TITLE>
<?php
Echo "This is a test";                        //网页的标题
?>
</TITLE>
</HEAD>
<BODY>
<>H1
<>HR
<?php
$friend = "my friend";
Echo "Hello World! ";                         //显示的字符串
Echo "$friend";
?>
```

</BODY>
</HTML>

14.3 案例 3：Linux 下的 shell 编程

【案例目的】掌握 Linux 下函数调用方法，掌握 shell 编程中的控制结构。

【案例内容】

1）编写简单的 shell 程序，显示当前的日期和时间。

2）通过函数调用的方法实现上述功能。

3）用循环语句编写 1～1000 累计求和程序。

4）用键盘输入 n，编写 1～n 累计求和程序。

【核心知识】Linux 下函数调用的方法及 shell 编程的控制结构。

14.3.1 什么是 shell

1．shell 的概念

shell 是核心程序之外的指令解释器，是一个程序，同时是一种命令语言和程序设计语言。作为命令语言，它可以交互式地解析、执行用户输入的命令；作为程序设计语言，它定义了各种变量和参数，并且提供了许多在高级程序设计语言中使用的程序控制结构。它虽然不是 Linux 操作系统核心的一部分，但它调用系统核心中的大部分功能来执行程序、建立文件，并以并行的方式来协调各个程序的运行。

2．shell 的类型

一般来说，shell 可以分成两类。第一类是由 Bourneshell 衍生出来的包括 Bourne shell（sh）、Korn shell（ksh）、Bourne Again shell（bash）与 zsh。第二类是由 C shell 衍生出来的，包括 C shell（csh）与 tcsh。

其中最常用的是 sh、csh 和 ksh。大多数 Linux 发行版本默认的 shell 是 Bourne Again shell，它是 Bourne shell 的扩展，简称 bash，与 Bourne shell 完全向后兼容，并且在 Bourne shell 的基础上增加了很多特性。

shell 类型保存在/etc/shells 目录下，使用命令“cat /etc/shells”可以获得系统中有哪些命令解释器，如图 14-1 所示。

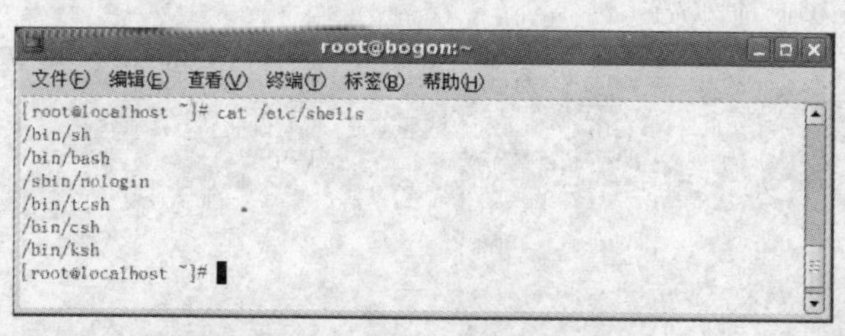

图 14-1 RHEL 5 下的 shell 类型

下面介绍常用的 shell。

（1）ash

ash 是由 Kenneth Almquist 编写的，是 Linux 中占用系统资源最少的一个小 shell，它只包含 24 个内部命令，因而使用起来很不方便。

（2）bash

bash 是 Linux 系统默认使用的 shell，它由 Brian Fox 和 Chet Ramey 共同完成，是 Bourne Again shell 的缩写，内部命令一共有 40 个。Linux 使用它作为默认的 shell。

（3）ksh

ksh 是 Korn shell 的缩写，由 Eric Gisin 编写，共有 42 条内部命令。该 shell 最大的优点是几乎和商业发行版的 ksh 完全兼容，这样就可以在不用花钱购买商业版本的情况下尝试商业版本的性能了。

（4）csh

csh 是 Linux 比较大的内核，它由以 William Joy 为代表的共计 47 位作者编成，共有 52 个内部命令。该 shell 其实是指向/bin/tcsh 这样的一个 shell，也就是说，csh 其实就是 tcsh。

（5）zch

zch 是 Linux 最大的 shell 之一，由 Paul Falstad 完成，共有 84 个内部命令。如果只是一般的用途，是没有必要安装这样的 shell 的。

通过“echo $SHELL”可获得当前运行的 shell，如图 14-2 所示。

图 14-2　当前运行的 shell

所有的程序都在 shell 中运行，shell 中可以运行子 shell，如在 bash 中运行 csh 命令如下：

```
[root@localhost ~]   # /bin/csh      //在 shell 中运行 csh
[root@localhost ~]   # exit          //退出 cshell，返回调用前的 shell
```

在 bash 中运行及退出 sh 命令如图 14-3 所示。

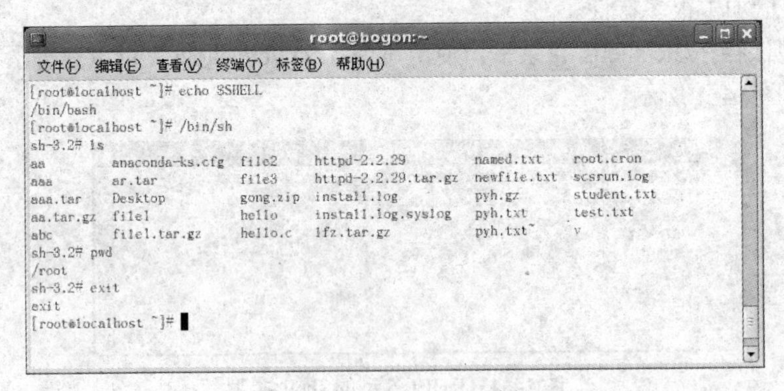

图 14-3　运行子 shell 过程

3．shell 的特点

bash 是默认的 Linux shell，bash 放在/bin/bash 中，可以提供如命令补全、命令编辑和命令历史表等功能。它还包含了很多 C shell 和 Korn shell 中的优点，有灵活和强大的编程接口，同时又有很友好的用户界面。Linux 系统中 200 多个命令中有 40 个是 bash 的内部命令，主要包括 exit、less、lp、kill、cd、pwd、fc、fg 等。

1）利用上下方向键可以快速使用已经用过的命令。

2）利用〈Tab〉键补全命令或者查找有关命令（以指定字符串或者字符开头的命令列表）。

3）包含了自身的帮助功能，你只要在提示符下面输入“help”就可以得到相关的帮助：

```
# help
```

14.3.2 shell 脚本介绍

shell 脚本在处理自动循环或大的任务方面可节省大量的时间，且功能强大。对于不同的 UNIX 和 Linux，使用同一段 shell 脚本将需要一些小小的改动才能运行通过。

脚本不是复杂的程序，它是按行解释的。脚本第一行总是以“#！/bin/sh”开始，这段脚本通知 shell 使用系统上的 Bourne shell 解释器。任何脚本都可能有注释，加注释需要此行的第一个字符为 #，解释器对此行不予解释。在第二行注释中写入脚本名是一个好习惯。脚本从上到下执行，运行脚本前需要增加其执行权限。确保正确建立脚本路径，这样只用文件名就可以运行它了。

例如：编写一脚本程序，清除 /var/adm/下信息，并删除/usr/local/apps/log 下所有注册信息。

1）编辑脚本：

```
[root@localhost ~] #vi cleanup                     //启动 vi 编辑器
#! /bin/sh                                         //shell 脚本第一行开始
# name:cleanup                                     //脚本名称
# this is a general cleanup script                 //脚本功能解释
echo "starting cleanup …wait"                      //脚本内容
rm /usr/local/apps/log/*.log                       //删除目录下的日志文件
tail -40 /var/adm/messages>/tmp/messages           //最后 40 行转移到临时文件
rm /var/adm/messages                               //删除/var/adm/messages
mv /tmp/messages /var/adm/messages                 //临时文件移动/var/adm/messages
echo"finished cleanup"                             //清理完成
```

2）使用 chmod 命令增加脚本执行权限：

```
[root@localhost ~] #chmod u+x cleanup
```

运行脚本，只输入文件名即可：

```
[root@localhost ~] #./cleanup
```

脚本运行前必须输入路径名，如果 shell 通知无法找到命令，就需要在“.profile”文件的 PATH 下加入用户可执行程序目录。要确保用户在自己的$HOME 可执行程序目录下，应输入：“$ pwd/home/dave/bin”。如果 pwd 命令最后一部分是 bin，那么需要在路径中加入此信息。

编辑用户.profile 文件，加入可执行程序目录$HOME/bin 如下：

```
PATH=$PATH:$HOME/bin
```

如果没有 bin 目录，就创建它。首先确保在用户根目录下。

```
[root@localhost root] # cd    $HOME
[root@localhost root] # mkdir bin
```

现在可以在.profile 文件中将 bin 目录加入 PATH 变量了，然后重新初始化.profile。

```
$ ./profile
```

案例分解 1

1）编写简单的 shell 程序，显示当前的日期和时间。

① 用 vi 编辑器编辑其文件 functest，内容如下：

```
#! /bin/bash                                 //shell 编程
# functest                                   //文件名
function hello()                             //函数实现
{
echo"hello,today is 'data' "                 //显示今天的日期
}
echo "now going to the function hello"       //函数调用之前显示
Hello                                        //函数调用
echo "back from function"                    //函数调用后显示
```

② 修改文件的权限：

```
[root@localhost ~] #chmod 755 functest
```

③ 执行该脚本，并显示结果：

```
[root@localhost ~] # ./functest
Now going to the function hello
Hello today is    六 6 月 13 08:40 41 CST 2016
Back from function
[root@localhost ~] #
```

14.3.3 shell 变量

变量可以定制用户本身的工作环境。使用变量可以保存有用信息，使系统获知用户相关设置。变量也用于保存暂时信息。

1．本地变量

本地变量可在用户当前的 shell 生命期的脚本中使用。退出当前用户变量无效。

优点：用户不能对其他的 shell 或进程设置此变量有效。使用变量时，如果用花括号将之括起来，可以防止 shell 误解变量值，尽管不必一定要这样做，但这确实可用。

（1）设置变量

设置一本地变量，格式为：

```
variable-name=value
```

或

```
{variable-name=value}
```

变量设置时的不同模式如表 14-1 所示。

表 14-1　变量设置时的不同模式

变量设置模式	说　明
Variable-name=value	设置实际值到 variable-name
Variable-name+alue	如果设置了 variable-name，则重设其值
Variable-name:?value	如果未设置 variable-name，显示未定义用户错误信息
Variable-name?value	如果未设置 variable-name，显示系统错误信息
Variable-name：=value	如果未设置 variable-name，设置其值
Variable-name：-value	如果未设置 variable-name，设置其值，但值是替换

（2）显示变量

使用 echo 命令可以显示单个变量取值。使用命令时要在变量名前加$。

例如：

```
[root@localhost ~] # GREAT_PICTURE="hello world "
[root@localhost ~] #echo ${ GREAT_PICTURE }
    Hello world
```

（3）清除变量

使用 unset 命令清除变量。

格式：

```
unset variable-name
```

例如：

```
[root@localhost ~] # pc=enterprise
[root@localhost ~] # echo ${pc}
                Enterprise
[root@localhost ~] #unset pc
[root@localhost ~] # echo ${pc}
[root@localhost ~] #
```

（4）测试变量是否已经设置

有时要测试是否已设置或初始化变量。如果未设置或初始化，就可以使用另一值。此命令格式为：

```
{ variable:-value }
```

意即如果设置了变量值，则使用它；如果未设置，则取新值。

例如：

```
[root@localhost ~] #colour=blue
[root@localhost ~] #echo "the sky is ${colour:-grey} today"
    The sky is blue today
```

变量 colour 取值 blue，echo 打印变量 colour 时，首先查看其是否已赋值，如果查到，则使用该值。现在清除该值，再来看看结果。

```
[root@localhost ~] #colour=blue
[root@localhost ~] unset colour
[root@localhost ~] #echo "the sky is ${colour:-grey} today"
    The sky is grey today
```

（5）从键盘读入变量

在 shell 程序设计中，变量的值可以作为字符串从键盘读入，其格式为：

```
read [-p  提示符]  变量名
```

例如：

```
[root@localhost bin]#read str
Hello world
[root@localhost bin]#echo $str
Hello world
```

从键盘读入 x 和 y 的值，然后再输出，如图 14-4 所示。

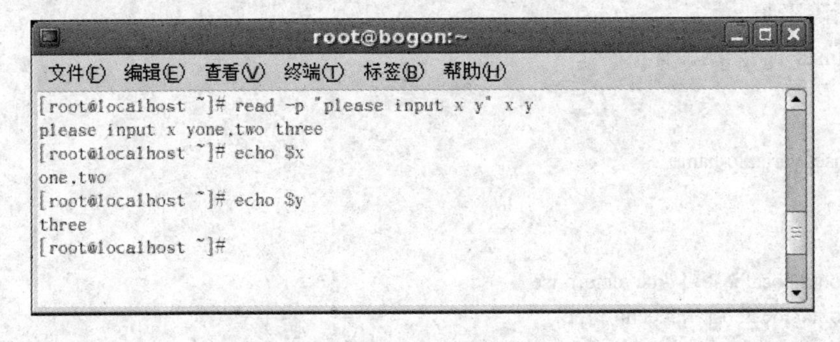

图 14-4　从键盘读入变量

（6）变量的运算

expr 命令为 Linux 中的命令，一般用于整数值计算，但也可用于字符串操作。例如：

```
X=3 Y=5
expr  $x + $y           // 运算结果为 8
expr  $x - $y           // 运算结果为-2
expr  $x \* $y          // 运算结果为 15
```

```
expr   $x / $y                    // 运算结果为 0
expr   $x % $y                    // 运算结果为 2
```

编写一 shell 程序 testadd，从键盘读入 x,y 的值，然后做加法运算，最后输出结果，如下所示：

```
[root@localhost ~ ]#vi testadd
#!/bin/sh
echo "please input x y"
read x y
z='expr $x + $y'
echo "The sum is $z"
```

☞**提示：**

上面的例子并没有将实际值传给变量，只是做了替换，如果想将实际值传给变量，需使用下述命令完成此功能：

```
$ { variable:=value }
```

2．环境变量

环境变量用于所有用户进程。不像本地变量只用于现在的 shell，环境变量可用于所有子进程，这包括编辑器、脚本和应用。

环境变量可以在命令行中设置，但用户注销时这些值将丢失，因此最好在.profile 文件中定义。系统管理员可能在/etc/profile 文件中已经设置了一些环境变量。将之放入.profile 文件意味着每次登录时这些值都将被初始化。

（1）设置环境变量

传统上，所有环境变量均为大写。环境变量应用于用户进程前，必须用 export 命令导出。环境变量与本地变量设置方式相同。

格式：

```
VARIABLE-NAME=value;export VARIABLE-NAME
```

在两个命令之间是一个分号，也可以这样写：

```
VARIABLE-NAME=value
Export VARIABLE-NAME
```

（2）显示环境变量

显示环境变量与显示本地变量一样。例如：

```
[root@localhost ~] #CONSOLE=tty1 ;export CONSOLE
[root@localhost ~] #echo $CONSOLE
    tty1
```

（3）清除环境变量

使用 unset 命令清除环境变量，和清除本地变量一样。

```
[root@localhost ~] # unset MYPASS
[root@localhost ~] # echo ${MYPASS}
[root@localhost ~] #
```

（4）查看环境变量

使用 env 命令可以查看所有的环境变量。如图 14-5 所示。

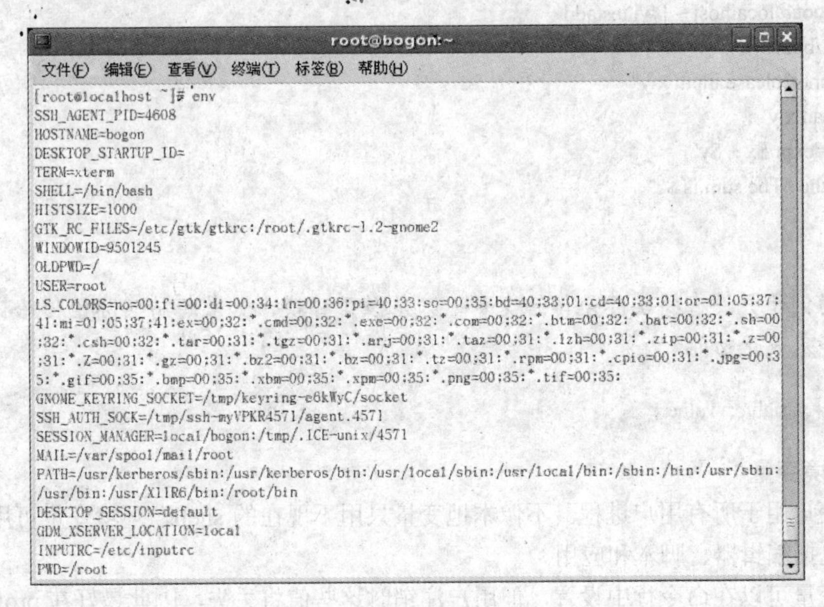

图 14-5　查看环境变量

案例分解 2

2）编写简单的 shell 程序，通过函数调用的方法显示当前的日期和时间。

① 用 vi 编辑器编辑文件 functest，内容如下：

```
#! /bin/bash                                   //shell 编程
# functest
. hellofun                                     //文件名
Echo "now going to the function hello"         //函数调用之前显示
Hello                                          //函数调用
Echo "back from function"                      //函数调用后显示
```

② 用 vi 编辑器编辑文件 hellofun，内容如下：

```
#! /bin/bash                                   //shell 编程
# hellofun
function hello()                               //函数实现
{
    echo"hello,today is 'date' "               //显示今天的日期
}
```

③ 修改文件的权限：

```
[root@localhost ~] #chmod 755 functest
```

④ 执行该脚本，并显示结果：

```
[root@localhost root] # ./functest
Now going to the function hello
Hello today is    六 6 月 13 08:40 41 CST 2016
Back from function
[root@localhost root] #
```

3. 位置变量

如果要向一个 shell 脚本传递信息，可以使用位置参数完成此功能。参数相关数目也同时传入脚本，此数目可以任意多，但只有前 9 个可以被访问，使用 shift 命令可以改变这个限制。参数从第 1 个开始，在第 9 个结束；每个访问参数前要加$符号。第 1 个参数为 0，表示预留保存实际脚本名字。无论脚本是否有参数，此值均可用。

如果向脚本传送 Did You See The Full Moon 信息，表 14-2 讲解了如何访问每一个参数。

表 14-2 位置变量和参数的对应关系

$0	$1	$2	$3	$4	$5	$6	$7	$8	$9
脚本名字	Did	You	See	The	Full	Moon			

例如，用脚本实现位置变量传递参数。

1）用 vi 编辑器编辑脚本 param：

```
[root@localhost ~] #vi param
#! /bin/sh
#param
echo "this is the script name              :$0"
echo "this is the first parameter          :$1"
echo "this is the second parameter         :$2"
echo "this is the third parameter          :$3"
echo "this is the forth parameter          :$4"
echo "this is the fifth parameter          :$5"
echo "this is the sixth parameter          :$6"
echo "this is the seventh parameter        :$7"
echo "this is the eighth parameter         :$8"
echo "This is the ninth parameter          :$9"
```

2）执行脚本：

```
[root@localhost ~] # param   Did You See The Full Moon
This is the script name                    :./param
This is the first parameter                :Did
This is the second parameter               :You
This is the third parameter                :See
This is the forth parameter                :The
```

```
This is the fifth parameter          :Full
This is the sixth parameter          :Moon
This is the seventh parameter
This is the eighth parameter
This is the ninth parameter
```

14.3.4 控制结构语句

控制结构语句是任何语言中都要出现的。

1．变量表达式

在编程中，既然有变量，就有关于变量的表达式——比较（test）。

test 的用法如下：

```
test 表达式
```

test 的后面跟的表达式的操作符有字符串操作符、数字操作符和逻辑操作符。

例如，判断某个变量是否小于数值 10：

```
while test $num -le 10
```

（1）字符串比较

字符串表达式能够测试字符串是否相等，字符串长度是否为 0，或字符串是否为 NULL。字符串比较说明如表 14-3 所示。

表 14-3　字符串比较说明

字 符 串	说 明
=	比较两个字符串是否相同，如果相同，值为 0
!=	比较两个字符串是否相同，如果不相同，值为 0
-n	比较字符串的长度是否大于 0，若大于 0，值为 0
-z	比较字符串的长度是否等于 0，若等于 0，值为 0

例如：

```
[root@localhost ~] #vi ifeditor
#! /bin/sh
#ifeditor
If [-z $EDITOR];then                                //如果 EDITOR 长度为 0，则变量未被设置
 echo " your EDITOR environment is not set"  //输出 EDITOR 编辑器环境未设置
Else                                                //如果 EDITOR 长度为 0，则变量已设置
echo using $EDITOR as default editor""             //输出使用默认的编辑器
fi
```

（2）数字比较

test 语句和其他编程语言中的比较语句不同，因为它不使用如>、<、>=等符号来表达大于和小于的比较，而是用整数表达式来表示这些。数字比较说明如表 14-4 所示。

表 14-4　数字比较说明

比较数字	说　明
-eq	相等
-ge	大于等于
-le	小于等于
-ne	不等于
-gt	大于
-lt	小于

例如，if 的使用演示：

```
[root@localhost ~] #vi iftest
#! /bin/sh
#iftest
#this is a comment line,all comment lines start with a #
If ["10" –lt '12']
Then
Echo "yes,10 is less than 12"                    //10 比 12 小
fi
```

2．逻辑操作

逻辑操作是对逻辑值进行的操作，逻辑值只有两个：是、否。逻辑操作符说明如表 14-5 所示。

表 14-5　逻辑操作符说明

逻辑操作符	说　明
!	反
-a	与
-o	或

3．文件操作

文件测试表达式通常用来测试文件的信息，一般由脚本来决定文件是否应该备份、复制或删除。文件操作说明如表 14-6 所示。

表 14-6　文件操作说明

文件测试符	说　明
-d	对象存在且为目录则返回值为 0
-f	对象存在且为文件则返回值为 0
-l	对象存在且为符号连接则返回值为 0
-r	对象存在且可读则返回值为 0
-s	对象存在且长度非 0 则返回值为 0
-w	对象存在且可写则返回值为 0
-x	对象存在且可执行则返回值为 0
file –nt(-ot) file2	文件 1 比文件 2 新（旧）

例如：

```
[root@localhost ~] #vi ifcataudit
#! /bin/sh
#ifcataudit
# locations of the log file
LOCAT_1=/usr/opts/audit/logs/audit.log
LOCAT_2=/usr/local/audit/audit.log
If [- r $ LOCAT_1];then
echo "using LOCAT_1"
cat   $LOCAT_1
elif
[- r $ LOCAT_2]
then
echo "using LOCAT_2"
cat   $LOCAT_2
else
echo "sorry the audit file is not readable or connot be located,">&2
exit 1
fi
```

4．循环语句

循环语句有多种格式，其中有 for 循环、while 循环和 until 循环。

（1）for 的语法

for 的语法结构为：

```
for  变量 in 列表
  do
      操作
  done
```

例如，编辑一个文件，文件名为 for_rmgz，功能是删除 HOME/dustbin/目录中以扩展名为 .gz 的文件，过程如下：

```
[root@localhost ~] #vi for_rmgz
#to delete all file with extension of "gz" in the dustbin
i=gz
for i in $HOME/dustbin/*.gz
do
      rm -f $i
      echo"$i has been deleted"
done
```

执行结果如下：

```
[root@localhost ~] #./for_rmgz
/home/echo/dustbin/file1.gz has been deleted
```

```
/home/echo/dustbin/file2.gz has been deleted
/home/echo/dustbin/file3.gz has been deleted
```

（2）while 循环

while 的语法结构为：

```
while  表达式
  do
        操作
  done
```

例如，用 while 循环实现 1～10 的和。

用 vi 编辑器编辑文件名为 add_while 的文件：

```
[root@localhost ~] # vi add_while
#to test 'while'
  result=0
  num=1
 while test $num -le 10
  do
   let result=result + num
   let num=num+1
  done
  echo "result=$result"
```

执行结果如下：

```
[root@localhost ~] #chmod 755    add_while
[root@localhost ~] #./add_while
    result=55
```

除了进行整数的累计运算，有时还要进行分数的累计运算，这就需要运用分数运算工具。

例如，求 1/2+1/3+1/4…+1/100 累计求和程序：

```
[root@localhost ~]vi    #addfenNum
   sum=0
   i=1
   while [ $i -le $Num ]
   do
        sum='echo "scale=1:$sum + 1/$i"|bc'
        i='expr $i + 1'
   done
   echo $sum
   [root@localhost ~] ./addfenNum
   2.7
```

（3）until 用法

until 的语法结构为：

```
until 表达式
do
  操作
done
```

例如，用 until 循环循环实现 1～10 的和。

用 vi 编辑器编辑文件名为 add_until 的文件：

```
#to test "until"
#add from 10 to 1
  total=0
  num=10
until test num –eq 0
do
    let total=total + num
    let num=num-1
done
echo "The result is $total"
```

执行结果如下：

```
[root@localhost ~] #chmod 755    add_until
[root@localhost ~] #./add_until
The result is 55
```

案例分解 3

3）用循环语句编写 1～100 累计求和程序。

用 vi 编辑器编辑文件名为 add_sum 的文件：

```
[root@localhost ~] # vi add_sum
  result=0
  num=1
 while test $num -le 100
  do
   let result=result + num
   let num=num+1
 done
 echo "result=$result"
```

执行结果如下：

```
[root@localhost ~] #chmod 755    add_sum
[root@localhost ~] #./add_sum
  result=5050
```

4）从键盘读入 n，求 1～n 累计求和程序。

```
[root@localhost ~]vi    addNum
#to test "while"
read –p "please input a number: "    Num
result=0
i=1
while [ $i -le $Num ]
do
      result='expr $result + $i'
      i='expr $i + 1'
done
echo "the sum of 1-$Num is:$result"
[root@localhost ~] ./addNum
please input a number:100
the sum of 1-100 is: 5050
```

5．条件语句

（1）if 语法

if 的语法结构为：

```
if 表达式  1; then                       //表达式 1 为真，执行操作 1
      操作 1
elif 表达式  2 then                      //表达式 2 为真，执行操作 2
      操作 2
elif 表达式  3 then                      //表达式 3 为真，执行操作 3
      操作 3
…
else                                     //上述各条件都不为真，则执行此操作
      操作
fi
```

例如：

```
#!/bin/sh
#变量$SHELL 包含了登录 shell 的名称
If ["$SHELL"="/bin/bash"];then
Echo "you login shell is the bash (bourne again shell)"
Else
Echo "you login shell is not bash but $SHELL"
```

（2）select 语句

```
Select var in ….;do              //变量 var 在 in 后面的列表中取值
break
done
echo" …$var"                     //输出变量的取值
```

例如：

```
#!/bin/sh
```

```
echo "what day is today?"
Select var in "Mon" "Tues" "Wed"
"Thur" "Fri" "Sat" "Sun";do
break
done
echo "Today is $var"
```

运行结果如下：

```
What day is today?
      1) Mon
      2) Tues
      3) Wed
      4) Thur
      5) Fri
      6) Sat
      7) Sun
      #?3
      Today is Wed
```

（3）case 语句

case 语句为多选语句，可以用 case 语句匹配一个值与一个模式，如果匹配成功，执行相匹配的命令。

case 语句的用法：

```
case 字符串 in
  模式 1）
  操作 1                              //与模式 1 匹配要执行的操作
   ;;                                 //执行结束
  模式 2）
     操作 2                           //与模式 2 匹配要执行的操作
        ;;
模式 3）
     操作 3                           //与模式 3 匹配要执行的操作
        ;;
*）
        操作                          //与所有模式不匹配要执行的操作
        ;;
Esac
```

case 取值后面必须为单词 in，每一模式必须以右括号结束，取值可以为变量或常数。匹配发现取值符合某一模式后，其所有的命令开始执行直至遇到;；模式匹配下的*表示任意字符，？表示任意单字符。[..]表示类或取值范围内的任意字符。

例如：

```
# !bin;bash
#testcase                              //文件名
```

```
echo " Enter a number from 1 to 5: "
read choice                          //输入变量的值
Case $choice in                      //输入的值和 in 后面的饿模式匹配
1)
  echo " you select 1"
  ;;
2)
   echo " you select 2"
  ;;
3)
    echo " you select 3"
  ;;
*)
  echo " This is not between 1 and 3"
  exit;
  ;;
Esac
```

14.4 上机实训

1．编写简单的 C/C++程序，熟悉使用 GCC 和 G++的使用。

2．求 1+2+3+4+…+100 的结果。

3．求 1+1/2+1/3+1/4+…+1/100 的结果。

4．练习 Linux shell 编程中变量的设置及函数的调用。

5．从键盘读入 x,y 的值，然后进行四则运算，最后输出结果。

14.5 课后习题

1．编写一个 shell 程序 mkf，此程序的功能是：显示 root 下的文件信息，然后新建一个文件夹 kk，在此文件夹下新建文件 aa，修改此文件的权限为可执行,返回到 root 目录。

2．每周五 17:30 清理 FTP 服务器的公共共享目录，检查/var/ftp/pub 目录，将其中所有的子目录及文件详细列表、当时的时间信息追加保存到/var/log/pubdir.log 日志文件中，然后清空该目录。

3．安装并配置 PHP，编写类似本章所介绍的简单的例子程序，并在系统中运行，查看运行结果和显示页面。

参 考 文 献

[1] 谢荣. Linux 基础及应用[M]. 北京：中国铁道出版社，2008.

[2] 谢荣. Linux 基础及应用习题解析和实验指导[M]. 北京：中国铁道出版社，2008.

[3] 梁如军. Linux 应用基础教程[M]. 北京：机械工业出版社，2012.

[4] 刘海燕，荆涛. Linux 应用与开发教程[M]. 北京：机械工业出版社，2014.

[5] 李洋，汪虎松，等. Red Hat Linux 9 系统与网络管理教程[M]. 北京：电子工业出版社，2006.